U0941636
全面提高孩子的
认知力 观察力 注意力 记忆力 思维力 想象力 分析力 应变力

北京大唐文化出品
www.tangbooks.com

读懂宝宝心 激发正能量

王玉玮 著

中国人口出版社
China Population Publishing House
全国百佳出版单位

图书在版编目（CIP）数据

读懂宝宝心　激发正能量／王玉玮著．—北京：中国人口出版社，2013.4

ISBN 978-7-5101-1692-6

Ⅰ.①读…　Ⅱ.①王…　Ⅲ.①婴幼儿心理学　Ⅳ.①B844.11

中国版本图书馆CIP数据核字(2013)第070420号

读懂宝宝心　激发正能量

王玉玮　著

出版发行　中国人口出版社
印　　刷　北京盛兰兄弟印刷装订有限公司
开　　本　710毫米×1000毫米　1/16
印　　张　19
字　　数　250千字
版　　次　2013年6月第1版
印　　次　2013年6月第1次印刷
书　　号　ISBN 978-7-5101-1692-6
定　　价　32.00元

社　　长　陶庆军
网　　址　www.rkcbs.net
电子信箱　rkcbs@126.com
电　　话　（010）83594662
传　　真　（010）83519401
地　　址　北京市西城区广安门南街80号中加大厦
邮　　编　100054

版权所有　侵权必究　质量问题　随时退换

前言

新生儿的诞生就是一个伟大的奇迹。这个刚刚降临世界的小生命不仅仅是个物质的机体，他自身已经包含着一种神秘的本能。宝宝的心灵是神秘莫测的，宝宝是怎样从一无所知到适应这个复杂世界的呢？他是怎样辨别事物的呢？是如何凭借不可思议的手段无师自通地学习一种语言并掌握所有的细节的？

我们发现，宝宝从出生之日起心理活动就已经开始了。宝宝的心理是潜移默化的，它不会立即表现出来。宝宝的心灵中有着不为人知的神秘，随着心灵的成长会逐渐显现出来。成人应该对宝宝的心理活动给予特别的关注。

婴幼儿对父母在感情上的依赖贯穿于他早期的全部生活，父母的一言一行都对宝宝有潜在的影响。成人对宝宝心理需求的漠视，其根源就在于没有人认为宝宝也是一个活生生并且有自己思维的人。宝宝的心灵具有一种强烈的自己做事的欲望。他一旦找到适合自己生活的环境，以及符合心理需求的东西，立即会焕发出令人震惊的激情和活力来。

成人和宝宝好似两个“不同星球上的人”，宝宝的心灵是神秘莫测的，我们有时很难理解他们的内心世界。人们不可以以成人的思维和角度审视宝宝的行为，如果能站在宝宝的角度去考虑，“读懂了宝宝”，宝宝的许多行为并非那么不可理喻。

对宝宝进行良好的心理培养远比培育宝宝健康的体格难得多，众多的父母对宝宝在身体的发育上倾注了极大的关注，却在宝宝心理的发育方面却未引起重视或不知如何去做。而宝宝的心理发展更多地是以潜移默化的形式进行的，需要父母亲细心地观察和体会，要有足够的爱心和耐心。育儿——完全不是简单的“把宝宝养大”，而是使其成为一个复杂的、有感情、有思想、有灵魂的人。

宝宝稚嫩的心理极易受到生活环境、施教者的影响，左右着他们对自己的体验和认识。因此，作为父母需要了解和掌握宝宝心理发展过程，适时适宜地采取正确的方法与宝宝沟通，传达正确的信息，帮助他们顺利完成心理成长过程，且不受到心理伤害，为今后的人生道路奠定良好的心理基础。

婴幼儿期的心理发展决定一个人一生的心理素质。具有良好心理素质的人，在社会中会有更好的发展，因此关注婴幼儿的心理发育，对其一生都有重要意义。

期望这本书能帮助家长对神秘有趣的婴幼儿心理有所了解，扫清宝宝心理成长道路上的迷雾和障碍，帮助宝宝健康快乐成长。这是每个家长的共同心愿，也是我出版此书的初衷。

王玉玮

2013年4月

Chapter 01 第一章

新生儿情感很微妙

Chapter 02 第二章

感官发育——宝宝早期的心理历程

Chapter 03 第三章

婴幼儿大脑发育神奇而独特

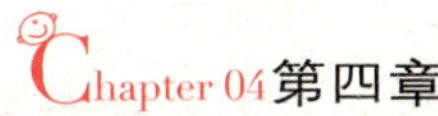

Chapter 04 第四章 从“咿呀学语”到“能说会道”

Chapter 05 第五章

宝宝心理和情感不简单

Chapter 06 第六章

宝宝有哪些心理需求

Chapter 07 第七章

宝宝常见心理现象解析

Chapter 08 第八章 婴幼儿有趣的心理现象

Chapter 09 第九章

玩耍是宝宝最好的教科书

Chapter 10 第十章

面对宝宝的“逆反心理”，你怎么办

Chapter 11 第十一章

培养宝宝健康心理策略

Chapter 12 第十二章

呵护宝宝心灵，讲究教育策略

Chapter 01 第一章

新生儿情感很微妙

XINSHENGER QINGGAN HEN WEIMIAO

- 新生儿的交流就是“哭”
- 从哭到笑，让宝宝“变脸”
- 小宝宝也会“模仿”
- 新生儿有丰富的表情
- 宝宝的“表情密码”解析
- 如何让宝宝“笑口常开”

01 宝宝一出生就要经受磨难

人们都知道妈妈在分娩时会承受极大地痛苦和危险，但很少有人想到，出生时的宝宝也在经受巨大的考验和磨难。

胎儿原本生活在温暖、舒适的子宫里，靠母体内温暖的羊水生长。母体通过胎盘供给胎儿所有的营养。在那个黑暗但安静温暖的环境里，他们不受外界的干扰，健健康康地渐渐长大。而突然有一天，成熟的胎儿被妈妈用力地“抛”出子宫，在妈妈的产道经受强烈且漫长地挤压后，宝宝一出生就被带到一个陌生的世界、陌生的环境。

有时候在妈妈分娩过程中，污染的羊水会呛入新生儿的气道，还没有来得及呼吸到人世间的第一口空气，宝宝娇柔的身体就被产房的接生人员用力地拍打，甚至将一根长长的管子插入气道，吸出羊水。对于柔弱的新生儿，这近似于一种“酷刑”，但它是用来救命的措施。

宝宝出生后要面对一个干燥、寒冷、明亮和嘈杂的世界，一切都是那样的陌生，他需要尽快地调整自己身体的功能来适应新的呼吸、新的环境、新的声音；他要自己呼吸、自己吸取营养、自己消化；他要逐渐熟悉身边所有的人。宝宝一出生就被强行穿上衣服，带上帽子，用包被包裹起来，他们必然会感到束缚和不适。对新生儿来讲，这是一个艰难而必然地适应过程。如此说来，宝宝一出生就要经受磨难的。

02 新生儿最需要什么

新生儿刚从母腹来到人世的最初半小时是很关键的。一个弱小的生命初到人世时，那种体验并不像成年人想象的“换了个新环境”、“又新奇又好玩”。新生儿从温暖舒适、黑暗但很满足的母腹出来，对比强烈的寒冷感和光线刺激会让他很不舒服，温度、湿度、压力、呼吸方式全变了！面对这不可捉摸的陌生世界，宝宝会产生强烈的焦虑情绪，会紧张得发抖……

这个时候宝宝最需要的是什么呢？把襁褓中的小宝宝放入妈妈的怀中，当宝宝听到妈妈的心跳，感受妈妈的体温，闻到熟悉的气味，就会感到莫大的安慰，会产生再度与妈妈结为一体的心理安慰。

目前国外一些育婴产科中心，特别强调自然分娩，胎儿娩出后没有断脐就立即被放在妈妈胸前，并鼓励妈妈给刚刚出生的宝宝喂奶。如果这个时候妈妈把乳房给他，小家伙一定会紧紧地抱住乳房，拼命地吸吮。虽然这个时候妈妈的乳汁还没有正式准备好，还只能提供少许稀清的初乳，但他不管有没有奶，会非常卖力地吸吮，他需要的不仅是乳汁，而是和妈妈肌肤相触带来的愉快感和安全感。

出生后两小时内搂抱宝宝非常重要，因为新生儿对最初拥抱自己的人怀有深深的依恋。把呼吸顺畅的新生儿，抱在靠近妈妈心脏的部位，让他听听熟悉的心跳声，可以缓解他的不安。和慈爱的妈妈肌肤接触最能满足宝宝心灵的需求，使宝宝产生满足感和平静的心情，并产生与人交流的意识。有研究表明，妈妈搂抱宝宝时间的长短，对宝宝日后的智力发育有着举足轻重的作用。实验证明，花15分钟来摇动、抚触或轻拍宝宝，每天只要3～4次，将会极大地帮助他发展协调运动以及将来的学习能力。

03 宝宝为什么喜欢被拥抱

王教授：你好，我们家男宝宝45天，纯母乳喂养。不管白天睡多久，每天晚上都要到一两点才睡。醒着的时候都要人抱，不肯一个人躺床上。清醒时基本都是在抱——哭——喂奶中度过。宝宝哭时要怎么处理呢？抱久了会不会养成抱睡的习惯啊？

我的答复：曾经有一个非常有名的实验，有一位心理学家帮一群刚出生的小猴子找了两个代理猴妈妈，其中一个猴妈妈穿着铁丝做的外衣，但是她可以提供奶水。而另一只猴妈妈则穿着绒布做的外衣，她只能给小猴子提供温柔的触感，却无法提供食物。

经过一段时间的观察，心理学家发现小猴子们最喜欢的都是绒布猴妈妈。在绝大部分时间里，小猴子们都喜欢依附在绒布猴妈妈身边。只有在肚子饿的时候，它们才跑到铁衣猴妈妈那里去吃点奶水。

在这个实验之后，又出现了许多类似的科学研究，而得出的结论则完全一致，那就是“并非有奶便是娘”。如果只是能够提供奶水，而无法提供温暖和关爱，那么宝宝就不愿意依附这样的妈妈。宝宝最需要的、最喜欢的是能够提供安全感和温柔拥抱的妈妈。

宝宝需要妈妈的关爱。新生儿刚刚来到这个世界时，外面的一切对他来说都是那样陌生。只有妈妈的声音和拥抱，才会让新生儿得到安全感，让他回想起过去曾在母腹里听到过的熟悉声音。当他被抚摸、拥抱时，就想起过去在妈妈肚子里那种温暖的感觉。因此，很多号啕大哭的新生儿，只要一听见妈妈关爱的声音或得到妈妈温暖的拥抱，往往就会逐渐停止哭泣。因为拥抱能让他们得到足够的满足和快乐。

04 拥抱宝宝有学问

王教授：你好，我家宝宝才不到3个月，醒着时只喜欢被竖着抱，只要大人们一横着抱就会哭，为什么？怎样抱宝宝比较好？

我的答复：拥抱是妈妈释放母爱的一个不可替代的载体，也是宝宝感受美妙世界，沐浴妈妈的爱，获得心智成长的需要。此外，有关研究结果显示，拥抱还能增强人体的免疫力，降低血压、心率，缓解紧张情绪，无论是对妈妈还是宝宝，拥抱的积极作用都是显而易见的。

然而，怎样拥抱才科学合理呢？

第一时间抱宝宝：宝宝出生两小时之内，感受妈妈温柔的拥抱和爱抚，肌肤接触，这是母子建立终身依恋关系的第一步。妈妈把宝宝抱在怀里，身体直接接触妈妈的皮肤，让他能听到妈妈心脏的跳动，闻到妈妈的体味，并伴以妈妈对宝宝亲切的呼唤，足以让刚出生的宝宝感到安全和放松。

宝宝抱在左胸前：宝宝的头部靠在妈妈胸口的左侧，就能听到妈妈心脏的跳动，随之心灵也会得到安慰。这是因为，从胎内起宝宝就是在持续聆听着妈妈心脏的跳动中而不断发育和成长的。当把他抱在妈妈左侧胸前时，更容易听到妈妈熟悉的心跳，闻到妈妈身上特有的气息和味道，可以使宝宝心灵得到最大的安全感。

亲密支撑宝宝头：新生儿的小脖子并不是生下来就能竖起来的，妈妈在抱宝宝时，一定要让他的头有所依靠。轻轻地把小脑袋放入肘窝里，小臂及手托住宝宝的背和腰，用另一只手掌托起小屁股，呈横抱或斜抱的姿势，使他的腰部和颈部在一个平面上。

竖抱时间渐延长：宝宝越小，竖着抱的时间要越短。方法是一只手托住他的臀部和腰背，另一只手托住其头颈部或让他依附在妈妈的肩膀上，最初控制在2～3分钟，否则宝宝会不堪重负。两个多月后，宝宝的颈部肌肉支撑力增强，竖抱的时间可以逐渐延长。

面部朝前信息多：3个月后的宝宝小脑袋竖立已经比较坚挺了，宝宝不乐意躺在床上，喜欢让人抱。此时将宝宝背部靠在妈妈怀里，面部朝前，妈妈用一只手环抱宝宝，另一只手托住小屁股，宝宝会很舒适地“坐”在妈妈怀里，头部自由地转动，这样眼前的事物尽收眼底，能使宝宝获得更多的信息，丰富他的认知能力。

轻晃宝宝勿用力：小宝宝头部的髓磷脂还不能胜任保护大脑的工作，抱着宝宝用力摇晃会引起头部毛细血管破裂，甚至造成“脑震荡”、“脑出血”。所以即使摇晃宝宝也应十分温柔，动作要慢，幅度要小，也可以试着哼唱儿歌，使宝宝同时获得视觉和听觉的刺激。

荡荡“秋千”好处多：可将宝宝放在大毛巾或布单上，爸爸妈妈分别抓住四个角，轻轻地摇动并将宝宝侧身翻动，每次时间3～5分钟，这样可以刺激宝宝大脑的深部知觉和平衡感，有助于感觉统合能力的开发。

05 新生儿的交流就是“哭”

新生儿不管遇到什么事情都会哭，比如该换尿布了、觉得冷、觉得热、烦了或饿了，等等。宝宝不是故意通过哭来引起你的注意，而是因为哭是他目前所能使用的唯一办法。哭是他与你交流的方式。随着宝宝逐渐长大，当他慢慢学会用眼神、微笑或其他声音和你沟通后，哭闹的次数自然就会减少。

但是，你怎样才能知道宝宝为什么哭呢？是哪里疼？是饿了？还是感到烦躁而已？一些敏感的妈妈能够识别宝宝不同类型的哭声和面部表情，眉毛、嘴和声音都是宝宝表达信号系统的一部分。对于新手妈妈来说，要想确切地知道宝宝哭闹的原因，可要经过一段时间的不断摸索。以下是宝宝哭闹的常见原因。

宝宝饿了：饥饿是新生儿哭闹最常见的原因。宝宝的胃很小，出生宝宝的胃容量大约为20毫升，因此宝宝一次吃不了太多，但很容易饿。如果宝宝哭闹，你就试试给他喂奶。只要他想吃，就让他吃。按需哺乳是基本原则。如果宝宝吃饱了还是哭，那有可能是因为他还有别的要求。

宝宝想换尿布：有的宝宝一需要换尿布，就会马上哭闹。但也有的宝宝尿布脏了也不在乎，还觉得挺暖和的。不管你的宝宝属于哪一种类型，尿布脏了你都要及时给他换。别忘了顺便检查尿布包得是不是太紧了，再看看是不是衣服太紧让宝宝不舒服。

宝宝感到太热或太冷：你需要根据室温的冷暖给宝宝增减衣物。原则上，宝宝只需要比你多穿一件衣服。宝宝睡觉时也是这样，如果太热，就给他少盖点；如果太冷，就给他多盖点。要知道宝宝是冷是热，你应该摸他的颈背部而不是手脚，因为宝宝的手脚通常都会比你稍微凉一些。

宝宝想要你抱：新生儿需要很多的温暖和搂抱才满足，你的宝宝可能就是想让你多抱抱。别担心会把他惯坏，在最初几个月里，主张多搂抱小宝宝，使宝宝获得心理的安全感。如果宝宝已经吃饱了，也换了尿布，那他哭可能只是想让你抱抱他。

宝宝累了：如果你发现宝宝哭闹并没有什么特别的理由，那可能就是他通过哭来表达“我累了，不要再逗我了！”如果你能把他带到安静的地方，慢慢减少对他的刺激，他可能会先哭一会儿，但最终会睡着的。

宝宝身体不舒服：宝宝生病后的哭声跟饿了或者烦了时的哭声不一样，可能更急或更尖。同样地，如果一个平常总哭的宝宝突然变得异常安静，那也可能说明他有问题。如果你刚喂完宝宝，也没有发现什么让他不舒服的地方，但是他还是哭或者拒绝吃奶，这个时候你可以考虑量一量他的体温，看他是不是病了。

宝宝肠绞痛：肠绞痛是指3～4个月以下的健康宝宝没有任何原因、控制不住地哭闹的一种情形。这种哭闹常常很剧烈，但哭一会儿宝宝会自行终止，也可能过一会再哭。当你因为宝宝无缘由的哭闹而疲惫不堪时，告诉自己，这种情况很快会过去的。

06 读懂宝宝的哭声

有的家长认为，宝宝哭泣的时候不去理他、不去抱他，这样才能培养宝宝的独立性。这种观点是错误的。当宝宝哭泣的时候，一定要立刻抱他，因为哭是宝宝向妈妈传达情感需求的重要方式；如果置之不理，就会对宝宝的发育造成不好的影响。学着去理解宝宝所发出的各种信息，了解宝宝的哭闹，面部表情，肢体语言以及咿呀学语中分别意味着什么，这将有助于你尽量满足他身心的需要。当宝宝感到紧张不安或需要关注时，常常通过哭闹来表达。安抚宝宝的哭泣可以帮助调整他的情绪，并使他意识到他对父母的需求可以被满足。

宝宝哭的原因有时是妈妈无法理解的，但大部分都是因为肚子饿了、口渴了、尿湿了、想睡觉了、疼痛等生理上的原因。看到陌生的事物或人、动物时受了惊吓，因害怕而哭泣。也可能因为妈妈不在时感到孤独、紧张等。因为宝宝还不会说话，所以借助哭泣来表达各种想法。妈妈如果能根据宝宝的哭声来得知他的需求，适当地加以满足的话，宝宝就会增加对妈妈的信赖感。其中，妈妈情绪的感染力是不可忽视的。妈妈与宝宝的情绪可相互感染。如果妈妈觉得紧张、不安和不耐烦，宝宝也可以感受到并因此而大哭。如果没有时间和心情抱宝宝，放任宝宝大哭而坐视不管，很多次之后亲子关系将变得一片混乱，宝宝就会失去对妈妈的信赖，以后可能会变成对任何事缺乏自信、个性消极的人。所以在宝宝期，父母一定要敏感地了解宝宝的需求，读懂宝宝的哭声。一旦知道了宝宝的所需，爸爸、妈妈们所要做的就是：保持良好的心态积极回应，立即做出回应是对哭泣中的宝宝最好的安抚。

宝宝哭泣时常用的安抚方法：饥饿时要根据需要来喂食；如果宝宝只是想满足吮吸的要求时，妈妈可以不用喂奶，只要给他一瓶开水即可，也可以用安抚奶嘴来满足宝宝的需要；宝宝的房间尽可能地保持室温在26℃左右，并且勤换尿布；当宝宝感到疲倦时，应将宝宝放在安静且暖和的地方休息；当他受到惊吓时，应紧紧抱着宝宝，轻轻摇他或给他唱歌；尽量避免突然的震动、噪音或强光；大多数的宝宝都不喜欢让皮肤直接接触空气，这样会使他们缺乏安全感。因此，在宝宝出生后的几个星期中，尽可能地减少脱光衣服的机会；在洗澡或换衣服时，要注意动作轻缓，避免拉扯，并不时地和他说话以安抚他紧张的情绪。另外，如利用摇篮或摇椅来摇晃也能起到安抚的作用。

当宝宝哭泣的时候，一定要立刻抱他，因为宝宝的哭泣是向妈妈传达自己的需求。这个时候，妈妈如果因为喂奶的时间还没到，觉得让他哭一下可以培养宝宝的忍耐力而不去管他，也许过一会宝宝就不哭了。但这样一来，宝宝就不知道用什么方法来向外界传递自己的心情，也无法学习忍耐，容易自闭。因此，只要宝宝一哭就要尽快地把他抱起来，让他趴在妈妈的肩上或膝盖上，轻轻地按摩他的背部。宝宝会因为立刻被抱起来而感受到浓浓的母爱，同时享受心灵的滋润。另外，宝宝被立即抱起来后，使得对于呼吸有帮助的特定反射神经进行作用，因此呼吸起来会更顺畅。这两种作用对将来宝宝的语言发展有着密不可分的关系。不必担心宝宝抱多了会养成坏习惯，在宝宝想被抱时抱抱他，可以让他感到安心、满足，并且可以解除他内心的不安，比放任不管的宝宝会更懂得真正的自立。让宝宝在父母的搂抱中逐渐适应外界陌生的环境，感受到安全和温暖。

07 放松情绪带宝宝

毋庸置疑，每个宝宝都是妈妈的心肝宝贝，宝宝的一举一动都牵动着妈妈的心。许多情况下，当宝宝哭闹时，妈妈最常见的反应是忙不迭地抱起宝宝，并用力快速地晃动，连声地说："好、好、好，乖宝宝，妈妈抱、妈妈抱！"往往表现情绪激动，语调高尖，动作快速。其实，这种搂抱和声调会加重宝宝的哭闹和不安。

出生后不久的宝宝就能分辨出妈妈的声音和情绪，并与之产生共鸣。当妈妈用愉快的心情怀抱宝宝时，小宝宝也产生愉悦的感受；而当妈妈心情焦虑、心绪不宁时，这种紧张情绪会通过肌肤传给宝宝，宝宝同样会表现的烦躁不安。研究发现，宝宝对低音的反应比高音显得安定，因此宝宝喜欢妈妈轻柔的声音和柔和的音乐。此外，因为胎儿在母体内羊水中浮动时，一直处于一种慢悠悠地蠕动状态，对宝宝而言慢悠悠的节奏是最适合的，以每分钟约60次的节拍摇动宝宝最能使宝宝获得安全感。

妈妈以稳定自如的情绪去照料自己的宝宝，就肯定会给宝宝心理带来良好的反应。当母子的心情都放松，满怀神怡之情时，母子之间爱的传递和交流也能顺利进行。因此，当宝宝哭闹时，妈妈要轻轻地将他抱起，心情放松，面带微笑，轻言慢语地逗引宝宝或播放动听柔和的音乐，可以很快使宝宝停止哭吵和烦闹。千万不要以气急败坏的情绪，火烧眉毛般的动作，忙不迭声的语气搂抱宝宝，否则会加重宝宝的紧张情绪。

情绪的平和，有助于宝宝的情绪调适，过多且过于复杂的刺激，会使得宝宝不安。虽然在婴幼儿的教养上有句经典名言是"提供宝宝丰富的刺激"，但是这是指环境中有益的物理刺激，并非指情绪上的刺激。对宝宝有益的是平和的情绪刺激与有规律的节奏。所以在宝宝所处环境，不论人、事、物，都是以温和为佳。

08 从哭到笑，让宝宝“变脸”

看到宝宝哭闹，很多年轻的爸爸妈妈会感到心烦意乱、力不从心。其实“小恶魔”并不是真的这么难伺候，让他“变脸”是需要耐心和技巧的。如果学会一些技巧，你就能成为一个哄宝宝的高手了。

尽早安抚：在小宝宝持续大哭的时候，很多哄宝宝的办法就会失效。所以，我们应该在小宝宝刚开始哭泣的时候就去哄他开心，这样能省去很多不必要的麻烦。

微笑安抚：就算宝宝的哭声让你再怎么心烦，你也要用微笑来面对他，否则他会越哭越厉害。用温柔的话语来分散他的注意力，这是最经典、最管用的一招。

紧紧包裹：刚出生的宝宝喜欢像在子宫里一样温暖和安全的感觉。所以，试试把你的宝宝用毯子包起来，用宝宝背带背着他，或者抱他靠在你的肩膀上，也许会很快终止哭泣。

轻轻摇晃：有时候抱着你的宝宝走来走去能让他安静下来。你还可以把他放在宝宝摇椅或秋千里。你还可以用小推车推着宝宝出去走一走，或者带他出去坐汽车兜一圈。

温柔按摩：大部分宝宝喜欢被按摩，所以，按摩也许能安慰你的宝宝。别担心你的按摩技术不够精准——只要你轻轻地、缓缓地给宝宝按摩，他会觉得很舒服的。也可以试着抚摸宝宝的后背或肚子。如果宝宝肠胃胀气疼痛——这是一些肠绞痛的宝宝常会出现的问题，这样的按摩对安抚宝宝的哭泣会有帮助。

吸咬物品：即使宝宝不饿，吸吮也能使他的情绪放松下来。给宝宝一个安抚奶嘴或者让他吸吃手指，都会让他平静下来。

做做鬼脸：你尽可能地给宝宝做可爱、有趣的鬼脸，宝宝看见爸爸妈妈做的鬼脸后，就会开怀大笑了。要是能加上各种有趣的动作，如给他唱唱歌跳跳舞，小宝宝会被你吸引而忘记哭泣的。

照照镜子：把小宝宝放在镜子前方，妈妈通过镜子和小宝宝的视线汇合，这样做会让小宝宝感到非常神奇且有趣，不由自主地微笑起来。

做游戏：让宝宝俯卧在自己的膝盖处，然后坐飞机起飞的动作，这样能让他玩得很开心；让宝宝骑在自己头上，一下子视线变高了，会让小宝宝充满兴趣；和小宝宝模仿打电话的场景，小宝宝很容易对妈妈的这个举动感兴趣，也就会立刻停止哭泣了。

奇特方法：面对宝宝，大人嘴里含一口水，向里吸的同时会发出一种特别的声音，宝宝听到后也许会立刻停止哭泣，不信的话试试看吧！

看看光景：小宝宝哭得厉害怎么也哄不住时，不如带他出去，看看外面变化的景物，会极大地满足宝宝的好奇心，喜欢新鲜事物的小宝宝自然就会停止哭泣了。

09 奇特的声音可终止宝宝哭闹

以下这些抚慰技巧，常常也能让莫名大哭的小宝宝一下子镇静下来。

方法一：紧紧搂抱你的宝宝，当宝宝听你的心跳（这是他在妈妈肚子里时早已经听惯了的、最熟悉的声音），可以明显安抚宝宝的情绪，这也是他们喜欢被抱着的一个原因。

方法二：在宝宝哭闹时，妈妈可以一边做家务，一边用嘴巴发出各种各样有趣的声音来哄宝宝开心。妈妈也可以学宝宝的哭声，当宝宝听到自己哭啼的声音时会非常吃惊，自然会停止哭闹了。

方法三：你还可以试着放些轻柔的音乐，唱个摇篮曲，唱歌时妈妈也可以配上一些简单的动作。

方法四：打开电视，让宝宝看看广告或者卡通片（当然时间要短），或者打开洗衣机、电风扇或者吸尘机，让机器有节奏的声音吸引宝宝的注意力。

方法五：拿一个小动物玩具，然后嘴里发出小动物的叫声，也可以让小宝宝停止哭泣。

方法六：把气球吹大，然后捏住气球的尾巴把气慢慢放出，放气时气球会发出有趣的声音，一松手气球还会弹出去，这会使小宝宝很开心。

如果你已经满足了宝宝的需要，也试着安慰了，可他还是哭闹个不停，这时候，你就需要放松一下。你把宝宝放在一个安全的地方，让他哭一会儿；也可以自己休息一下，找别人帮你照看一会儿宝宝；试着放点轻柔的音乐，转移一下自己的注意力；提醒自己你的宝宝没有任何问题，哭闹并不会伤害他，宝宝可能就是想发泄一下；对自己说："一切都会过去的。"不管你怎么做，不要使劲摇晃宝宝来发泄你的不满。要有耐心，5～6个月后的宝宝会更好地安抚自己的情绪，不会像现在这样大哭大闹了。

10 小宝宝也会"模仿"

宝宝一出生就有"模仿能力"。新生儿有着宽宽的前额，明亮的眼睛，微小的鼻子，柔嫩的皮肤，对爸爸和妈妈来说像是一块带有磁性的吸铁石。对自己可爱的宝宝，父母大多喜欢表情夸张地，声调抑扬顿挫地逗着宝宝玩，以此影响着新生儿面部的表情。

正像你对新生儿的面部表情感兴趣一样，宝宝也对你的面部表情特别感兴趣。当新生儿将成人的面孔与几何图形作出比较时，他们会首先选择人脸。在安静清醒状态下，宝宝常以特别的兴趣注视着你的面部，他们不但有能力对看到的面部表情作出反应，而且能正确地模仿你的某些表情。

科学家证明，新生儿有模仿两种甚至三种嘴巴状态的能力：吐舌头、张嘴和噘嘴。

新生儿最喜欢观察成人的脸，特别是富有变化的表情。如果成人对着宝宝拉长了声调，不断地说“啊”，就会发现宝宝努力地张开嘴巴；如果成人对着宝宝伸出舌头，不断地重复这个动作，宝宝也会张开小嘴，并将舌头伸出来。

你想试试吗？当宝宝处于安静清醒状态时，距离宝宝的面部20～25厘米，并让宝宝直接注视到你的脸。首先，尽可能地伸出你的舌头，慢慢地重复伸出舌头，每20秒钟一次，共6～8次，然后停止。如果宝宝继续看着你的脸，可能会在嘴里移动自己的舌头。开始时，朝着一侧面颊移动，20～30秒钟后，舌头将慢慢地出现在嘴边。最后，宝宝能很快地将舌头伸向嘴外。

伸出舌头对新生儿来说，就像玩游戏一样。当宝宝的注意力集中在你的面部时，如果你伸出舌头，宝宝就能模仿。但也有些新生儿不喜欢玩这个游戏。成人的兴趣各有不同，宝宝的爱好也是无法统一的，他们有权力选择是否玩伸出舌头的游戏。

宝宝出生后就具有了学习和模仿的能力。他们总是竭尽全力地、用面部表情、目光等不同的方式来和环境打交道，并适应环境。当妈妈温和地追随或模仿宝宝而不是刺激或指挥他们，宝宝做出的反应和模仿行为就明显增多。

11 新生儿有丰富的表情

新生儿不仅能看、能听，他们天生还有敏感的嗅觉和触觉，而且有一定的表达能力。宝宝还不会说话，但有时一些瘪嘴、噘嘴或红脸的表情也能“告诉”父母他们的需求。有研究分析了宝宝的面部表情语言，列出了10种基本情绪：喜爱、快乐；惧怕、痛苦；惊奇、愤怒；决心、烦躁；疲倦、蔑视。

父母可以发现，当新生儿聚精会神地看父母或别人的面孔时，他的眼睛会大而明亮，嘴巴微张，表情轻松；而当他疲劳时，他就会把眼睛移开，不再炯炯有神。

新生儿的面部表情不仅表达对别人的兴趣，也能表达他们自己的感情。当吃奶呛着时，会眼巴巴地看着妈妈；当给他喂食酸的、苦的、咸的东西时，会扭头表示拒绝，脸上表现出讨厌的神情；如果成人粗鲁地将宝宝放下或抱起，他会出现十分恐惧的表情；当宝宝吃饱喝足，刚刚换下干净的尿布，感到很舒适的时候，宝宝会欢快地舞动手脚和身子，表示他很高兴；当他感到疲劳的时候，眼神会变得无光彩，手脚及小身子变得松弛下来。

总之，尽管新生的宝宝不会说话，但通过宝宝丰富的面部表情和肢体的活跃程度可以初步判断出宝宝的心情和需求，及时满足宝宝的生理和心理需求，才能促使宝宝健康的发育和成长。

12 宝宝的“表情密码”解析

宝宝还不会说话，你怎么知道他是高兴还是难受？是饿了还是饱了？不要着急，宝宝虽然还不会说话，但他们可以用一个表情、一个动作来表达一切。

宝宝“需求”多，却还没有足够的沟通、表达能力，尤其是没有掌握到语言这门技巧，无法顺利传递信息，让新妈妈在喜悦之余，多了几分照顾不周的担忧。好在宝宝有着丰富的面部表情和手势变化，只要能“破译”这些身体“密码”，就能了解宝宝的感受和需要，给宝宝最好的呵护。

懒散表情——我吃饱了：妈妈最怕宝宝饿着，但过量喂食显然也不是好事。怎么才能判断宝宝已经吃饱了呢？其实也很简单。当宝宝把奶头或奶瓶推开，将头转一边，并且一副四肢松弛的模样，多半就已经吃饱了，妈妈就不要再勉强宝宝吃东西了。

吮吸动作——我饿了：喂食一段时间以后，宝宝的小脸再次转向妈妈，小手抓住妈妈不放。当你用手指一碰他的面颊或嘴角，他便马上把头转向你，张开小嘴做出急急忙忙寻找食物的样子，嘴里还做着吸吮的动作，这就说明宝宝又饿了，快给宝宝喂吃的吧。

大声喊叫——我心烦了：不到1岁大的宝宝，在嘈杂的环境中很容易受到干扰，但苦于口不能言，只好用尖叫、大哭大闹表达自己的烦恼。父母可以带宝宝去安静的地方散步，或是给点好吃好玩的东西让他安静下来。同时，成人也要做个好榜样，再怎么烦恼和生气也不要在家里大声说话或是喧哗吵闹，宝宝的学习能力可是惊人的哦！

欢笑雀跃——兴奋愉快：当宝宝感觉舒适、安全的时候，就会露出笑容，同时他还会满目发光，兴奋而卖力地向你舞动他的小手和小脚。这就表示：他很开心。这是妈妈最愿意看到的表情，也是最容易读懂的表情。这个时候，妈妈也不要吝啬自己的笑容，你充满爱心的回应会让宝宝更安心、笑得更灿烂。

爱理不理——想睡觉了：玩着玩着，宝宝的眼光变得发散，不像刚才开始那么有神了，对于外界的反应也不再专注，还时不时地打哈欠，头转到一边不太理睬妈妈，这就表示他困了。这时，就不要再逗宝宝玩耍了，只要给他创造一个安静而舒适的睡眠环境就好。

瘪嘴表情——提出要求：宝宝瘪起小嘴，好像受到委屈似的，这是啼哭的先兆，实际上是对成人有所要求。这时父母要细心观察宝宝的要求，适时地去满足他的需要，如喂他吃奶、逗他开心。

噘嘴咧嘴——我要嘘嘘：在每次小便之前，宝宝通常会出现咧嘴或是上唇紧含下唇的表情。当宝宝出现这种表情的时候，为了保险起见，最好是把把尿，或是检查他的纸尿裤是不是应该换了。

小脸通红——要拉臭臭：正确判断出宝宝便便的时机，对父母减少工作量可谓至关重要。如果看到宝宝先是眉筋突暴，然后脸部发红，而且目光发呆，这是明显的内急反应，得赶紧带他便便了。不然，你就得等着收拾宝宝的排泄物了！

断续哭泣——锻炼身体：宝宝一哭，妈妈就着慌了：是饿了、冷了、病了、还是尿布湿了？如果这些常规都不是宝宝哭泣的原因，也许你就可以乐观地看待这个问题了，哭泣可能对他的身体有好处呢。尤其当宝宝的哭声抑扬顿挫，响亮且有节奏感时，你更是不必担忧。因为适当的哭泣是宝宝锻炼肺活量、声带和肌肉关节以及发展智力的重要方式，而泪水所含的杀菌物质还能起到预防眼病的作用。所以，如果宝宝哭闹的时候没有伴随别的不良状况，你也就不必多虑，那只是宝宝在告诉你："我在锻炼身体呐！"

吸吮手指——自娱自乐：大多数宝宝在吃饱、穿暖、尿布干净而且还没有睡意的时候，会自娱自乐地玩弄自己的嘴唇、舌头，比方说吮手指、吐气泡，等等。这时的宝宝更愿意独自玩耍。所以，妈妈就不要去打扰宝宝了！

乱塞东西——长牙痛苦：当宝宝处于长牙期时，跟以往不一样的动作就是把乱七八糟的东西塞进嘴巴，乱咬乱啃，不给就大闹，直到牙长齐之后才会停止。的确，长牙那种又痒又痛的感觉真的很难忍受。宝宝抓什么咬什么，是逃避痛苦的一种方式。可以给宝宝吃一些饼干或磨牙棒，这些食品和玩具可以帮助宝宝长牙，而且也很安全。

眼神无光——疾病先兆：健康的宝宝眼神总是明亮有神、转动自如的。若发现你的宝宝最近眼神黯然呆滞、无光少神，那很可能是身体不适的征兆，也许他已经患上了疾病。这时最好带宝宝去看医生，千万不要迟疑！

13 "天使的微笑"并不是献给妈妈的

想想吧，当你整天忙于宝定的吃喝拉撒睡，并且还没度过初为父母的忙乱时，有一天，你的宝宝突然看着你的眼睛绽放了一个灿烂的笑容，你是怎样的喜不自禁，所有的辛苦和劳累在这最纯真的笑容面前会烟消云散。对宝宝也是一样，一个如此单纯的笑容却是他成长中的重要标志，不仅代表着生理的，而且表示着智力的发育到了一个新的阶段。在出生后的第一年里，宝宝的笑脸将会有许多的变化，每一种变化都代表着他的发育又开始了一段新的旅程。

新生儿大部分的时间都在睡觉。如果仔细观察，会发现宝宝的脸上浮现出刹那间的笑容。这是由于宝宝体内受到刺激，而发出的机械性笑容，我们称这种微笑为“自发性微笑”，俗称“天使之笑”，这是宝宝微笑的前兆而不是对父母亲切的微笑。

虽然宝宝生来就有笑的反应，但最初的笑是自发性的，它与中枢神经系统皮质下的神经冲动自发发放有关，与脑干或边缘系统的兴奋状态变化有直接联系。因此，它通常发生在宝宝的睡眠中或困倦时，并且是突然出现、低强度的。这种笑通常也被称为“内源性的笑”，常常在没有任何外部刺激的情况下发生。出生后3周左右，在宝宝清醒时，轻轻地抚摩其面颊、腹部，也能使宝宝微笑。宝宝4～5周时，把其双手对拍，让他看转动的纸板，或听各种熟悉的说话声等，都能使宝宝微笑。但此时这些微笑不管是内源性的还是诱发性的，都是反射性的，而不是社会性的微笑，也就是说，“天使的微笑”不是献给辛劳的妈妈的。

宝宝第一次严格意义上的、有意识的笑会出现在5～6周大，也可能更早，但只是转瞬就消失了。这种因为外在刺激而出现的微笑，称之为“诱发性微笑”。有时，宝宝的表情是因为肚子胀气咧嘴而已，但对你来说，那毫无疑问就是他的笑容。笑，是宝宝发展社交能力的开始。当你觉得要被养育新生儿的辛苦压垮时，宝宝这第一次出现的笑容总能带给你重新抖擞精神的力量。

一般在6～8周大时，宝宝开始在清醒状态下也能展开笑容了，而且与以前无意识的笑容不同，这次是对快乐的事情做出了反应。比如当你用手轻触他的小脸蛋，或者抱着他哼唱摇篮曲时，他会给你一个灿烂的笑容作为回报。宝宝不仅小嘴咧开，同时因为眼含笑意而牵动小脸蛋儿也跟着上扬，这往往是他非常高兴的时候，所以，细心的你应该仔细观察，多给宝宝创造这种“我太高兴了”的机会。

14 3个月后的宝宝，笑容为你而绽放

大约在12周大时，你的宝宝展示了他具有“社会意义”的笑脸。而且你一定会非常高兴这个最美的笑容是对你绽放的！此时，他已经能认出是谁在照顾他。虽然面对大多数人他可能会毫不吝惜笑容，但在面对熟悉的面孔时，他尤其爱笑。不久，他还能对你的情绪做出反应，如果你对他笑一笑，他也能够回复你一个微笑。不过，要提醒年轻父母的是，不要总想逗他开心和大笑，因为宝宝需要观察周围的环境，同时也需要休息。

3个月以后，笑已经成为宝宝生活中常用的表情，他能主动地对一些事情做出反应。比如当你握住他的小脚丫时他也许不会笑，但一旦你把手指轻点在他的肚皮上，他会知道爸爸妈妈又要开始和他做游戏了，并展露一个预期的笑容：“我知道下面你要做什么，我喜欢和你玩”。到了6个月左右，这种“预期”得到发展，当你走近他，还没有对他笑或说话之前，他已经先对你笑了。这时，宝宝尤其喜欢因新鲜刺激的感觉，如果你和他做一个以前没做过的非常有趣的游戏，他会因为感到新鲜而大笑，甚至尖叫或咯咯大笑来延伸这种快乐的情绪，就像是在说“我太高兴了”。

6~9个月的宝宝，一般不会再因为认出某个熟悉的人或东西而笑了，这对他已经习以为常。他可能仅仅因为成功够到一个玩具而高兴。到了9个月，他开始渴望你分享他的喜悦心情。如果他做成功某件事，他只是很短暂地对自己笑一下，然后把笑脸转向你，似乎在说：“看，我做到了，我很高兴，你高兴吗？”，此时的你可别忽略了给宝宝一个积极的反应哦，这会帮助他树立信心并做得更好。

宝宝快1岁了，他的智力发育得更成熟，开始懂得表达自己的需要。此时，笑容也是他用来表示需求的手段。如果他需要什么，他不但会用小手去指或做个手势，他还知道如何运用表情来配合。宝宝长大了，他用笑容表达自己快乐的心情，同时，他也希望和你分享快乐。一个只属于你们俩的会心地笑，会让他知道周围充满了爱和关怀。

有心理学家指出，男宝宝无论是在眼神接触还是笑容方面往往都比女宝宝少。这意味着，我们需要更多地和男宝宝互动、聊天。这样他们长到两三岁时，在语言发育方面才能和同龄女宝宝一样好。

在非常少见的情况下，如果你的宝宝3个月大时，还是不会笑，就需要带他去看医生了。

15 爱笑的宝宝多聪明

爱笑的宝宝长大后多性格开朗，有乐观稳定的情绪，这非常有利于其发展人际交往能力，使其更乐于探索，好奇心比较强，这样会使宝宝学到更多的知识，就更有利于宝宝的智力发展。情绪好，生长激素分泌多，健康少生病，更有利于体格的生长发育，使其更加健康。笑不仅是开启宝宝智力之门的一把“金钥匙”，也是一种极佳的体育锻炼方式，对促进全身各个系统、各个器官均衡发展大有裨益。

从宝宝的发育进程看，一般到3个月左右时宝宝就会出现发笑反应，只要醒着，一看到家人熟悉的面孔或新奇的画片与玩具时，就会高兴地笑起来，嘴里呵呵地叫，又抡胳膊又蹬腿，可谓“手舞足蹈”。另外，当他吃饱睡足，精神状态良好时，尽管无外界刺激，也会自动发出微笑。前一种笑被称为“天真快乐效应”，后一种则被称为“无人自笑”。

有关研究表明，“天真快乐效应”是宝宝与他人交往的第一步，不但在宝宝精神发育方面是一次飞跃，对宝宝大脑发育也是一种良性刺激，被誉为智慧的一缕曙光。父母多与宝宝接触，并用欢乐的表情、语言以及玩具等激发其天真快乐效应，是促使其早笑、多笑及智力开发的一大妙招。

科学家证实：成人由衷地笑有益身心，能刺激呼吸系统和血液循环，缓解关节疼痛，预防感冒及癌症等许多病症的发生。还可以缓解紧张情绪，提高抗病激素水平，增强免疫力。同样，真正的快乐可以滋养宝宝的心灵，让他对周围变化繁复的世界有足够的抵御能力。其实快乐的宝宝都有同样的特点，开朗乐观，有自制力，而且非常自信。 生命离不开运动，宝宝的发育同样如此。可宝宝不同于成人，甚至也不同于年龄大一点的宝宝，他们的活动能力很有限。如何运动呢？不妨试一试让其发笑，因为笑是宝宝最好的运动。

笑是一种类似于原地踏步的良好锻炼方法。人在笑时面部表情肌运动，胸肌、腹肌参与共振，可对多种器官起到锻炼与按摩作用，故多笑的宝宝体格较为强健。以心脏为例，笑能使动脉血管壁的平滑肌放松，血管口径增大，心脏便可获得更多的血液供应。对于肺脏，笑能使胸廓向左右前后各个方向扩展，肺活量增加，换气率上升。测试表明，当宝宝大笑时，其呼吸换气值可达到静止状态的3～4倍。对于肝脏，笑是最好的消毒剂，笑能促使肝和胆道蠕动，增进胆汁分泌，有助于肝脏代谢排毒。总之，笑不仅是开启宝宝智力的一把“金钥匙”，也是一种有效促进宝宝身体健康的良好方式。

16 如何让宝宝“笑口常开”

逗宝宝笑的具体做法是：出生2个月 ，当宝宝醒着时用手轻抚他的脸蛋儿，宝宝很安静地躺着时抚摸并亲吻他；2～6个月，边让宝宝看宝宝笑脸的画边给他讲故事，让他触摸不同质地的物品 ，与他藏猫猫；6～12个月 ，在宝宝面前学鸭子走路 ，把一个玩具藏起来，然后故作夸张地找到。多向宝宝微笑或给以新奇的玩具、画片等激发其天真快乐反应，让其早笑、多笑，这样的宝宝长大后智商会更高。

不过，逗宝宝发笑也是一门学问，需要把握好时机、强度与方法。不是任何时候都可以逗笑宝宝的，如进食时逗笑容易导致食物误入气管引发呛咳甚至窒息，晚睡前逗笑可能诱发宝宝失眠或者夜哭。另外，逗笑要适度，过度大笑可能使宝宝发生瞬间窒息、缺氧、暂时性脑缺血而损伤大脑，或者引起下颌关节脱臼，故不可不看时机逗宝宝大笑。

宝宝的笑脸是了解其营养均衡状态的“晴雨表”。从宝宝的发育进程看，一般在出生后2～3个月便可以在父母的逗引下露出微笑。但有些宝宝笑得很少，小脸严肃，表情呆板，这时候你就要小心了，因为这多半是体内缺铁所造成的。如果遇到这种情况，最好连续一个星期给宝宝补铁，很快，严肃的表情会逐步消失代之以灿烂的笑容。

Chapter 02 第二章

感官发育——宝宝早期的心理历程

GANGUAN FAYU BAOBAO ZAOQI DE XINLI LICHENG

- 小宝宝“耳聪”但“目不明”
- 培养宝宝灵敏的听觉
- 让宝宝有双明亮的眼睛
- 宝宝为什么特别喜欢红颜色
- 如何进行抚触
- 味觉、嗅觉——不可忽视的感官

01 小宝宝“耳聪”但“目不明”

在宝宝的感觉中，发展最快的是听觉。如果宝宝的听觉没有受损，其实他在出生前就能够听到声音了。听觉可以帮助宝宝接受周围世界的各种信息，对刺激大脑发育，帮助宝宝的各项技能发展都是必需的。

宝宝刚出生的时候，因为耳朵里的羊水还没有清除干净，听觉还不很灵敏；出生后12个小时，他们就能发现人的声音与其他声音之间的差别；慢慢地宝宝的听觉改善了，对强烈的声音刺激可以发生震颤、抽搐及眨眼，如果用持续、温和的声音在离宝宝耳朵10～15厘米处进行刺激，宝宝会转眼甚至转过头来；在宝宝出生后两周，听力已经很敏感，当他啼哭时，一听到声响就暂时停止哭声。当然，宝宝最喜欢听的还是人声，尤其是妈妈的声音，大概是因为在子宫里听惯了妈妈的语调。

在宝宝满1个月时，他的听力就完全发育成熟了。宝宝对各种声音都很关注，尤其是高音和他比较熟悉的声音（比如妈妈的声音，他总听的音乐和故事的声音等），他会被巨大的声音或突如其来的声音吓一跳。虽然宝宝能听到这些声音，但真正理解他听到声音的意义还需要一段时间。

大约在3个月的时候，宝宝能分辨出不同方向发出的声音，并会向声源转头，开始喜欢倾听音乐，并且对音乐（如摇篮曲）表现愉快的情绪，而对于强烈的声音则表示不快。此时，宝宝大脑的颞叶会变得更活跃——它对听力、语言和嗅觉有一定的辅助功能。所以当宝宝听到您的声音时，就会立即望过来，并发出咯咯的声音，好像要和您说话。在此阶段，若宝宝在您对他讲话时四处乱看或不能集中注意力，那么他有可能已被外界充分刺激，或者听力已发育得很好了。

4个月的时候，宝宝听到自己的名字会转头寻找，能辨别出声音传出的方向，能迅速地把头转向声源。对熟悉的声音如电视声、开门关门声都能表现出关注；5个月的宝宝能分辨大人发出的声音，如听见妈妈的说话声就高兴起来，并开始发出一些声音，好像是对成人的应答。当啼哭不止时，只要听到妈妈呼唤声就会破涕为笑。

6个月时，对宝宝说话、唱歌，他会聚精会神地看着，能敏捷地寻找声源；7个月他可以辨别方向和细微的声音；8～9个月时他的头能直接转向声源，确定方向，叫他的名字会有反应，对节奏比较敏感；9～12个月他开始学发音，能听懂几个字，包括对家庭成员的称呼，逐渐可以根据大人说话的声调调节、控制自己的行动。

02 培养宝宝灵敏的听觉

有多种途径能够帮助宝宝来识别新的语音，比如唱儿歌或放音乐。宝宝对任何事物都是十分开放的，您不必把他们拘泥在宝宝歌曲中。一串风铃或一只滴滴答答的钟表都能让宝宝开心，物品越丰富对宝宝产生的效果就越大。

你可以让宝宝去听更多的新声音，并试着让他自己制造新声音，他会更感兴趣。生活中所有存在的声音对宝宝来说都是新鲜好玩的，各种音乐也都是宝宝喜欢的，朗读也是个很好的选择。听你朗读能帮助宝宝发展对语言节奏的感觉。事实上，利用音调转化、重音变换、唱歌和发元音（如啊、喔）等不同方式，能让你和宝宝之间的听觉交流更加有趣，也更能吸引他的注意力。此外，多和宝宝说话，多给他读书，他学到的语音和词汇就会越多。

宝宝的听觉在很小的时候就已经发育完全，随着年龄长大，对声音会越来越敏感。如果发现宝宝一直对声音反应迟钝或者没有反应，就要考虑宝宝的听力是否异常。如果他的听力有任何问题，最重要的是要及早发现并采取措施，以免造成严重后果。宝宝刚出生时，就会接受包括听力检查在内的新生儿筛查。在那以后，如果你对宝宝听力的发育有任何疑问或担心，都要及时带宝宝去医院检查。宝宝的听觉问题发现得越早越好。研究结果显示，如果能及早发现宝宝听力受损，并在6个月之前帮他们佩戴助听器，会对他们的语音和语言能力发育有极大的帮助。

03 视觉——宝宝的“智慧之窗”

眼睛通常被称为观察和认识世界的“窗户”，眼睛是打开宝宝探索世界的通道，使他在活动中发展敏锐的、精确的观察力。外界的刺激和信息有80%是通过视觉来获得的，这些视觉形象也会成为奇妙的信息资源储存在宝宝的大脑中。

当大脑积累了一定数量的信息时，宝宝就会获得对外界的了解，扩展生活的经验，为日后的智力发展奠定良好的基础。“看”的活动使宝宝获得由视觉而来的智慧。因此，眼睛也称为“智慧之窗”。

人的视觉功能是从新生儿睁开眼睛看世界后，不断地接受外界刺激而逐渐发育、成熟和完善的。宝宝刚出生时只能看到模糊的影子，而2～3周之后才能分辨明暗，2～3个月大时才能感觉色彩，至于认识物体的大小及形状，则须经过较长时间的自我探索及引导才能学会。因此，要尽早给宝宝眼睛适当刺激，使其视觉细胞和视觉功能得到迅速发展，加强视觉通路的成熟和大脑细胞的发育。

新生儿的视觉发育稍晚，初生时宝宝的视网膜没有发育完善，视线还不能集中投射和停留在一个物体上，双眼运动不协调，有暂时性的斜视，见光亮会眨眼、闭眼、皱眉；出生10～15天后才有较清晰的视觉产生；大约从2个月开始，宝宝可以持续的注视他感兴趣的物体，并随着物体的移动来移动自己的视线；3个月时视觉开始敏感，注视的时间更长而且灵活，特别是对亲近的人的面孔能注视很长时间；第4个月时，视网膜发育完备，表现出对不同颜色的喜好，他们多数比较喜欢红色的物体，能辨认人和物，区别熟人和陌生人；5～6个月以后，宝宝开始能够注视距离较远的物体，并开始对事物进行主动的观察；7个月寻找掉落的东西；8～10个月喜欢盯着细小的东西，捏弄玩偶的眼睛，模仿成人的动作。

04 让宝宝有双明亮的眼睛

发展视觉的训练要从出生后就开始。研究表明，宝宝出生后母子间的身体应该尽早接触，眼睛的接触也应马上开始。宝宝出生后由于眼睛不能聚焦，所以看不清楚任何东西，但是宝宝会无意识地受眼前色彩的影响。宝宝最早看到的是妈妈的面容，在出生后36小时内能辨认出妈妈面部的形状与轮廓。宝宝在辨认了妈妈的面容后，主要寻找的中心就是妈妈的眼睛。因此，宝宝在2个月内最喜欢的色彩是与妈妈的眼睛相同的、对比鲜明的黑白色。

妈妈在哺乳时，总会发现宝宝边吃边用眼睛直视着自己的眼睛，这是宝宝情感发育过程中的视觉需要。失去这种交流，其吃奶时会频繁转身摇头，甚至烦躁不安。当然，除哺乳以外，平时多与宝宝作对视交流，大多会得到宝宝甜蜜的微笑，从而有益于其心理健康发育。对于人工喂养的宝宝，妈妈在使用奶瓶哺乳时，更应有这种视觉交流。

宝宝的视觉从点、面、立体逐渐发展的，眼睛由游移不定到聚焦到某事物长时间观察也是要经过训练的。父母应善于利用现实生活中的各种事物来扩大宝宝的视野，增强视觉功能，为宝宝创造一个有丰富刺激的环境，进行视觉能力培养。3～4个月后的宝宝喜欢色彩鲜艳、明快的东西，因此他的衣服、床单、被子应该是色彩斑斓的；在宝宝床头及周围应悬挂色彩鲜艳的图片和玩具，以吸引宝宝的视力集中；要有计划地让宝宝看不同颜色、形状、大小、质地的物品，抓摸发声的玩具，移动的玩具能引导宝宝眼睛盯着物体移动；还可以给宝宝一些五颜六色的各种各样的图画卡片观看，以丰富他的视觉经验；玩具和物品要品种多样，经常更换，使他有新鲜感，以便提高他的观察、探索的兴趣和能力；逗宝宝去看、听、摸和抓握，促使其视、听觉和触觉的发育，训练宝宝感觉的灵活性。6～7个月的宝宝能辨别注视远距离的东西，这时应抱他去户外观看花草树木，并给以语言信息；8～12个月时，宝宝可以自由行动地去注意他感兴趣的事物，爸爸妈妈要善于利用生活中的各种事物来扩大宝宝的视野，如用童车把他推着去公园看动物或风景等。

宝宝的四周色彩是不是丰富，对宝宝的感性和智能的发展有很大影响。宝宝需要看对比明显的东西，需要看轮廓鲜明的图像，需要看黑白对比的物品。研究表明，在明快的色彩环境下生活的婴儿，其创造能力远比在普通环境下生活的宝宝要高。白色会妨碍宝宝的智力发育，而红色、黄色、橙色、淡黄色、浅绿色等能刺激宝宝智能的发育。一些心理学家曾进行过研究，证明缺少刺激环境中长大的宝宝比在丰富刺激环境中长大的宝宝视觉发育要迟3个月。这个特殊时期落后3个月，关系重大，因为从出生到3岁的智力发展，其比例相当于从4～17岁的发展。

05 宝宝为什么特别喜欢红颜色

五颜六色的事物都很受婴幼儿喜爱，但在众多的颜色中。新生儿对红色特别感兴趣。我们发现，一个新生儿生后11天就能看着在玻璃鱼缸中游动的金鱼达10分钟之久，还有一个11天的新生儿可注视电视中播放的火球。女孩爱穿红衣服，男孩也喜欢红气球，尤其是夏天出生的宝宝尤其喜欢红色。这是什么道理呢？

有研究认为，婴幼儿喜欢红色是在胎儿期形成的一种“天性”。因为胎儿在出生前3个月就有了视觉能力了，由于外界的光线和阳光、灯光照射母腹时，腹壁血管内红色的血液能使透射的光线呈现红色，胎儿最初看到的颜色便是红色。夏季出生的宝宝在出生前正处于炎热的夏季，孕妇通常穿着单薄，使光线更容易透过腹壁的衣服，胎儿所见到的红色光线更明亮，出生后对红色物体也就更敏感。

如果宝宝卧室墙壁是淡红色，或安装有红色的灯光，会使宝宝睡得更安宁。因为宝宝看到红色环境，犹如在母体内一样，会有一种安静舒适的感觉。因此，要尽可能地给宝宝创造红色的视觉环境，当然随着月龄的增加，给宝宝的色彩也应更加丰富多彩。

06 电视——宝宝不宜

初生宝宝从外界获得的影响具有决定性的意义，特别是刚刚诞生时的学习，表现出印刻似的现象。

宝宝出生2个月左右，听力已经比较敏感，眼睛也能看到东西了。如果这时就给他看电视，电视里强烈的声响和多彩的画面，会给宝宝深刻的印象，会剥夺他接受其他信息的能力。这样，宝宝对妈妈的声音反而没有反应。被这样抚养的宝宝，会对妈妈的呼叫不予理睬，不能注视妈妈的视线；活动剧烈，无法安静；喜欢电视里的广告，爱哼唱广告音乐，喜欢机械音；独立能力差；宝宝如果常看电视，只是单方面的接受电视语言，没有说话的机会，会使语言能力发展迟缓。宝宝大脑因电视而产生的这种“印刻效应”，大约发生在他刚出生到2岁左右。给2岁的宝宝每天看5～6个小时的电视，毫无疑问地会使他具有上述倾向。

宝宝最初的学习是通过与成人的交流和互动进行的，包括看表情、看手势、理解语言和听出语调的变化等。被动地看电视，即使是适合宝宝年龄的电视节目也无法与父母、家庭成员或看护者的语言交流相提并论。宝宝生后就需要在三维的交流环境中进行学习。因此，看电视屏幕中的图像甚至与现实环境中最简单的交流都无法相比。

有关研究表明，当看电视的时候，专管视觉、分析、计算等的大脑左侧皮层，会因为注意力随画面的移动而呈散乱状态。另一方面，接受颜色信号的右侧皮层会丧失信息抑制力，让左右皮层之间的通路减少，而呈现脑破坏的惯性状态。如果给宝宝看电视，其大脑的构造将受到损害。电视机发射的阴极射线，将侵犯宝宝的前脑叶，这种积累在数十年之后可能会引发白血病。电视机开着时，显像管会发出一定量的γ射线，而1～2岁的宝宝对γ射线特别敏感，高于成人几十倍。如果成人抱着宝宝看电视就会使宝宝吸收过多的γ射线，长期看电视则会出现乏力、厌食、营养不良、白细胞减少、发育迟缓等现象。

看电视的合适距离是2.5米左右，但这个距离对宝宝是不适宜的，虽然宝宝视力的距离随着年龄的增长而逐渐由近到远，但是1岁以内的宝宝视觉范围仍然达不到2米。宝宝的视觉调节功能尚未发育完善，缺乏突变的适应能力，特别对各种色调的强光直接刺激，视觉难以适应和调节。长期让宝宝看晃动的电视画面，会增加眼睛的疲劳，从而降低视力。电视画面的快速转换会引起注意力紊乱，使宝宝难以集中精力专注于某一件事情。看电视是一种被动性经历，会导致宝宝形成一种“缺乏活力”的大脑活动模式，而这与智力迟钝有直接的关系。当宝宝把大量的时间花费在看电视上时，他们观察、探索和关注这个万千世界的时间就明显减少了，故宝宝还是远离电视为好。

07 触觉——宝宝最灵敏的感官

宝宝皮肤的感觉在出生时已经形成，皮肤对刺激的敏感程度已同成人差不多，刺激鼻黏膜会打喷嚏，刺激眼毛会眨眼等；宝宝对内脏器官的疼痛能显著感觉到，因此，父母对宝宝的哭和不适的表情，应注意分析原因，及时处理。出生后宝宝的触觉已经很灵敏了，他喜欢妈妈怀里的那种温暖的感觉，喜欢成人轻柔地抚摸他的身体，这种接触让他感到安全，仿佛回到了在妈妈子宫里被羊水和软组织包裹的日子。嘴唇和手是宝宝触觉最灵敏的部位，他会经常吸吮手指来获得满足。

比较视觉、听觉等其他感觉，触觉在全身分布最广，因此感觉信息最多也最复杂。有科学家认为，人类大脑特有的分辨、分析及组织能力，和人类特有的触觉有极为密切的关系。因为人类皮肤毛少皮薄，对各种刺激的分辨能力最为细腻。新生儿许多与生俱来的原始行为也多与触觉相联系，如吸吮反射、握持反射、眨眼反射等。触觉对于宝宝生命的意义以及个体的发育绝不亚于视、听等感觉。触觉是宝宝早期与外界接触、交流的一种重要途径。

08 怎样促进宝宝的触觉发育

触觉的发育和所有其他感知觉一样，与外界的刺激、使用的频率有关。因此要创造各种机会让宝宝接触不同的物品，促使触觉的发育。早吸吮、早接触，宝宝出生半小时内就应吸吮妈妈的乳头，以增加母子感情；喂奶时，把宝宝的手放在妈妈的乳房上或脸上，让他触摸；在给宝宝洗澡时，用手多触摸宝宝的皮肤；让宝宝用不同的水温洗澡；使用不同的物品，如丝绒、棉布、麻布、海绵，擦拭宝宝的身体；3～4个月之后，妈妈把宝宝抱起来指认家中一些物体或各种玩具，然后扶着他的小手去摸一摸，如电视机、电冰箱、录音机、玩具小熊、玩具小狗等；让宝宝玩水、玩泥巴、玩橡皮泥、玩沙子；让宝宝的小手伸到米袋中；经常用梳子给宝宝轻柔的梳头等。

由于宝宝的视觉尚未发育完全，所以不仅要让他看，还要让宝宝进行实际的触摸，刺激其好奇心，宝宝的双手和皮肤是在触摸中感知外界事物的。父母应让宝宝在自然中触摸花草的柔软，石头的坚硬，水的流动，冰的寒冷；在生活中触摸各种布料、用具、物品；给他各种不同质地的玩具，让他在玩儿的过程中发展手部的触觉。因玩具形状或材质不同，如方的、圆的、木制的、塑料的、玻璃的、绒布的、纸质的、丝质的，能使宝宝逐渐了解大和小，圆和方，软和硬的不同感觉。在游戏时，父母要多和他说话，如“球是圆的”、“毛毯多柔软啊”、“石子多硬啊”，等等，这样可同时发展他的语言能力。触摸可使宝宝获得对世界的真实感受，积累生活的经验。触觉又是一种情感沟通手段，父母对宝宝的触摸，是增进亲子感情的重要渠道。

近年来，随着人们生活环境和生活方式的改变，如剖宫产使新生儿未经过产道的挤压；单元楼的居住特点限制了宝宝与大自然的接近；家长过分讲究清洁和整齐，不让宝宝接触各种物品；过多限制宝宝的活动，不让宝宝玩水、玩沙子等，使小儿的触觉训练严重不足，导致触觉敏感或迟钝儿日益增多。

触觉发育不良，过分敏感或过分迟钝，是因为大脑对感觉层次分辨能力不好的原因，可以影响到大脑对外界事物的认知和应变能力。例如口腔皮肤触觉过敏可出现偏食，过度过敏的宝宝喜欢咬人，性情焦虑；面部皮肤触觉过敏的宝宝往往拒绝洗头、洗脸；手部皮肤触觉迟钝时，表现动作笨拙等。

日本的父母普遍重视宝宝触觉的训练，很小的宝宝往往只包一个尿片，就放在沙堆里玩；天气暖和时，婴幼儿在室内一般不穿衣服，让他在地上尽情地摸、打、滚、爬；尽量给宝宝用冷水洗澡，用各种不同质地的东西给宝宝搓洗皮肤等。因此，家长千万不要忽略宝宝触觉功能的训练，使宝宝的触觉尽快完善地发展起来。

09 让爱随抚触传递

人类是最高级的动物，具有社会性、心理性的需要，抚触是人类最基本的需求之一。通过对宝宝感官温和的刺激，可引起全身神经、内分泌及免疫系统的一系列良性反应。在抚触的同时进行母子情感交流，使其有安全感和自信心。抚触不仅对小儿的体格发育有利，对各种疾病的治疗也是一种很有益的辅助方法，可明显促进婴幼儿健康发育。

抚触源于古老的按摩，却又被现代人赋予了更新、更科学的内涵。胎儿在母体子宫内接受子宫壁及羊水的抚触，分娩过程是羊水挤压、产道挤压过程，顺产是出生时接受的最早的抚触。剖宫产由于缺乏正常分娩时产道的挤压，新生儿身体上所有的感觉器未受到按摩。当宝宝出生后，他们会感到原先所熟悉的那个温暖而有限的空间突然消失，来到了一个十分陌生的世界，身心没有依托，他们会觉得茫然不安，感到恐惧和紧张。这时，如能给予宝宝抚触会明显减轻宝宝的焦虑和紧张，使他们感到十分安全和舒适。

新生儿的发育是一个复杂的生理过程，融合了心理和生理两大部分。在这一过程中，宝宝身体的各种变化无不受到大脑皮层的控制与调节。抚触有益于宝宝大脑及行为的发育。触觉是最原始的感觉器官，人类皮肤有500多万个感觉细胞，是面积最大的体表感觉器官，同时为中枢神经的外感受器。抚触给予新生儿全身皮肤以刺激，这使得在接受抚触的过程中，每秒钟都有成千上万个信息通过宝宝皮肤的神经末梢传递到大脑皮层。正在发育的宝宝大脑不断地处理皮肤感知的信息，并立即作出相应的反应。这对促进宝宝大脑的发育具有重要意义。

为什么抚触能有益于婴幼儿的生长发育呢？因为抚触刺激可促使体内分泌出足够的激素和酶类，其中最为重要的是生长激素，直接关系到宝宝的生长发育；抚触诱发分泌的另一种激素，还可以促进营养成分的吸收，使宝宝保持良好的营养状态。

有研究表明，抚触可使宝宝有更成熟的定向力、运动力和活动能力，可提高宝宝的智商和情商。抚触对早产儿及低体重儿尤为重要，对早产儿抚触可以增加体重，减少住院时间，降低后遗症的发生率。给早产儿每天按摩45分钟，10天后接受按摩的早产儿体重要比没接受按摩的早产儿高出47%，而且睡眠警觉性和活动力等方面也明显优于未按摩者，8个月后以上差别更加明显。

10 如何进行抚触

抚触适合从出生到10个月的宝宝。抚触前需要短时间的准备，充分地准备会使宝宝感到舒适，起到更好的效果。应选择温暖干净的房间或舒适、安静的场地，温度应控制在25℃～28℃。一般安排在沐浴后、午睡或晚上睡觉前、喂奶1.5小时后，当宝宝疲劳、饥饿或烦躁时不适宜进行抚触。妈妈的双手要温暖、光滑，指甲要短，无倒刺，不要戴首饰，以免划伤宝宝的皮肤。

抚摩前先温暖双手，手心涂抹少许润肤油，轻轻地在宝宝肌肤上滑动。开始时动作要轻，可逐渐增加压力以宝宝舒适为宜。抚触人员心情要放松，可以放一些悦耳柔和的音乐，且要保证你和宝宝一直有目光交流。

给宝宝抚触的顺序可以按照头部、胸部、腹部、四肢、手足、背臀的顺序来做。

头部：先用两手拇指指腹从眉间向两侧滑动。两手拇指从下颌下部中央向外侧、上方滑动；双手指腹从前额发际向上、后滑动，至后下发际，并停止于两耳后乳突处，轻轻按压。

胸部：两手分别从胸部的外下方（两侧肋下缘）向对侧上方交叉推进，至两侧肩部，在胸部划一个大的交叉，避开宝宝的乳头。

腹部：食指、中指依次从右下腹至上腹向左下腹移动，呈顺时针方向画半圆，避开宝宝的脐部。

四肢：两手交替抓住宝宝的一侧上肢从腋窝至手腕轻轻滑行，然后在滑行的过程中从近端向远端分段挤捏。对侧及双下肢的做法相同。

手足：用拇指指腹从宝宝手掌或脚跟向手指或脚趾方向推进，并抚触每个手指和脚趾。

背臀：以脊椎为中分线，双手分别放在脊椎两侧，从背部上端开始逐步向下渐至臀部。宝宝呈俯卧位，两手掌分别于脊柱两侧由中央向两侧滑动。以脊柱为中线，双手食指与中指并拢由上至下滑动4次。

每个抚触动作不能重复太多，先从5分钟开始，逐渐延长到15～20分钟，一般每天2～3次。抚触同时要与宝宝进行眼神、语言交流，使宝宝始终处于安静愉快地情绪中。

抚触将古老的按摩赋予了新的意义，抚触是一种爱，是一种治疗。它不仅为你和宝宝带来欢乐和健康，而且是一项方便、简单的智力投资。请用抚触传递你的爱和关怀，让宝宝在人生之初就享受到真情和关爱吧！

11 敏感的嗅觉、挑剔的味觉

宝宝出生即有了味觉和嗅觉，能感受到什么是甜、酸和咸。多数宝宝喜欢甜的味道，对甜味产生吸吮动作和愉快的面部表情。对他不喜欢的味道会表现出不愉快的表情，如扭头、皱眉、闭眼、吐出、啼哭等反应。宝宝还能区别不同的味道，喜欢妈妈身上的那种奶味，妈妈也能通过气味确定自己的宝宝，嗅觉成了母子之间相互了解的一种方式；当宝宝4个月时，就能比较稳定地区别好的气味和不好的气味；5个月时嗅觉和味觉才进入敏感期；1岁以内的小儿能分辨同一味道的不同浓度。

丰富宝宝的味觉：有研究证实，新生儿是有味觉的，且味觉很敏感，出生第1天就表现为对浓度高的糖水有兴趣。给宝宝喂药，他会表现哭闹和抗拒。要让宝宝的味觉灵敏起来，就要在宝宝出生一个月后，分别用纱布沾点温水、冷水、糖水、酸水等让他吸一吸，对味觉是个很好的刺激。宝宝3个月之后逐步让他尝试不同的食物和饮料，如在成人吃饭时，给宝宝舔尝肉味、菜味、酸味、果汁味等，也为添加辅食作准备，但只限于舔尝，不能吃下去。同时大人要伴以亲切的言语和情感，并作出尝试及闻味的动作，“啊，这是甜的，这种东西真好吃！”当宝宝4～6个月后，逐渐地添加不同味道的辅食，这样，宝宝的味觉就会很快发展起来。

丰富宝宝的口腔触觉：妈妈柔软的乳头是新生儿唯一的“餐具”，而当您用小汤匙或宝宝专用的喂养勺来给宝宝喂养果汁时，其口腔就会产生完全不同的触感。在辅食的准备期当中，丰富宝宝的口腔触觉也可以使正式的辅食添加更为顺利。

12 味觉、嗅觉——不可忽视的感官

大多数宝宝喜欢吮物，不管什么东西抓到手就往嘴里放。吮物是宝宝的生理需要，也是宝宝探索周围世界，认知事物的一条途径。宝宝学会坐后，视野比躺着的时候开阔了许多，随着视野的扩大，他的小手也开始活跃起来，到处抓东西。这时正值宝宝探索事物的萌芽期，当他抓到物品后，除了看看和敲敲，还要放入口中，通过吮、舔、咬等方式来尝试、探索，从质感上获得对物品的进一步认识。对于几个月大的宝宝，光依靠手的触觉功能去感知外界是不够的，因为嘴巴触觉较手的触觉更敏感、更发达。等手指的触觉逐渐完善后，用嘴巴确认的行为会随之减少。

吮物能获得更多的信息。宝宝只有通过尝、吃许多东西后，才能建立什么能吃，什么不能吃的概念。年轻的父母们不要太阻挠宝宝的这一探索活动，但同时要注意宝宝的玩具应经常清洗，以免因不卫生引起肠道疾病。有毒的或危险的玩具不要让宝宝咬，比如上了漆或有锐边的玩具等。

我们祖先依赖嗅觉选择环境，依赖味觉选择食物。而现代文明带来的负面影响是，味觉和嗅觉成为两个最易被忽视的感官。大多数宝宝在生后几个月内，只能尝到奶水的味道，至于嗅觉，更是一个“被遗忘了的角落”。其实，宝宝的味觉和嗅觉早在出生时就已具备，新生儿能感知酸、甜、苦、咸四种味道，但进一步的发展和分化有待于今后生活中不断的体验和积累。

自然界中，哺乳动物都是依靠特有的气味和灵敏的嗅觉来辨认母子关系，人类也是保留了这种特点。实验证明，绝大多数新生儿能将头部和鼻子准确地转向自己妈妈气味的方向，并唤起愉快的情绪，从而使食欲增加。出生5天后就能区别乳母和其他妈妈奶的气味。如果哺乳期的妈妈浓妆艳抹，掩盖了原来的体味，或更换哺乳人，宝宝会表现得很不安，甚至出现哭闹、拒奶等现象，这种紧张情绪会延续到幼儿期。

儿童营养学家建议我们，要使宝宝的味觉得到良好的发育，作为父母，应该特别重视宝宝断奶期的味觉体验。如果在这个感受性较强的时期，宝宝有了对各种食物的品尝体验，他会拥有广泛的味觉，以后就乐于接受各种食物。假如我们给他的食物比较单一，宝宝的味觉发育就可能不够发达，尤其是以后接受食物的范围也会比较狭窄，而且不那么愿意接受他从未体验过的食品及其味道。有的孩子偏食就是这样造成的。味觉使宝宝扩展生活的经验和知识，并与其他感觉一起共同丰富宝宝对外界的感受，从而增加智慧。

嗅觉的多样发展同样也可贯穿在日常生活中进行。让宝宝躺在妈妈的怀中，闻一闻妈妈身体的味道，并且记住这种味道，对宝宝来说，体味是他分辨妈妈与其他人的重要信息。让宝宝闻各种各样的气味，其嗅觉会变得敏锐、发达。如给宝宝洗澡时，可让宝宝闻香皂、沐浴液、护肤霜的味道；户外活动时让宝宝闻清新空气、花草的芳香；吃饭时让宝宝闻各种食物的香味、调料的异味等，这样可培养宝宝较为敏感的嗅觉，提高其认知能力。嗅觉使宝宝能充分感受视觉、听觉所不能触及的客观世界，使他们增加感觉体验，丰富生活经历，扩展感觉通道，通过嗅觉而使大脑获得特殊的智慧信息。

13 优质育儿从感官刺激开始

客观事物是通过感觉器官反映到大脑后感知的，所以说五官是接受外界事物、知识的渠道。要给予婴儿智力性的刺激，首先必须尽量多地给他们促进感知觉发展的机会。宝宝的感觉器官越发达，认识世界的能力就越强。宝宝刚一出生，马上就会通过各种感觉器官来认知世界，并迅速地建立起适应能力，这些感官的灵敏也使它对运动系统的控制（如肢体运动、语言和手工技巧等）能力大大增强。成人如能及时地将各种良性刺激赋予宝宝，在丰富的信息刺激下，宝宝的智力和能力将得到迅速的发展。因此，要尽可能给宝宝提供声音、形象、颜色、气味等各种刺激。

视、听、触觉和模仿是新生儿的主要行为能力。在家中新生儿和父母等交往也是通过这些能力来表现和发展的。只要你用心观察就会发现，小天使光临人间不久就会东张西望，眼睛还会追随红球或有色玩具上下左右移动。如你能掌握此规律，你就可以在哺乳后抱起宝宝，眼和眼接触（最佳距离是20厘米），一边说话，一边慢慢移动面部，宝宝的头和眼睛就会随着你转动，这是轻而易举的事，但意义却重大。

眼对眼的注视是相互交流的开始。许多妈妈反映，在宝宝注视她们时会感到很高兴，不由自主地会紧紧拥抱她们的宝宝。大约40%的妈妈要花一周或更多的时间，通过接触、照顾新生儿，才真正感到宝宝是自己的，因此这些相互之间的交往是必需的。父母在此时期内能强烈地感到他们自己与宝宝联系在一起，惊人的感情共鸣渗透在父母与新生儿之间。

总之，新生的宝宝已具备视、听、模仿及与成人交往的本领，这些能力又是他出生后继续发育的基础。尽早地给予婴幼儿良好的感官刺激，是优质育儿的关键措施之一。

对0～1岁宝宝进行感官刺激可以从以下几方面入手：

提供视觉刺激：家长可以在宝宝摇篮的四周贴简单的图片，并经常更换。也可以将小床的围栏油漆得鲜艳些，或者买一些纯白或光亮的栏杆，用剪成小块的毡制品、彩色广告纸装饰一下，再把小床围起来。

提供听觉刺激：宝宝的听觉很好，父母最好经常与他聊聊、哼哼歌。声音、音调、节奏的变换是转移宝宝烦躁不安的绝妙办法。

提供动感刺激：父母应该经常变换宝宝在床上、椅子上的姿势鼓励他活动躯干、手臂和双腿。

开阔视野：不要总让宝宝待在摇篮里，不妨用推车或背带随身带着宝宝走动，这能开阔他的视野，使他有更多的机会接触周围的人们，同时也促进其心智、生理、人际交往及感情等的发展。

Chapter 03 第三章

婴幼儿
大脑发育神奇而独特

YINGYOUER DANAO FAYU SHENQI ER DUTE

- 大脑潜能开发3岁前是关键
- 婴幼儿期大脑最聪明
- 宝宝有惊人的学习潜能
- 婴幼儿期的“模式学习”
- 宝宝在探索中学习
- “略为提前”的潜能开发最适宜

01 神奇的大脑

人类的大脑是世界上最复杂，也是效率最高的信息处理系统，它的重量只有1400克左右，其中却包含着140多亿个神经元（神经细胞）。现代脑科学的研究认为，大脑具有多达1000亿个神经元。人脑的存储量大得惊人，在从出生到老年的漫长岁月中，我们的大脑可以记录每秒钟1000个信息单位，也就是说，我们能够记住从小到大周围所发生的一切事情。人在自己一生中，仅仅运用了大脑能力的10%，也就是说，还有90%的头脑潜能白白浪费了。近年在脑潜能开发领域的研究证实，以前人们对脑的潜能估计太低，我们根本没有运用头脑能力的10%，甚至连1%也不到，因而可以毫不夸张地说，人脑的潜能几乎是无尽的。

研究表明，成人脑重约1400～1500克，新生儿脑重约350克，每天增长1.5克，到9个月时已达600克增长近一倍；2.5～3岁时增至900～1010克，相当于成人脑重的2/3；7岁时达1280克，为成人脑重的90%。新生儿脑重虽仅有成人的1/4，但皮层上的沟回，成人所具有的，他们也基本具有，只是浅些而已。

神经元是大脑最为重要的组成部分，是处理信息的细胞。据估计，大脑从开始发育时算起，神经元的数量就以每分钟25万的速度递增，到出生时最多，达到大约1000亿个。神经元的形态大小各异，标志着它们最终将要行使的职责不同。至今为止，科学家们已确认出大约25种不同的神经元。出生后脑神经细胞急剧地生长出许多分支的树状突起，称为“树突”和“突触”，它们像“桥”一样地把细胞联系起来。这些突触的连接非常重要，因为脑神经细胞的连接方式决定着宝宝的大脑如何处理新的信息。这些神经细胞的连接70%～80%是在3岁前形成的，而未彼此连接，未经使用的脑细胞则被“废弃”。神经通路畅通，大脑就具备了反应和传递外界信息的功能，这就是婴幼儿可以接受早期教育的生理基础。神经心理学对宝宝大脑发育的研究，为早期教育的可能性和必要性提供了理论基础。

02 大脑潜能开发3岁前是关键

通常人们通过自己的努力而从事的学习或记忆，接受某种知识或技能的过程称为教育。而事实上，还有一种学习是不需要自己的意识的，也不必付出艰辛的努力，就如同孩童自然学会母语一样，有专家称为有意识之前的教育，或"潜能教育时期"，实际上这就是早期的大脑潜能开发时期。

宝宝出生时脑发育尚未完成，促其发育完善除全面、足够的营养物质外，从出生第1天开始的信息刺激及循序渐进的功能训练是最重要的条件。出生后大脑继续发育完善的过程，也就是脑潜能继续储存的过程。如果在胎内或出生前后某些脑细胞受到损伤或破坏，还要通过这些方法促其康复或调动邻近细胞代偿，此可被认为是脑潜能的早期挖掘。

大脑潜能的开发主要依赖早期，宝宝大脑发育在6岁时基本完成，其中0～3岁是关键期，因为此时是脑细胞发育最迅速的时期。脑结构的发育完成，脑功能的基本完善均是在学龄前，尤其是3岁前。这个时期就是脑潜能储存及早期挖掘的关键期。随着脑组织的发育，脑的重量也随之增加，3岁时已达到成人的80%。有关证明：4岁时宝宝已发展了大约50%的学习能力，在8岁前会发展出另外的30%。这并不是说在4岁前，宝宝已经吸收了相当于成人的50%知识或智慧，而是说在那短短几年里，大脑已经构建了主要的学习途径，摄取了大量的信息，所有以后的学习都将以此为核心而展开、发展。宝宝出世那一刻就已经是"才华横溢"，仅仅两年时间他们就学会了语言，到了3～4岁，在语言方面就能运用自如了。当然，并不是说宝宝错过了关键期就不能进行教育，因为脑细胞神经网络的联系在整个宝宝期都很频繁，而且有很多机会促进它。父母在宝宝期对宝宝的智力开发都会是有效的。

每个宝宝一出世，就是一位亟待发展的天才。3岁前婴幼儿的头脑像海绵一样具有极强的吸收能力，成人根本不用担心"给的太多"、"宝宝负担过重"之类的问题，需要担心的恰恰是给予的刺激不足，“给得过少”的问题。大脑也遵循用进废退的法则，若能对大脑进行科学的开发和锻炼，正常宝宝可以变得更聪明，甚至成为超常宝宝。当然，开发大脑不是简单地要宝宝识字、做算术，而是要针对宝宝大脑发育的特点进行合理而严格的训练。科学家发现，智商的高低其实取决于脑细胞之间所建立的衔接沟通的多寡。当一个人的脑细胞出现大量沟通时，其智商就会比一个脑细胞之间缺乏沟通的人来得高。经过大脑潜能开发的3岁宝宝的大脑神经发育甚至可以达到6岁宝宝的水平。

如果将大脑比作一台计算机，3岁前所发育的相当于计算机的“主机或硬件”部分，3岁后则是其“软件”，即指示机器操作方法的部分。人的头脑接受外来刺激，给予模式化训练后转变成记忆，这种最基本而重要的信息处理结构在3岁前即已形成。到3岁以后，再将以前形成的思维、意愿、创造、情感等高层意识发展为“如何操作”的功能。如果3岁以前所制造的“主机和硬件”本身不好，到了3岁以后再去反复训练“如何运行”就无济于事了。

潜能的开发是无限的，但又是有限的。理论上讲，人的潜能是无限的，这具体反映在每个人都具有优秀的潜能，每个人都亟待发挥自己的潜能，每个人都可以努力使自己的潜能得到发挥。但从实践上说，人的潜能开发却是有限的，具体表现在潜能有明显的个体差异。即使某种潜能水平相同的人，由于主客观条件不同，有的人开发的好，有的人开发的很差。这无限性与有限性的统一，是潜能的一大特点。

脑潜能概念的提出，不仅是早期教育、早期干预的理论基础，也提高了对早期教育的重要性、紧迫性。0～3岁对脑潜能的储存，比以后其他智力、体能投资都更重要。宝宝最初3年所处的环境，实际上塑造了他的大脑。宝宝早期经历的事物越有意义，越富于连续性和趣味性，他的大脑也就塑造得越精妙。

03 宝宝大脑发育的特点

研究证实，反映脑细胞功能的突触数量与接受信息早晚、多少有关。宝宝出生时的突触连接只有成人的1/10；如出生后即予适宜的信息刺激，1个月时脑细胞突触总数可增加20倍；3岁时，幼儿的突触连接几乎是成年人的两倍——估计有1000万亿。信息刺激对脑胶质细胞发育及微循环完善亦很重要。宝宝出生不久，神经细胞就进行频繁的神经活动，并与其他神经细胞建立联系，当这些神经联系被反复地使用或被感知经验刺激时，就得到加强，否则这种联系就会减弱或消失。一个突触被使用的机会越多，它就越有可能成为大脑永久结构的一部分。宝宝的大脑不只是成人大脑的一个缩影，它是记录经验、塑造其内部网络连接的一个日新月异的组织结构。

根据大脑生理学的研究，婴幼儿智能迅速发展与此一时期大脑的发展有很密切的关系。早期的经验帮助宝宝调整大脑内的突触连接，并最终使他的大脑形成一个网络，使其学习效率达到可能的最佳水平。幼儿末期几乎所有皮层传导通路都已髓鞘化，5岁幼儿的大脑已发展到接近成熟，为学前教育和智能的迅速发展提供了生理上的基础和可能性。学前教育如能提供丰富、复杂多变的环境刺激，可以促进大脑皮质细胞体积增大，细胞之间的联系也随之增多。早期经验对调节脑部神经连接有重大影响，而这种连接又最终造就大脑的构造方式。也就是说，宝宝早期的生活环境，实际上决定了大脑的结构。他所经历的事物越多、越具有连贯性和趣味性，他的大脑就塑造得越精妙。

目前，人类对自身大脑的认识和开启远远不足。而开启大脑的工作，不能等脑全部成熟再进行。最好的开智时机应从婴幼儿开始，因为这时的大脑正在迅速发育时期，有许多空间需要输入新信息，有许多细胞需要填入新鲜的活力，就好像一块松软的塑泥，我们可以随心所欲地去塑造。宝宝刚出生，他心灵的窗口就敞开着，随时准备捕捉来自各方面的信息。这些窗口是眼、耳、口、鼻和皮肤等感觉器官。宝宝大脑有上百亿个神经细胞渴望着从“窗口”进入的适当刺激，并随时接收和处理这些信息，这就是学习的开始。这些信息如同阳光雨露促使幼苗般的神经细胞茁壮成长。大脑潜能概念的提出，不仅是早期教育、早期干预的理论基础，也提高了对早期培育宝宝重要性、紧迫性的认识。我国民间“三岁看大，七岁看老”的说法，就是对三岁前重要性的总结。从某种意义上讲，天赋是我们与天俱来的接受教育的能力。你越是早一天给宝宝以教育，他的天赋越是早一天得到运用。宝宝的父母千万不要错过这个机不可失、失不再来的潜能开发关键期。

04 婴幼儿期大脑最聪明

胎儿在子宫内就有了刺激，在胎内即可进行教育，也既“胎教”。婴幼儿具有许多先天潜在能力，且具有极大的可塑性。宝宝一生下来就已经具备各种感觉。大脑各部分发育完成的顺序是不一样的，新生儿期触觉、味觉、嗅觉已发育良好。在宝宝的感觉中，发展最快的是听觉。新生儿的视觉发育稍晚，3个月时视觉开始敏感。皮肤感觉在出生时几乎已经遍布全身。出生后宝宝的触觉已经很灵敏了。嘴唇和手是宝宝触觉最灵敏的部位。宝宝出生即有了味觉和嗅觉。给予宝宝智力性的刺激，首先就必须尽量多地给他促进感知觉发展的机会。系统地给予宝宝逐渐增强的刺激，便可培育出接受能力极强且相当敏锐的感觉。

宝宝在婴幼儿时期大脑最聪明，婴幼儿发展有无限的广阔性和可塑性，但随着年龄的增长这种广阔性和可塑性就会下降。宝宝的潜能遵循递减规律，培养宝宝最重要的是要杜绝“宝宝潜能递减”的现象。

随着大脑的发育，婴幼儿身体的协调能力、感知、注意、记忆、语言、逻辑思维和想象能力都得到很大发展。0~6岁的宝宝在想象力、记忆力、模仿力、创造力等方面具有超人的潜能。宝宝在3~6岁出现左脑的急剧发展，右脑的发育在8~10岁出现一个飞跃。

很多实践经验和科学研究已证明，宝宝从出生后就有一个丰富、良好的环境，对他们大脑的影响，无论结构和功能发育，都有重要作用。让宝宝痛失良机，这一时期是学校教育、社会教育无法影响的，也是稍纵即逝，一去不复返的。

“早期失教”对宝宝智力发展影响终身。

05 宝宝有惊人的学习潜能

人们常常认为新生儿是无能的、被动的个体。现代科学研究证明：新生儿从出生之日起就具有主动探索外部世界的潜在能力，而且还具有相当“惊人”的反应和学习能力。

新生儿看见亮光就会把头转向亮光之处；听到巨响的声音会有哭叫的反应；当乳头接触嘴唇时就张嘴吸吮。这些都是天生的本能反应，是对外界事物的无条件反射。

为了生存，他还必须学会一些本领适应新的生活环境的，在已具有的无条件反射的基础上，开始主动探索周围的世界，在接触各种事物中，感受到各种刺激，并在不断地重复、强化的过程中建立起新的条件反射。如每当宝宝哭时就有人抱他，久而久之，他就学会了要人抱就哭；听见成人发出“嘘嘘”声会排尿；看见奶瓶知道要吃奶，等等。

宝宝的学习潜力是很大的，成人不要忽视宝宝日常表现出来的一些反应，而应及时地积极地作出应答，以避免无意中耽误宝宝潜在能力的发展。

宝宝有哪些方面潜在的能力呢？

新生儿对光的刺激十分敏感，对光线的明暗变化会作出反应，如闭眼时开了灯，他就会有所反应。出生3周左右，他就学会注视视野中出现的物体，并追随物体转移视线。遗憾的是有些父母认为“月子里的宝宝怕光”，常常白天用窗帘遮光，晚上为了照料宝宝而彻夜开着灯，使宝宝无法感受到白昼的变化，这样往往限制了宝宝视觉的发展。若是让宝宝感觉到白天亮、晚上暗、开灯亮、关灯暗，就能刺激宝宝视觉的发展，并建立条件反射，使宝宝学习到天暗了、关灯了要睡觉；天亮了可睁开眼看看、玩玩。被人们称为“智慧之窗”的眼睛能获得外界80%的信息，充分发挥这方面的潜在能力，将有利于智力发展。

宝宝的听觉发达而敏感，满月后能集中注意听声音，当听见成人说话声时，就停止哭而期待成人出现在他面前。有些父母认为宝宝易惊醒、怕声响、房间里安静得鸦雀无声，成人连走路也蹑手蹑脚，这样反而影响了宝宝听觉细胞的发育及听觉功能的提高。其实，一天中应给宝宝一些听声音的机会，可以时而听音乐，时而讲话逗笑，时而安静休息，时而唱歌游戏。宝宝感觉到声音时有时无，有机会倾听各种声音的变化，从而提高他学听的能力。

新生儿的触觉很发达，对冷热的刺激特别敏感。宝宝一般都是通过嘴和手去触摸感知外界的刺激，宝宝早期触觉的发展与长大后手的灵巧程度有很大的关系。但父母往往不重视这方面的问题，有些父母在宝宝出生后就用小包被将宝宝捆绑成一个“蜡烛包”，宝宝的手脚和身体都不能自由活动。还有的父母怕宝宝小手抓脸而将衣袖做得很长，并用带子扎紧衣袖，使宝宝手臂不能弯曲，小手无法触摸东西，影响着触觉功能的发展。

若是让宝宝睡在宽松的睡袋里（夏日穿衣裤），手脚和身体不受束缚，双手能从袖口中伸出触摸各种东西，手眼能协调一致活动，不断地探索，宝宝的学习潜力将进一步发展。

宝宝的嗅觉和味觉比较敏感，能分辨不同的气味，如闻到奶香气味，会露出笑脸并将头转向奶瓶。若闻某些刺鼻的气味就转头避开。

宝宝还具有交往能力和模仿能力。出生就会笑，这是“生理性的微笑”，是生来具有的。以后，慢慢地宝宝会学会对人脸和玩具微笑，这时产生了社会交往的需要，转变为“社会性微笑”。他喜欢人逗引，有人接近就笑，离开他就哭，和他讲话会咿呀发音应答。

宝宝还特别依恋妈妈，早期交往能力在妈妈搂抱、爱抚、笑、玩中得到发展。据医学研究发现：新生儿从2周起，就学会模仿成人的面部表情，如伸舌头、张嘴，稍大时宝宝学会模仿拍手、摇头、挥手再见等动作。宝宝最初学会的本领都是通过模仿而获得的。

以上事例都说明宝宝出生后就具有惊人的学习潜力。父母应该为宝宝营造良好的生活环境，实施合理的早期教育，使宝宝主动探索外界的潜能得到充分发展。

06 宝宝是如何学习的

在20世纪以前，大多数的人认为宝宝只会被动地观察周围的世界，他们不能主动选择学习的内容，更没有学习的欲望，而只是坐等事情的发生。然而，随着对宝宝研究的深入，发现与我们原来想象的恰好相反。事实上，宝宝是他们自身世界的主动参与者——他们通过自身的不断实践，了解事物的规律，得出他们自己的见解。而且宝宝一来到这个世界就带着一种与生俱来的惊人能力——能感知自己所看到、听到及触摸到的一切。他们时刻准备接受周围的事物，如爸爸慈爱的脸或者妈妈亲切的声音。换句话说，宝宝天生就是一个学习家。

所有的摸索和试验加在一起就意味着学习，这是一个循序渐进的过程。宝宝从他的经验中获取了信息，又把信息转化成真实的感知意识。宝宝在最初的一年里通过反射活动回应外部世界，最后是有意识地决定自己该如何做出反应。他从最早对所见事物几乎一无所知，到能大致理解周围发生的一切。

“宝宝是他们自身世界的主动参与者”这一观念是由著名的发展心理学家

琼·皮亚杰首次提出来的。通过多年坚持不懈的观察，皮亚杰创立了一个以宝宝为学习中心的理论模式，并认为宝宝是学习过程中的主动参与者。他们通过自身与世界的交流产生对世界的看法，宝宝适应新事物的同时也就是在学习。

宝宝是你将遇到的最聪明、最好学的学习者。他们会翻转身子，这样就能帮助他们坐起、站立、然后行走。他们还注意到，当他们哭的时候，成人就会给他安慰，所以他们很快就把哭这个形式作为自己有意识地交流工具之一。他们在学习新技巧、关注事物因果关系以及解决难题这几个方面表现出来的能力令人瞠目结舌。宝宝出生后即能主动探索外界事物，并有广阔发展的可能性。

07 宝宝在探索中学习

婴幼儿不但会学习，而且是人类中最出色的学习能手，他们有惊人的探索力、模仿力、接收力、记忆力，想象力，成人与之相比个个望尘莫及。

婴幼儿不断地在看、听、说，不断地探索模仿，以致每时每刻都接受着各种新奇的刺激，使神经细胞突起不断地繁生延展分枝。信息源源不断地入脑，即刻印在脑中，使脑细胞形成致密复杂的网络。错过了大脑生长发育期的开发，脑组织结构就会趋于定型，潜能开发就会受到限制。几乎宝宝所做的每一件事都是学习过程中的一部分，那么宝宝怎样了解事物发展与变化的规律？怎样形成可靠的记忆力以及当他看不到事物时，他怎样理解它的存在？当仔细观察你的宝宝时，你会发现他们是在不断丰富的各种探索过程中逐渐成长起来的。

出生后2个月内的宝宝主要致力于开发身体感觉，宝宝从感觉周围世界怎样影响他的身体开始发现事物，如当他吮吸拇指时感觉如同吸着妈妈的乳头。当他吃东西时感觉非常舒适，故吸吮成为他们的最爱。

3个月左右的宝宝开始抓拿东西，其注意力开始从自己的身体转移到外部世界。宝宝开始理解最简单的因果关系，如当他抓住一个拨浪鼓时摇动自己的手，可以使它发出声响，故宝宝学会摇动手臂，以使拨浪鼓发声。

9个月左右的宝宝记忆力不断增强，他对周围环境的主动参与会越来越多。他开始有意识地尝试自己的行为所带来的影响，如他想知道当自己扔掉玩具、爬上椅子或发一阵脾气会引发什么后果。

在宝宝出生后的第一年里，他在各方面的学习经常呈现U形模式。当宝宝学习新技巧的时候，他们起初会有让人吃惊的出色表现，但紧接着他会退步，然后又是进步，直到他们完全掌握了这项技能为止。所以如果你的宝宝学习站立时又重新开始爬行，或又重新把能拿到的一切塞进嘴里，不要沮丧与失望，而适应他表现的这个过程。

08 “略为提前”的潜能开发最适宜

宝宝的成长最需要的是父母的陪伴，尤其是在宝宝幼小的时候，通过朝夕相处的陪伴、日复一日的交流，宝宝与父母建立起亲密的依恋，建立起安全感，是宝宝健康成长最重要的基础。每个宝宝都需要从父母那里得到足够的重视，在每天工作之余，我们要腾出一些时间参与宝宝的游戏。宝宝的童年只有一次，做父母的最好不要把宝宝交给别人去抚养教育，宝宝是我们生命的延续，没有什么是比养育生命的延续更重要的事。

婴幼儿通过接触具体的、仿真的与生活有关的东西学习，需要与同伴、成人和环境互动交流，要为宝宝提供各种各样的经历，尽可能让宝宝接触到各类东西。

但宝宝需要的关注并非越多越好。他们所需要的是适当的关注，是在他们最需要时的关注。在照顾宝宝问题上，要能够准确而且适当地满足宝宝的需求。宝宝具备一定能力时，应该允许自己做决定。

宝宝并不是大人可以随意在上面画画的“黑板”，不要阻止或逼迫学习。宝宝在任何活动中的行为都是与其发育水平相称的，宝宝只能获得与他的能力相适应的经验。如果知识和要求超过他的发育水平，宝宝就会不安，而且毫无兴趣。

应该从婴幼儿的心理发展规律出发进行教育，内容和手段“略为提前”一点。音乐、体育、美术的学习幼儿期开始为好，外语的学习重要的是语言环境，并非越早越好。家长让宝宝提前学习课本知识实际上是一种误区，学习知识与开发智力有密切关系，但不是一回事。学习知识不是发展智力的唯一途径。能不能让宝宝提前学些知识呢？回答是肯定的，但不要把目标定在学习课本知识上。

宝宝在发育的各个方面（如运动、智力、情感和言语）所呈现的速度各不相同，这是非常正常的现象。有些宝宝到9个月时已经走路了，而有些宝宝到13个月大时还对爬行乐此不疲；一些宝宝1岁时已掌握了25个词汇，而有些宝宝到2岁时才会说几个词。作为父母，碰到这样的问题一定会觉得非常沮丧，但无须惊慌。大部分起步较晚的宝宝都会在一段时间内突飞猛进，然后赶上别的宝宝。所以你既没有必要为宝宝缓慢的学习进度担心，也不用强迫他改变学习方式。家长所要做的就是为他创造一个丰富的生活和学习环境，清醒认识他所处的发育阶段，帮助他在学习过程中循序渐进，取得进步。

对宝宝危害最大的教育方式是过度教育。过分的保护、包办代替会剥夺宝宝练习正常动作和学习各种能力的权利和机会，过度期望会给宝宝造成压力。适合宝宝环境的特点是对宝宝友好、关心但又十分冷静。父母应成为宝宝的倾听者、支持者、精神的陪伴者，而不单单是抚养者。

Chapter 04 第四章

从“咿呀学语”到“能说会道”

CONG YIYA XUEYU DAO NENGSHUO HUIDAO

- 不要“逼迫”宝宝说话
- 婴幼儿语言发育规律
- 小宝宝的“前语言阶段”
- 1~2岁的宝宝会说短语了
- “能说会道”的幼儿阶段
- 宝宝为什么爱打断大人说话

01 回应宝宝的呢喃之语

有研究者发现，宝宝两个月时便可有意识地跟他说话。当你给宝宝喂饭、换尿布或是洗澡的时候，为他唱唱歌或哼哼曲调。当他发出那些幼嫩可人的声音时，你也“叽叽咕咕”地回应他，他就会明白声音可以使别人有反应——而这就是语言的力量。对于宝宝的这种呢喃之声，周围的人是否积极回应，对宝宝的心智会产生很大的影响。

心理学家认为，宝宝的哭声、笑貌及喃语，都是他们发给大人的“讯号”。也就是说，那些看似毫无意义的咿呀之语，可能正是宝宝想表达自己意愿的一种“讯号”。如果周围的人，对他的“讯号”立即回应，他发出“讯号”的积极性就会大幅提高。当宝宝对着妈妈发出声音时，就表示他正要告诉妈妈什么事，做妈妈的一定要有回应。由于妈妈的反应，宝宝便会产生再发出声音的意念。可以确定的说，再没有一件事能像妈妈微笑地回应能激起宝宝“说话的欲望”了。

在回应宝宝的信号时，我们大人除了用言语与他说话外，还可以抚摩他、哄他、摇动他，任何方法都可以。重要的是，对宝宝发出的“讯号”要立即作出回应，宝宝会发出更高一级的“讯号”，这样就能促进宝宝心智的发育。不仅如此，母子间借着“发讯”与“应讯”这种频繁地信息沟通，可以促进母子之间的心灵沟通。若妈妈或周围的人对宝宝的“发讯”反应太少，会使宝宝处于“闷闷不乐”之中，减低对外发出信息的积极性。据心理学家研究，如果一个宝宝被独自放在空无一人的房间里，他的呢喃语声就会大大减少。那些不会哄逗、很少对宝宝说话的妈妈所抚养的宝宝，语言的发育总是很迟。

因此，在美国就特别重视与这些只会呢喃之语的宝宝进行交流。例如，美国就有一种称为“特别家庭教师”的工作。其做法是，有些家庭因为夫妻共同外出工作，宝宝与妈妈相处的时间很少。对于这样的宝宝，政府机构就派出受过特别训练的家庭教师，从周一至周六每天抽出约1小时，陪着宝宝说话。根据对1岁左右的宝宝追踪调查，有“特别家庭教师”陪伴说话的宝宝，一年之后他们的智商较其他相同条件的宝宝为高，他们在语言能力方面的差异则更为显著。可见，对于小宝宝发出的呢喃之语，大人都要尽量积极回应。

要创造一个能促使宝宝不断咿呀学语的愉快环境，以提高宝宝的发音质量。妈妈的爱抚、语言和笑声，最能鼓励宝宝做出咿呀反应。实验证明，甚至只播放妈妈声音的录音带，都能使宝宝兴奋，用咿呀学语对妈妈的声音做出回答。所以成人要尽量多和宝宝交谈，长时间的沉默会使宝宝感到寂寞。每天和你的宝宝多交流几分钟，长此以往就会大大提高宝宝的语言能力。宝宝倾听语言对其语言能力的影响不是一朝一夕的，而是日复一日、点滴而成的。让宝宝可爱的呢喃之语与父母轻柔的爱语交织成人生之初最美妙的生命序曲吧！

02 避免使用“儿语”

我们经常发现，许多父母对宝宝说话时使用的是“儿语”。如“宝宝吃饭饭没有？”“宝宝该睡觉觉了”等。因为宝宝说话时，主要的表达方式是重叠的单音或短语，他们担心正规的语言宝宝不能理解。宝宝所以说儿语是因为发音机能尚未发育完善，要刚刚学说话的宝宝说出正确的词汇很困难，但为了长远的效果考虑，就应从宝宝期便学习正确的语言。

宝宝通常是毫无选择地接受各种信息，特别是语言信息。宝宝是从周围的大人与自己交谈的语言中学习说话的。因此，要让宝宝学习正确的发音，大人就必须用正确的发音来说话。不要强化宝宝的叠音词，如教“猫”，而不教“咪咪”，教“筷子”，而不教“筷筷”，应教会宝宝说多音字和短语。如一直用儿语对宝宝说话，则儿语可能成为宝宝的固定语言。如果听到的是标准的、字正腔圆的发音，将来宝宝使用的也会是正确的语言。

将“狗”说成“汪汪”，将“猫”说成“咪咪”，虽然非常生动有趣，但容易忽略抽象思维的培养与发展。对于宝宝来说，记住“狗”和“汪汪”所花的时间相差无几，而前者是迟早要学的语言，后者却是不久就要抛弃的语言。因此，为了使宝宝的思维能力得到全面的开发，家长在教宝宝学说话时，应注意将理性词汇和感性词汇相结合。

经常用儿化语和幼儿交往，幼儿还会从中发现成人和自己说话是与成人之间说话不一样的，幼儿无形中感知到自己是个小孩，这样不仅会抑制幼儿的智力发展，而且会使他们失去相应的上进、创造的意识，以致产生自卑、怯懦等不良性格特征，影响心理的健康发展。

要为宝宝选择最好的信息刺激大脑神经的发育，同时要尽量避免那些不良信息印入宝宝的大脑网络。避免使用儿语，可以使宝宝在学习语言的过程中少走弯路，使其对语言的理解力更强，语言发展更迅速。成人要用规范的语言对宝宝说话，教宝宝规范的语言避免了在宝宝头脑中堆积“废物”，能更有效地促进宝宝理解能力的发展。

成人最好指着各种物品用清晰缓慢的语言对宝宝说“这是什么？”“那是什么？”，要像对已经懂事会说话的宝宝那样给他讲各种各样的事情，让他感觉、让他看、让他听。不仅要多跟宝宝说话，还要多给他念童谣、讲故事。尽可能选择较为简单的语词，温馨的话语，轻柔的摇篮曲，使这种良好的语言信息深植于宝宝的脑海中。

不要“逼迫”宝宝说话

和宝宝说话要慢而清晰，使宝宝能跟得上并模仿妈妈的说话。如语速过快或发音不清，使宝宝不能接受这种信息，久而久之，宝宝会丧失学习语言的兴趣。在此阶段要注意不要勉强宝宝说话，也不要纠正他们的错误。特别是勉强宝宝说他们讨厌的话时，反而会影响宝宝说话的欲望。当宝宝不能顺利地发出“妈妈”的音时，有些性急的妈妈就会急着纠正“不对，说妈妈”、“再说一遍”、“快跟妈妈学”等等，有些妈妈甚至会用手指触摸宝宝的嘴唇，强迫其修正发音，这对宝宝来说是一件很痛苦的事情，情绪上会受到压抑。如果这种痛苦的经历不断持续下去，就有可能在1～2岁时形成口吃。如果用平和、缓慢的语调与宝宝交谈，宝宝会自然而然地接受语言信息，并很快学会说话。

1岁左右的宝宝发音一般都不太准确，如把“吃”说成“七”，把“狮子”说成“希几”，“苹果”说成“苹朵”，等等。这是因为小儿发音器官发育不够完善，听觉的分辨能力和发音器官的调节能力都较弱，还不能正确掌握发音方法，不会运用发音器官。成人不要把宝宝不准确的发音当作好玩，有意去逗他，或故意学他错误的发音。时间一长，错误的发音就固定下来，以后很难纠正。此外，1岁的宝宝说话时，语句还不完善，语病很多，成人不要笑话或训斥他。不然，宝宝在人前会不愿说话，造成性格孤僻，影响智力发育。

对宝宝说话时尽量不要用方言、土语，更不应说粗话，从小培养语言美，使宝宝懂得举止谈吐优雅。事实证明，父母早年给宝宝创造的语言环境对宝宝语言能力，甚至将来的学业成绩都有巨大的影响。他们的词汇越丰富，理解的词语越多，对语言的掌握也越出色。

04 宝宝学说话的“秘诀”——良好养育环境

宝宝语言的发展是一个连续的、有规律的过程。先学发音，2～3个月的宝宝，当成人“啊”、“哦”地和他说话时，就会咿呀学语，逗他时会大笑。7～8个月的宝宝，已能理解简单的语言，如问他灯在哪儿呢，宝宝就会指灯或看灯。常常听到

1岁左右的妈妈说："这宝宝什么都懂就是不会说"，这是因为宝宝仍处于理解语言阶段。2岁左右的幼儿语言进入一个蓬勃发展的时期，这时已会说3～4个字组成的词，知道常见物品的名称，很喜欢和成人学说话。

怎样才算语言发育得好呢？在咿呀学语阶段，能情绪愉快，积极发音；在理解语言阶段，能理解得多，理解得对；在会说话时，语言清楚，内容丰富。这完全不是自发的，而是正确教育的结果。语言的获得和发展对宝宝的心理和社会性的发展都有极大的促进作用。父母是宝宝学习语言的第一任老师，因此父母应努力提高自身素质，以便在宝宝期就开始对宝宝的语言发展施加有效的影响。

有的妈妈认为刚出生的宝宝不了解语言，就不用跟他说话了，其实这是完全错误的。因为即使宝宝不会说话，不了解语言，但是妈妈所说的话，却会不断地灌入宝宝的头脑里，虽然从表面看不出来，但其刺激却是会对宝宝的脑细胞产生惊人的影响。尤其在宝宝出生后的6个月，是脑细胞爆发性成长的时期，在这个时期如果接受丰富的语言刺激，那么，在宝宝的头脑里就会有优秀的语言回路打开，因而能够培育出语言发达的宝宝。

有的宝宝属于个体的语言发育较晚，也有的宝宝是因为家中语言环境不太好而说话晚。比如老人带宝宝跟宝宝说话交流得少；或照顾得过于周到，宝宝可以通过手势或其他动作，表达他的需求，语言表达能力发育就会受到抑制。还有的宝宝是因为看电视时间过长，被动接受语言信息，语言表达能力得不到锻炼。平时应该多与宝宝说话交流，不要老看电视，延迟满足他的需求，鼓励他用语言表达他的需求。此外，听力、智力发育异常也会影响语言发育，这些需要做相关检查来确定。

有关研究表明：宝宝最初所掌握的语言主要就是通过对周围语言环境的模仿而获得的。所以，父母一定要多和自己的宝宝交谈。父母若能在照顾、逗弄宝宝时多与他说话，会更多地刺激宝宝调动各种感官感知并积极地模仿成人的语言。要创造一个能促使宝宝不断咿呀学语的愉快环境，以提高宝宝的发音质量。妈妈的爱抚、语言和笑声，最能鼓励宝宝做出咿呀反应。同时，父母充满温情的话语和无微不至的照顾形成了宝宝对父母情感上的无限依恋，密切了亲子关系，父母成为宝宝安心学习语言的重要语言基地。

宝宝语言的发展也受到父母教养态度和教养方式的极大影响。建立良好的教养态度和教养方式，是保证宝宝生理、心理各方面健康发展的重要因素。父母如果充满爱心、关怀、细心地照顾宝宝，宝宝在今后的发展中与父母间往往有丰富的语言和情感交流。温情和体贴的教养模式能有效地促进宝宝语言的发展，家庭成员之间亲切的语言交流等等，都能引起宝宝感知语言的兴趣。对孤儿院宝宝研究后发现，在孤儿院成长的宝宝因缺少父母充满爱子之情的精心照料，宝宝多有语言发展迟滞或有不同程度的语言障碍问题。同样，冷淡、拒绝、虐待宝宝的养育态度和方式都对宝宝语言及其他方面的发展造成严重的消极影响。因此，宝宝的语言发展离不开父母良好教养态度和方式。

生理需要的满足是宝宝能够安心学习语言的最重要的“物质保证”。宝宝只有在生理需求得到满足后，才会有稳定的情绪状态。如果年轻的父母在照顾宝宝的过程中能敏感地觉察、辨别出宝宝所发出的各种信号，及时满足宝宝的需要，就会使宝宝的情绪稳定下来，宝宝会不断地向父母咿咿呀呀，似乎在表达他的愉悦和对父母耐心、周到照顾的感激。

研究证实，父母早年给宝宝创造的语言环境对他们的语言能力有巨大而持久的影响，那些接触过更多词汇，置身于更好语言环境中的宝宝，他们的词汇更丰富，能理解的词汇更多，因而对语言的掌握也更出色。综上可见，宝宝在短短的一年里就可为语言的产生做好必要的准备。因此，年轻的父母不应忽视宝宝在第一年的发展变化，应重视宝宝期语言的训练，抓住机会，促进宝宝语言的发展。

05 婴幼儿语言发育规律

宝宝期是人的整个生命历程中生理和心理发展速度最快的一年，因为还不具备语言能力，通常把这一时期称为语言发展的前语言期。虽然前语言期的宝宝没有语言产生，但他们发展了语言产生所必需的各种能力，为在该期末（宝宝1岁左右）语言的产生做了充分准备，故前语言期也被称为语言发展的准备期。

1岁前的宝宝为语言的产生做了以下三方面的准备：

感知方面：宝宝很早就表现出对人类语言的敏感和兴趣。有许多研究者指出，出生3天的宝宝就能辨别不同的声音。宝宝尤其偏爱妈妈的声音，对语言模式具有很大的辨别性。让怀孕的妇女在孕期的最后六周里每天大声读同一篇宝宝故事，宝宝出生后，给宝宝听妈妈在孕期时读过的故事和妈妈在宝宝出生后读故事的录音，结果发现宝宝明显地表现出对在母体里听到的故事的偏爱。显然，这时期的宝宝对人类的语音已极其敏感，具有了一定的语音感知能力。

发声方面：宝宝在第一年里发声的进步相当明显。出生时，宝宝只会简单的哭；1个月时哭声分化，同时出现了一些非哭的发声；5个月时，随着发音器官的逐步完善，宝宝能发出的音更多，其中某些发音接近于成人语言中的发音，而且在此之后宝宝能重复发出这些音或音节，如ba-ba、ma-ma，这种发音常被称为“呀呀语”；9个月时宝宝呀呀语的出现率达到高峰，宝宝不仅能重复不同音节的发音，还能发同一音节的不同音调。虽然宝宝的呀呀语还不是语言，但宝宝的大量发音进一步锻炼了发音器官，为宝宝今后发出语音做好了准备。

语言理解方面：宝宝对语言理解的发展相对较晚，7～8个月的宝宝开始表现出对成人语言的理解，并能做出相应的动作反应。但是宝宝这时对成人语言的理解还不是针对词的理解，而是对包含词在内的整个情境的理解，如问“宝宝爸爸呢？”宝宝会把头转向爸爸所在的地方。如果以同样的语调或在同样情境下问宝宝“帽子呢？”宝宝也会把头转向爸爸。到11个月时，宝宝才能把词从情境中分离出来，真正理解了成人话的含义，但是这时的宝宝尽管能理解词的意义，还不能说出词。

虽然宝宝从出生起就一直在听别人说话，但只有当他长到2～3岁的时候，他才能表达复杂的思想和情感。从开始咿呀学语到学会使用语言，是一段令人难以置信的复杂过程，但宝宝一般均能顺利过渡，这是潜能学习的表现。但是家长也应明白，宝宝在语言能力的发展方面，无论是起步还是时机，都存在着很大的差异。每个宝宝都只是以自己的速度、自己的方式在前进。普通2～3岁的宝宝能掌握大约300个常用的词汇，而有的宝宝仅仅掌握70～100个词汇，也有的宝宝已能掌握到500～600个词汇。宝宝的词汇量以每月50个词汇或更多的速度持续增加。一般女孩比男孩表现出色，但这些差异与宝宝真实的语言理解能力并非都有直接关系。也就是说，有些说话晚的宝宝，对语言的理解能力并不一定弱。但是当2～3岁的宝宝有以下表现时，应考虑到宝宝的语言发育出现障碍，应及时找专家就诊：宝宝与人缺乏目光交流，没有与人交流的意愿；宝宝似乎听不懂别人说话或对别人说话无反应；宝宝既不通过语言，也不用身体肢体语言与人交流；宝宝说不出生活中最常用的词汇；宝宝说话时只用单个字，不懂周围的语言或对听到的语言没有作出正确的反应。宝宝3岁时，仍无法向他人，包括父母和看护者在内表达自己的想法。

有关研究证实，父母早年给宝宝创造的语言环境对他们的语言能力有巨大而持久的影响。那些接触过更多词汇，置身于更好语言环境中的宝宝，他们的词汇更丰富，能理解的词汇更多，因而对语言的掌握也更出色。因此，年轻的父母不应忽视宝宝在第一年的发展变化，应重视宝宝期语言的训练，抓住机会，来促进宝宝语言的发展。

06 小宝宝的“前语言阶段”

对宝宝来说，此时交流的主要方式就是哭。可能在半岁之后，有些宝宝会发一些简单的音节，通常是不同声调的“咕咕”声。然后他们会不停地发现新的声调、新的音节，慢慢地，宝宝就能重复发出一些复杂点儿的声音了，这是0～12个月宝宝的第一语言阶段——“前语言”阶段。

不要因为觉得宝宝太小听不懂就不跟他说话。宝宝听觉专家发现，宝宝脑内的“听觉地图”大概到1岁左右完成，在此期间，跟宝宝说越多有意义的话，越能促进语言发展。宝宝获得的词汇量的多少，很大程度上取决于妈妈对宝宝说话的数量。父母要做的事：

用各种各样的声音，轻快的、活泼的、高挑的、低沉的对宝宝讲话，让他明白各种各样的声音能表达不同的含义。

培养婴幼儿理解语言，要和小儿生活中的事物联系起来，就是干什么，说什么，尽可能地让宝宝建立语言与行为的对应。在给宝宝擦脸、洗澡、穿衣或进食时，尽可能多的同宝宝说话。比如“妈妈正要给你换尿布”，“妈妈正在洗你的脸”。当你递给他一个球时，就对他说：“这是一个球。”吃饼干时，就告诉宝宝：“等着妈妈给你拿饼干去”，拿着饼干时妈妈还可强调一下，对宝宝说：“这是饼干，多好吃啊”。

不停地重复一些简单常用的短语是这个阶段最为有效的练习方式。尽量使用也就是一些音节简单、有穿透力的词汇。

让宝宝明白交流是双方一起参与的行为，当他“咕咕”地对你咿呀发音的时候，你就带着兴奋而夸张的表情重复一遍他发出的声音，让宝宝感受到妈妈喜欢他的声音，听懂了他的“咿呀学语”。这个小游戏也能鼓励宝宝更积极地学习发音。

对着镜子，鼓励宝宝吐舌头，张嘴巴。这能帮助宝宝学会控制嘴部肌肉。在你讲故事的时候让他靠近图书，并在图片上指出你正在讲的人或物。你可以调整音调、语速去适应宝宝所指。

准备一个小录音机，随时采集身边的声音资料，比如，小鸟叫、下雨的声音、汽车启动等，然后放给宝宝听，并告诉他这是什么声音，帮助宝宝尽早辨别自然界里的各种声音。

经常给宝宝唱歌、哼摇篮曲或说儿歌，和他一起做简单的小游戏。如握住宝宝的小手，边点他的手指边快乐地说：小鸟飞飞。说完就牵着他的小手左右轻轻摇摆。即使他听不明白你的话，也搞不懂你的手势动作，你只需全神贯注地看着他，轻声细语地说话，让他感受到亲切和尊重就可以了。

还要经常给宝宝看图画书，告诉他图上画的是什么动物、植物或用品，这样做并不是为教他马上认识，而是引起他的注意和快乐，发展宝宝的视觉、听觉和注意力。

但如果到6个月你的宝宝极少出声，很少环顾四周，或者无法重复简单的音节，那么你需要听听专业医生的建议了，多数情况下，你的宝宝需要接受听觉测试。

07 1~2岁的宝宝会说短语了

当你的宝宝能够用实实在在的词汇或者短语来代替过去的“咕咕”声时，就预示着第二个语言阶段到来了。这个阶段的特征是：宝宝能够准确地使用简单词汇，通常是身边的事物名称，比如，妈妈、汽车、皮球等。一旦小家伙熟练掌握了这些简单的词汇，他就会试图把这些词汇连接起来形成短语。这个阶段的幼儿经过父母训练之后，可以识别并服从一些简单的指令。父母要做的事：

当宝宝无意中使用短语表达他的意愿时，父母应当积极鼓励并好好表扬一下他，帮助他建立自信，同时引导他尽量多使用短语代替哭闹和手势。

不断地向他介绍周围的人和物，你可以详细描述其中的细节。总之，要宝宝经常暴露在语言环境当中，这十分有利于幼儿学习语言。

鼓励宝宝多使用口语词汇而不仅仅动动手指。比如，你可以鼓励宝宝说出“果汁”、“牛奶”等词汇，而不是用手指向冰箱。每一次尝试说出想说的东西对于幼儿来说都是进步，无论这个词汇听上去有多么奇怪。

说话时也要本着做什么学什么的原则教幼儿说话。如吃饭时教宝宝说：“牛奶”、“白菜”、“张大嘴”等。睡觉时教宝宝说：“上床了”、“躺下”、“闭上眼”等。教宝宝说话要趣味化、游戏化。在玩时教给宝宝玩具的名称、玩的方法，如“把皮球滚过来”。这样联系宝宝的生活学说话，既形象又具体，由于重复多，每日每时都可起到对语言的强化作用。

当宝宝想表示某种意思时，请妈妈先保持沉默去观察，而不是及时满足宝宝的需求。如宝宝想喝水时，不必马上把水杯端到面前，宝宝必定拼命地表达，而借着这样不断地努力，宝宝也就学会了传达自己意思的语言和方法了。大人应该鼓励宝宝多说话，不要急着代替宝宝说话，让宝宝有更多的交流语言的机会，使宝宝在提高语言能力的同时，也获得心理上的满足。

需要注意的情况：如果宝宝到 2 岁还不愿意说话，或是无法清晰地说出具体词汇，或是不能将词汇连接成短语，应当去看儿科医生。

08 “能说会道”的幼儿阶段

宝宝进入2岁后，语言往往出现一个爆发阶段，语言能力和理解能力有显著提高。短短的时间内，原来“笨嘴笨舌”的宝宝突然之间会变得“能说会道”起来。2～3岁的幼儿开始展现出阅读和推论的能力。

虽然你的宝宝从出生起就一直在听别人说话，但只有当他长到2～3岁的时候，他才能表达较为复杂的思想和情感。从开始牙牙学语到学会使用语言，是一段令人难以置信的复杂过程，但宝宝一般均能顺利过渡进行，这是潜能学习的表现。但是家长也应明白，宝宝在语言能力的发展方面，无论是起步还是时机，都存在着巨大的差异。每个宝宝都只是以自己的速度、自己的方式在走语言学习这段人生最初的学习里程。

普通2～3岁的幼儿能掌握大约300个常用的词汇，而有的宝宝仅仅掌握70～100个词汇，也有的宝宝已能掌握到500～600个词汇。宝宝的词汇量以每月50个词汇或更多的速度持续增加，一般女孩比男孩表现出色，但这些差异与宝宝真实的语言理解能力并非都有直接关系。也就是说，有些说话晚的宝宝，对语言的理解能力并不一定弱。这时父母要做的事：

经常聊天：你越是经常与宝宝聊天说话，宝宝学习语言就越快，幼儿会尽量模仿妈妈的说话方式。

学会倾听：尽管初期你可能不会对宝宝杂乱无序的语言感兴趣，但一定要保持倾听的姿态。你需要集中精力，时刻看着宝宝的眼睛并适时做出回应，这样才会激发宝宝说话的意愿。

教会新词：尽管宝宝会从日常的会话中自己学习常用语，但父母也应该主动教他一些不常用到的词汇，比如，身体各部分的名称、房间里家具器物的名字等。

重复语言：把刚才对宝宝说的话，让宝宝重复一遍，可以强化语言和记忆能力。让宝宝把刚刚看过的故事讲给你听，以此判断他是否弄明白了故事要讲的事情。当然，每天讲一章就好了，否则会导致抵触情绪。

鼓励“学舌”：鼓励宝宝说说今天外出时或在幼儿园发生的新鲜事。你需要仔细地听他所说的每处细节，注意小家伙叙述的条理性（时间顺序、地点顺序等），以及是否用词准确，并及时给予表扬和赞美。

关注词汇：一些抽象的词汇，比，如“东西”、“这个”、“那个”等，如果在幼儿对某件事情的叙述中充斥大量此类词汇，可能预示着宝宝对词汇的掌握不足或是用词困难。

但是当2～3岁的宝宝出现以下表现时，应及时找专家就诊：宝宝与人缺乏目光交流，没有与人交流的意愿；宝宝似乎听不懂别人说的话或对别人说话无反应；宝宝即不通过语言，也不用身体肢体语言与人交流；宝宝说不出生活中最常用的词汇；宝宝说话时只用单个字，不懂周围的语言或对听到的语言没有作出正确的反应；宝宝3岁时，仍无法向他人，包括父母和看护者在内表达自己的想法。

09 让眼睛和嘴巴一起讲

宝宝都希望父母讲话的时候眼睛看着自己，只有看着你的眼睛和脸，宝宝才能和你进行有效的交流。要知道，你的眼睛和嘴巴同样重要，甚至更重要。

有学者认为，运用眼睛线索能力的大小对于个体心理发展具有决定性作用。社会与认知能力的损伤如“自闭症”，就与缺少对于眼睛线索的敏感性有关。近年来，研究者们开展了很多有关宝宝早期对眼睛线索敏感性以及宝宝在面对面相互交流中视觉信息作用的研究，得到了一系列有趣的结果：6个月的宝宝能将他们的视线转向妈妈视线所指的方向，但还不知道妈妈正在看什么；12个月的宝宝已经克服了这个困难，能沿着妈妈的视线到达她的注视点，从而了解她正在注意什么，并能通过吸引妈妈注意他们所指向的东西；大约18个月大的宝宝已经能准确地了解他人所注意的东西，正是在这个年龄，宝宝开始运用眼睛注视手指指向和头的朝向，并进行各种交流活动，如学习新的词汇，了解新的词汇所代表的事物。

在幼儿汉字学习实验研究中，也发现幼儿更多地在注意研究者的眼睛和脸。幼儿一般不会对未加手势的指令性话语有反应。因此，只要有可能，请将你要说的话演示出来，并形象地向宝宝讲解这些动作。要做得戏剧化一点，夸张一点，以增强宝宝的印象。如要求宝宝拿取一件物品时，不要只是说：“把那个东西拿给妈妈。”而是用眼神示意宝宝去拿，并用清楚的语言说明它：“电视机右边有一个纸盒，里面有妈妈给你买的红色的、漂亮的新皮鞋，你试试看合适吗！”宝宝在妈妈的眼神中读出了柔柔的爱意，还从妈妈的语言中了解到物品所在的方位，学到了物品的名称。

宝宝都非常希望父母讲话的时候眼睛看着自己，否则好像难于理解父母所言。因此，即使一边做家务一边和宝宝讲话，眼睛也要看着宝宝。只有看着你的眼睛和脸，宝宝才能和你进行有效的交流。也许他并不能理解你的“语言”，但是他能理解你的眼神，从中领会你的语言所包含的情感和含义。你可以发现，每当你对他讲话时，他总盯着你的眼睛和脸。当宝宝讲话时，他们尤其希望父母看着自己，他们会不断地要求“妈妈，你眼睛看着我”或“爸爸，你没在听我说话吗”，有时还会用小手把爸爸妈妈的脸从电视屏幕前扭过来，以便正眼看着他们。你的眼神是他判断你是否在听、以及是否理解或赞同他的依据。

“共同注意”在语言学习中具有重要作用。说话者和宝宝交流的时候，常常注视着书中的图画或者手中拿着的玩具，宝宝的眼神会跟随着成人的眼神（这是这个年龄宝宝的一种典型表现）。眼神对一个物体的追随是宝宝掌握词汇的一个重要预测指标。这种对一个物体的视觉共同注意有助于宝宝从言语流中分割出词汇。

对一个幼儿来说，关心必须是充满激情而且显而易见的。宝宝对你是否注意他很敏感。若是你没有给他全部的关心，他会生气或者抓住你的手或衣服以吸引你的注意。宝宝和你说话的时候，最好停下手头的工作，看着他的眼睛，宝宝才会感到你在听他说话。如果你从宝宝很小的时候起就这么做，宝宝就会知道他能够表达自己，并且你像对待一个独立的个人一样尊重他。

10 宝宝为什么爱打断大人说话

2岁左右的宝宝会经常在你跟朋友谈话时，反复要求你的注意。每次和朋友说话或安排约会时都被宝宝无理打断是很让人恼火的，但是如果你从宝宝的角度考虑问题，就会理解他不是故意要让你尴尬。

2～3岁的宝宝认为整个世界和这个世界里的所有事物（包括父母）都是为他存在的。此外，由于他的短期记忆还发育得不够好，所以在忘记什么之前迫切地想要立即说出来，这是生理学上的原因。因此，宝宝并没有打断大人说话的概念。他无法理解有时还有其他人和事也需要你的关注或引起你的兴趣。这种想法也意味着任何把你的注意力从他身上吸引开的事情，比如，接电话，他都是自然会抵抗的。

有时候，你可能会感觉气馁，因为在你对好友交心时，你的宝宝已经是第四次插嘴了；或者在你打一个重要电话时，他把玩具卡车挥到你的脸上。2～3岁的宝宝打断大人说话并不是故意要烦你。跟他讲道理，他多半也听不懂。不过不要放弃，宝宝学到基本的社交礼仪对你们两个都很重要，但那不是一蹴而就的。参与礼貌、互相尊重的谈话是宝宝进入社会的重要一步。在这个年龄段，你的最佳策略是减少宝宝可能会打断你谈话的次数，在他打断你的时候分散他的注意力。以下方法供你参考：

挑选好地点：你可以把朋友约在大人谈话时小宝宝可以在一边玩的地方见面，以便把你们被打断的可能性减到最小。公园的沙堆旁就很理想，小区的活动场所也不错。

边读边教：介绍礼貌行为概念的一种有趣方式，是给宝宝读这类书籍。宝宝既听了有趣的故事，又从中学到了必要的礼貌。

事先约好：与家人和好友定好打电话的时间，等宝宝午睡或晚上睡着后再把电话回过去。或者让宝宝看电视或看喜欢的光盘，让你有一段不被打扰的时间。

其他方法：你可以特别准备一个盒子或抽屉装玩具或画画的用具，让宝宝只在你和朋友谈话时或打电话的时间玩。或者在水槽里倒入水，放上塑料杯子给他玩，给他一个玩具电话，让他和想象中的伙伴通话。但你要注意，打电话时得能看到他。

抱着他：如果你的宝宝不属于活跃型，或者情绪很平和，你可以在与朋友交谈或打电话时抱着他，这会让他感觉即使你在关注其他重要事情时，他对你仍然很重要。

做宝宝行为的榜样：小宝宝都擅于模仿，所以可以利用他的这个特点给他树立一个好榜样。如果你和先生习惯打断对方说话，就要先努力改变自己。另外，当宝宝和你说话时不要打断他。不管什么时候，如果你打断了他时，要自己停下来说：“抱歉，我打断了你，请继续。”这样，你的宝宝不仅会非常懂礼貌，还会学到承认错误的态度。

如果你的宝宝经常听到你使用“打扰了”、“请”、“谢谢”、“不客气”和“抱歉”的用语，你也会更容易让他学会礼貌。虽然他还不懂这些语言背后的真正含义，但也会有所领会，因为他会发现和使用这些语言的人待在一起很开心。

等到了宝宝3～4岁后，他就会开始理解什么是“打扰”，以及“请不要打断我”这一要求的含义了，他的短期记忆也会发育充分，使他能够记住自己的想法，并不再随意打扰或打断别人的谈话了。

Chapter 05 第五章

宝宝心理和情感不简单

BAOBAO XINLI HE QINGGAN BUJIANDAN

- 小宝宝有心理活动吗
- 重视宝宝的“心理胚胎期”
- 宝宝情绪像变幻莫测的天气
- 促进宝宝积极情绪的发展
- 情感喂养和乳汁同样重要
- “宝宝气质”并不神秘

01 小宝宝有心理活动吗

小宝宝有心理活动吗？许多人对此提出疑问："这么小的宝宝什么都不知道，怎么会有心理活动呢？"他们认为这就像"鸡生蛋还是蛋生鸡"一样不可测定。但研究证实，这个问题的答案是肯定的，不论任何年龄均有心理活动。宝宝的心理是在生活环境中，不断接受外界刺激和大脑皮质机能逐渐完善的基础上发展起来的。在出生后的第一年里，他们的感觉能力发展迅速，知觉逐渐产生，并且有初步识记能力和智力活动，情绪反应也开始发展起来。

人们常以为宝宝只会哭喊、睡觉和吃奶，其实他们自从降临人间后，就作为一个人产生了心理活动。宝宝的情绪最初有两种反应，一种是愉快，反映生理需要的满足；另一种就是不愉快，是生理需要未获满足或其他不适的反应，"哭叫"正是不良情绪的反应之一。

宝宝心理现象的发生与发展都极为迅速。早在新生儿时就有最初的情绪反应，这时候的情绪状态主要决定于生理需求满足的情况和健康的情况。吃饱了、睡足了他就表现出愉快、安静，就有了肯定的情绪。相反当饥饿、瞌睡和身体不适时就会哭闹，出现消极不愉快的情绪。2～3个月的宝宝产生了和成人接触的需要，因而愉快或不愉快的情绪决定于是否有人跟他玩。如果有成人的陪伴，有人和他玩耍时，宝宝就会表现出非常愉快的情绪。

随着年龄的增长，宝宝的情绪会逐渐复杂起来。心理学家曾对500名宝宝进行观察，发现宝宝从满月到3个月末，已经欲求、喜悦、厌恶、愤怒、惊骇和烦闷6种情绪。微笑是身体处于舒适状态的生理反应，宝宝的微笑也具有社会性，会影响成年人，可以密切与妈妈的关系，母子不断地强化这种应答，从中获得满足，这也是宝宝的心理需求。

1周岁以后的宝宝，在情绪上较为成熟，开始深度与他人交往、喜欢探索周围的环境，已经知道妈妈不会丢弃他，不再害怕离开妈妈，对新事物有"探求欲"。

这时妈妈就可适时地鼓励宝宝交往，接触社会，切忌娇惯和溺爱。

宝宝的情绪，将直接影响宝宝的心理和智力发育。如果稍有疏忽，就可能会使宝宝发育成一个退缩型、冷漠型、孤僻型或焦虑型的宝宝，长大以后情绪不稳定，性格懦弱，缺少自信心，适应性差。只有认真注意宝宝的情绪，给予正确的引导、教育，宝宝才会健康、顺利地发育成长。

家长在平时要注意融洽亲子关系，培养宝宝的良好情绪，不要等宝宝哭闹了，情绪变坏了才去哄他、安慰他。只有当他在生活上得到悉心照料，在精神上得到爱抚和热情的关怀，宝宝才会对这个世界产生信任感和安全感，从而为其个性的健康发展打下良好的基础。

02 精神健康始于婴幼儿期

宝宝时期的心理卫生对长大后成为一个精神正常、品行良好的成年人是十分重要的。一个宝宝在出生后的第6个月就会有选择性地微笑，8个月时会害怕陌生人，与妈妈的短暂分离会引起焦躁不安，这表示1周岁的幼儿已与妈妈建立了紧密而牢固的联系。记忆力、想象力、思考能力逐步形成雏形，对事物好奇心增强，模仿能力迅速增长，已经初步具备喜怒哀乐的情感活动。在此期间幼儿的情绪是很不稳定的，对事物也没有对错的辨别能力，这是一个人各种心理特征形成雏形的阶段。这一时期，幼儿如能得到正确的引导，会对他形成良好的心理素质有极大的帮助。如引导不当，则可能发展成一个有各种心理问题的人。因此，关注幼儿这一时期心理活动的发展十分重要。

父母是宝宝的第一任教师。良好的教育方法，良好和谐的家庭气氛对宝宝的心理成长是十分重要的。1～2岁的幼儿没有辨别事物对错的能力，因此父母要逐一地告诉宝宝什么是对的，什么是错的，什么事情能做，什么事情不该做。要鼓励宝宝去探索，做对的要给予言语的鼓励，做错的要讲明道理，让宝宝知道错在哪里，从头再来，直到把事情做好为止。对宝宝合理的要求要尽量去满足，对不合理的要求要讲明道理，坚决拒绝。一切顺从宝宝的意愿、溺爱或粗暴苛求都会对宝宝的心理发育产生不良影响。对幼儿耐心地讲道理是件十分有意义的事。幼儿虽然对父母讲的道理可能不甚明了，但长此以往，宝宝就会逐步明白这些道理。遇事给宝宝讲道理对培养宝宝有一个平和的心态很有好处，宝宝长大后，他也会以讲道理的方式去处理问题。

父母要做好宝宝的榜样，宝宝会不自觉地效仿父母的言行，因此要求宝宝不要做的事，父母首先就不能做。另外，父母对宝宝从小就要讲信用，答应了的事，尽量兑现，不答应的事就一定不去做。这样父母在宝宝的心目中就会有威信，在以后的培养宝宝的过程中，才能对宝宝进行有效的教育。

03 重视宝宝的“心理胚胎期”

一个胎儿的生长发育是从肉眼看不见的受精卵开始的，之后逐渐分裂出许多细胞，形成各种器官，发育成人，这在生理上称为“生理胚胎期”。同样，婴幼儿心理的最初发育也是经过吸取外界的信息刺激，积累材料，从而形成许多感受点，然后才产生心理活动，这在心理学上称为“心理胚胎期”。“心理胚胎期”是婴幼儿逐渐从无意识转化成有意识，形成感知、记忆、想象、思维等认知能力的发展阶段，同时也是婴幼儿的需求、兴趣、能力、气质、性格等个性发展的关键时期。

婴幼儿“心理胚胎期”在0～3岁（包括胎儿期）。现代心理学研究表明，促进婴幼儿“心理胚胎期”的发育成熟有赖于他们的营养与丰富的社会心理刺激。许多实践表明，社会心理刺激是婴幼儿“心理胚胎期”智能发育的“维生素”，给婴幼儿提供社会心理刺激应包括：

“游戏”的刺激：早期教育最忌讳父母强制灌输呆板的知识，要针对婴幼儿喜欢玩耍的天性，通过游戏教给他们知识，如搭积木、玩魔棍、剪纸、插胶粒、玩水、玩沙子等婴幼儿喜闻乐见的活动。在这些有趣的活动刺激中，促进婴幼儿大脑皮层的兴奋，还可以增强婴幼儿的实践能力。

“新奇”的刺激：好奇心是开发智能的先决条件，可以抓住婴幼儿的这一特点讲述新奇的故事，各种新奇的东西和场景对宝宝都有极大地吸引力。通过讲有意义的故事情节，玩弄新奇的玩具，到新鲜的地方玩耍，能开阔宝宝的视野，满足他们好奇的天性，从中学到新的知识，懂得更多的道理。

“活动”的刺激：婴幼儿时期的教育应以充分调动人体基本机能入手，特别是感官能力的培养，眼、耳、口、手等感官刺激，培养耳听、目辨、手动的协调性，通过爬行、走动、跑跳，不但锻炼了体质，同时能提高智力和协调能力。

“语言”的刺激：婴幼儿时期有待发展言语感知、运动能力及社会适应性等，其中最重要的是语言能力。语言能力一旦发展起来，其智能就会随之发展。

04 “读懂”宝宝的情感

婴幼儿也有复杂的情感和心理需求，年轻的爸爸妈妈需要读懂宝宝的情感发育规律，了解宝宝的心理发育特点，这是保证宝宝心理健康发育的基石。

0～4个月：宝宝用哭声来表达情感。他们至少有三种不同的哭法，看护者应该学会分辨。

发生频率最高的哭声是基本哭声，最为常见的是由饥饿引起的哭闹，另外两种则表示生气和疼痛。父母或看护者在宝宝出生的第一年里对宝宝的哭声如能做出迅速的反应，会使宝宝产生强烈的信任感。这个年龄段的宝宝还会表现出难过、厌恶等情绪。除却生气、惊恐、难过，宝宝还开始有微笑的表情。

4～8个月：此时的宝宝已能表达多种情感。他们通过“咯咯”声、喃喃自语、号啕，还有哭泣来表达愉悦、开心、害怕、失望等情绪。有时，他们会以某种举动来表示情感，例如，踢腿、挥手、摇动、微笑。

8～12个月：在这个年龄段，宝宝渐渐有了自我意识。他们开始能在镜中认出自己，开始想要摆脱父母和看护者的帮助。这个年龄段的宝宝通常感情丰富，也许在一分钟之前他们还在高兴地玩着，一分钟之后却倒在地上哭了。父母应该有耐心，认识到这种行为表现对于自我意识逐步增长的宝宝来说是正常的。

宝宝大脑皮层的情感中心要到6～8个月时才开始发挥功能，宝宝多半会用自己的方式告诉你，他什么时候不满意。有些宝宝会哭，有些宝宝会粘人。当你逐渐了解了宝宝的性情后，你就会更善于捕捉他发出的信号，弄清在他的世界里到底是什么不对劲了。

05 宝宝有丰富的“体态语言”

宝宝在学会说话之前，有丰富的“体态语言”，包括面部表情和体位的变换，能反映出宝宝的心理活动意义，作为父母你能很好地辨认吗?

有研究分析了宝宝的面部表情语言，大致归纳为以下几种：

牵嘴浅笑，表示兴奋愉快：宝宝笑的形态是突然发出的，短暂而快速，口角牵动，笑容骤现，伴随满目发光，手脚晃动，等待父母的亲吻和鼓励。这时父母应笑脸相迎，用手轻轻抚摸宝宝的面颊，或亲吻宝宝以示鼓励。宝宝的心理情感会得到很大的满足。

噘嘴，表示即将提出要求：宝宝噘起小嘴，好像受到委屈，这是啼哭的先兆，也是对大人有所要求。如饥饿了要吃奶，寂寞了要抱抱，躺累了要换个姿势，拉尿了要换尿布……身体不舒服的宝宝哭时嘴角下拉，眉毛中间拱起。如果是生气了，你的宝宝会脸发红，眉毛耷拉下来，下巴紧收，而且发出的声音是嚎哭。这时的父母要细心观察宝宝的表情，适时地满足他的生理或心理的需求等。

咧嘴，表示要“嘘嘘”了：据研究者发现，通常男婴以撇嘴来表示要小便，女婴多以咧嘴或上唇紧含下唇表示要小便。父母若能及时观察到宝宝的面部表情，了解这是宝宝要“嘘嘘”了，及时把尿或更换尿布，有利于逐步培养宝宝按时排尿的好习惯。

脸红用力，表示要大便：排便前，宝宝往往表现眉筋突暴，小脸憋红，目光发呆，有明显“内急”反应，这是宝宝要排便的表示。父母要及时抱起宝宝把他或让宝宝坐在便盆上，使宝宝顺利排便，并养成定点排便的好习惯。

倦怠无力，表示身体不舒服：健康的宝宝总是活力十足。如果宝宝表现眼神无光、呆滞少神，倦怠无力的样子，很可能是宝宝身体不舒服或是疾病的前兆。家长要密切观察，发现异常及时到医院就医。

伸舌吐泡，表示自娱自乐：大多数宝宝在吃饱，换了干净尿布又没有睡意时，会自娱自乐地玩弄自己的嘴唇、伸舌、吐泡泡、吸吮手指等，请给宝宝自己玩耍的空间，大人不要去干扰他。

6个月后的宝宝，由于感知能力和动作能力的发展和增强，除了用面部表情替代语言来表示自己的意愿之外，还伴有各种动作和体态语言表达自己的情感和需求，且随着月龄的增长而有不同的表现。

6个月时，宝宝会张开双臂，身体扑向熟悉的亲人，特别是妈妈，要求搂抱和亲近。如果是陌生人想要抱他，会扭转脸部，甚至哭叫表示拒绝陌生人。

7～8个月的宝宝会以“点头”表示喜欢，“摇头”表示拒绝，“拍手”表示高兴等传递自己的情绪和需求。

9～10个月的宝宝会用手指向自己需要的物品和往哪里去，用小手拍拍头即表示要戴帽子出去玩，出现许多让家长猜测的“手语”。

接近 1 岁的宝宝已经能用简单的单词表示自己的意愿，如“饭饭”表示饿了，“嘟嘟”可能表示要上街看汽车了，等等。

总之，宝宝期因为语言受限，宝宝会通过各种各样的“身体语言”向父母传递他们的心情和情感需求。每个宝宝的传递方式是各不相同的，父母应细心观察，及时了解其心理需求，才能促进和加强亲子之间的沟通和交流。

06 宝宝情绪像变幻莫测的天气

大人们常常说，宝宝的脸就像夏季的天气——本来晴空万里，会忽转雷电交加。宝宝玩兴正浓时，突然有人拿走他的玩具，他就会立马放声大哭；宝宝跌倒后正哭哭啼啼，妈妈拿一只冰糕给他，他会立刻破涕为笑。这就是婴幼儿的情绪情感特点——易感、易变、易冲动、易外露。

宝宝的情绪还极易受到周围人们的感染。在医院常常会看到这样的情景，一个宝宝接种疫苗时哭闹，旁边的一群宝宝都会跟着哭叫起来，如同上演一台“哭叫大合唱”。有时，当宝宝看到大人谈笑时，其实他并不懂大人谈话的内容，但看到别人开心地笑时，他也会莫名其妙地跟着“傻笑”起来，这是宝宝情绪易感的表现。

此外，婴幼儿的情感还特别容易冲动，如宝宝跟着妈妈逛超市，看到一个玩具要妈妈给他买，如果妈妈不答应，他会不管不顾地立刻躺在地上打滚哭喊，似乎给妈妈示威“不给我买，我誓不罢休！”他才不会顾及“形象”呢，更不会顾及妈妈的“面子”。

宝宝的情感具有真实而外露的特点，没有丝毫虚假和掩饰。他们内心情感的体验往往从脸上、语言和肢体动作中表露无遗。当高兴时会手舞足蹈，呼喊跳跃；难过时就哇哇大哭；恐惧时会语无伦次；气愤时会摔摔打打。

宝宝情绪变化如此之快，是因为宝宝的神经发育不成熟所致，婴幼儿期大脑的兴奋机能往往超过抑制机能，大脑皮层对皮质下的中枢神经的控制和调节能力差，兴奋过程容易扩散而不易抑制，容易造成宝宝的情绪冲动而不能克制。随着大脑皮层的不断发育，在接下来的几年里，你的宝宝将能够更好地控制自己的行为和情绪。

父母对此要善于处理，可以用转移目标的方法，使宝宝将注意力转移到其他事物中，缓解他的冲动情绪。但对宝宝不合理的要求，不可随意迁就和忍让，要用平稳的语气，坚定的态度告诉宝宝——“不行”。

总之，婴幼儿的情绪、情感正处于迅速分化、初步萌芽的时期，父母应该掌握这些特点，尽量培养宝宝积极愉快的情绪。这是宝宝积极从事探索，发展认知能力，接受正面教育的保障。父母和宝宝之间要建立起亲密的情感，使宝宝对父母有信任感和安全感，使宝宝在积极愉快的情绪中接受父母的教育和诱导，能取得事半功倍的效果。否则，消极不良的情绪会使宝宝郁郁寡欢、胆小怯懦，不易于身心发展。为了宝宝健康快乐地成长，让宝宝经常绽放出“阳光灿烂”的笑脸吧！

07 重视宝宝的心理需求

很多人都认为，宝宝是最好照顾的，尤其6个月前只要让他吃好睡好就行了。然而研究发现，宝宝不只有生理需求，还有心理需求，他们会要求和父母做心灵上的交流与沟通。当他们哭叫的时候希望有人回答，笑的时候希望有人对着他们笑，他们希望妈妈和家人给予爱抚、触摸和搂抱。

为了满足宝宝的心理需求，妈妈应做到及时哺乳，哺乳时要将宝宝抱起，并且要一边哺乳一边同宝宝温柔地说话，使宝宝将饱腹感、被抱感、抚慰感同妈妈结合在一起。1岁半以前的宝宝最基本心理需要是安全感，因此妈妈应该尽可能地满足宝宝对依恋的需要，至少在宝宝出生3个月内，宝宝一啼哭，妈妈就应该马上搂抱他。

按照宝宝的月龄，准备色彩鲜艳的玩具、图画，促进其感官的发育。此外，动听的乐曲、歌曲、家长温柔生动的话语，均对宝宝心理发育有良好的影响。

总之，满足宝宝的心理需求，培养宝宝的健康心理，需要父母的精心呵护，只要父母能坚持，宝宝一定会以良好的状态作为回报。

08 促进宝宝积极情绪的发展

宝宝的情绪可表现出多种多样的形式，且容易出现极端情感化的表现，一些不起眼的小事就可以使他出现明显的情绪反应。宝宝的心理活动中，情绪占主要位置，因此，使他们的情绪正常发展，毫不受委屈地成长，正是培养他们良好性格的基础，也是心理健康的重要保证。婴幼儿期是奠定宝宝心灵成长基础的重要时期，幼年时的感情冲击或刺激会长期的潜伏于内心深处。因此，应尽量避免给宝宝造成不安和恐惧。良好的情绪不仅能丰富宝宝的情感世界，而且对健康和智力发育也很重要。情绪饱满的宝宝睡得香、吃得多，而且愿意同外界交往，喜欢接受外界的各种各样的信息。相反，宝宝情绪不安、低落就会出现不思饮食，常哭闹，容易生病。

家庭是宝宝第一个社交群体，在情感上给予宝宝安全感。宝宝对家庭中的紧张气氛尤为敏感，如果父母吵架，或者家人的谈话声音很响、很刺耳，即使宝宝不理解谈话内容，他们也常会吓得哇哇大哭。

当宝宝表现出欢乐、幸福这类情感时，应该以积极的反应来鼓励他。所谓积极的反应是指拥抱宝宝，亲吻宝宝，与他说话、做游戏，这是对宝宝欢乐、愉快情绪的奖赏。

当然，对宝宝哭闹的反应也应该是积极的。如果宝宝通过哭闹来表达某种需要，并能得到适当地满足，会产生强烈的安全感。不过，如果父母只在宝宝哭闹时才注意他，宝宝就会学着用哭声引起他人的注意，日后会养成一种烦躁不安的性格。

帮助宝宝认识那些使他惊骇的情景，避免恐惧情绪的发生。突如其来的动作是很吓人的。动作轻柔、镇静的父母能使宝宝始终感到安全。陌生人也常会吓着宝宝，所以陌生人应该慢慢接近宝宝，最好让宝宝自己接近他们。如果宝宝感到害怕，决不要逼迫宝宝去爱抚一只动物、去接近陌生人（即使是圣诞老人）。

当宝宝的需要没有得到满足时常常会发怒，但持续时间并不长。父母决不可故意让宝宝发火，不过一旦面临这种情况也不必坐立不安。多数宝宝很容易被他们喜欢的东西吸引住，用转移注意力的方法，父母往往可以避免不少麻烦。

父母是否以正确的态度来对待宝宝的怒气是很重要的。所谓正确的态度是指：宝宝发怒时，父母应始终保持客观、冷静的态度，决不要跟着宝宝一起发怒。在宝宝怒气冲天时，既不要惩罚也不要溺爱。在宝宝平静下来之前，不妨到隔壁房间忙点别的事。总之，对宝宝发怒的注意越少，宝宝也就越少发生发怒的情况。

09 情感喂养和乳汁同样重要

有没有想过，有些人工喂养宝宝出现的身体、发育、成长问题，更多的不是因为人工喂养与母乳喂养的区别，而是在于奶粉喂养的同时忽视了与宝宝的情感交流。

曾有媒体报道，在国外某个育婴院（主要收养的是弃婴），因缺少保育员，采用自动化喂奶，每到一定时间就往宝宝嘴里灌牛奶，而这些宝宝整天躺着，没有人抱，结果这些宝宝变得表情呆滞、经常生病，出现了发育缓慢等现象。为什么会这样呢？其实，人工喂养的宝宝，对爱的需要与妈妈的乳汁同样重要。

母乳对于宝宝固然很重要，但与母爱相比，后者显得更为重要。当妈妈和宝宝在一起时，特别是在喂哺的时候，要注重给宝宝传递母爱、感情和关心的信息。这些信息，对于宝宝身心的发育和成长，起着不可忽略的作用，也是缩小人工喂养与母乳喂养的差别不可忽视的一点。

误区一：认为反正是用奶瓶喂奶，让宝宝躺在床上，抱着奶瓶自己喝也行

纠正：喂牛奶时也要像喂母乳一样怀抱宝宝，不能图省事，把奶瓶往宝宝嘴里一放就完事。这种做法，虽然宝宝有物质营养摄入，但心理需求完全没有得到满足。宝宝躺在妈妈的怀抱里，能接触到妈妈温暖的肌肤，闻到妈妈身上亲切的气味，能够再次听到妈妈熟悉的心跳声，再加上妈妈爱抚的动作和温柔的言语，这一切都能使宝宝感受到母爱，产生愉快的情绪，对宝宝的身心健康发育是很有好处的。

误区二：妈妈抱着宝宝，眼睛却看着电视或在跟别人聊天

纠正：宝宝在发育过程中不但需要物质营养，也需要精神上的“营养”，人工喂养的宝宝更需要和妈妈进行情感的交流。妈妈专注的神情，微笑的表情，愉悦的情绪都会影响到宝宝的情绪和成长，能更有利于培养与其他人互动的能力，有助于形成乐观、开朗的性格。

误区三：妈妈工作太忙，将宝宝交给老人喂养是一样的

纠正：老人喂养宝宝的方式可能比较传统，尤其是在用奶瓶喂养时可能把注意力都放在宝宝的进食上，而不很在意与宝宝的沟通。而且，母爱是不能替代的，妈妈即使没有办法时时守护在身边，也应该尽可能多与宝宝做情感沟通。

对于人工喂养宝宝的妈妈更应该平时多抱抱宝宝、亲亲宝宝，这样能使宝宝也像母乳喂养的宝宝一样身心愉快，健康成长。所以，即使喂奶粉也需要用情感。妈妈在给宝宝喂奶时，还应保持愉快的心情，这样才能将好的情绪传递给宝宝，以助他接受到更多愉快的信息，给宝宝更多的安全感，使之保持良好的情绪。宝宝情绪稳定才能睡眠好，觉醒与进食也容易形成规律，更有利于宝宝神经精神发育和身心的成长。

10 “儿童气质”并不神秘

谈到一个人有气质，人们往往联想到是成人华丽的衣服、漂亮的外表、优雅的动作等。但这与宝宝气质完全是“风马牛不相及”的概念。目前，大多数家长对宝宝气质了解甚少，或者感到很神秘莫测。其实，气质在每一个宝宝身上都是客观存在的，而且对宝宝的心理行为有重要而深远地影响。

宝宝个性心理特征是由气质、智力和性格三部分组成的，气质是个性心理的重要组成部分之一。宝宝气质是以生物遗传学为基础，比较稳定的一种个体心理特征，是个性发展的基础，但也受各种因素的影响，并与因素相互作用。宝宝气质类型没有好坏之分，但它决定了宝宝的行为方式，不同气质类型的宝宝有不同的行为表现，这是气质的典型定义。宝宝气质分为四种类型——易养型、难养型、发动缓慢型、混合型。

气质是条线索，让我们可以看清宝宝的特性，知道某种行为是他的气质所致，根据宝宝的气质，用合适的方式来教养宝宝，这就是为什么现代的父母和教师需要了解宝宝气质的原因。

很多研究结果提示，观察宝宝的气质越早越好。父母和教师要体谅和理解有些宝宝由于气质特征，以及他们在学习上、与人和环境相处上所遭遇的困难。我们要伸出温暖的、支持的双手，更积极地引导宝宝在家庭的人际关系中，逐渐发展出一种最能适合他自身的气质特点的生活方式，使他们的生理和智力上的潜能充分发挥出来。

宝宝的确需要我们帮助他们寻找在生活中克服困难和学习取得成就后的快乐，这快乐是支持他们继续探索、奋斗的永恒动力。当宝宝长大独立后，童年时代父母和老师与他共同努力的经验，将是宝宝一生里最温暖的记忆，在今后人生的逆境中带给他最温暖、最有力的鼓励。

11 儿童气质类型与教养

宝宝时期谈不上有稳定的性格，但宝宝降生以后就表现出一些行为上的差异。有的宝宝生来好动、有的活泼、有的安静、有的急躁。这些个别差异，也就是与生俱来的气质差异。宝宝早期的行为反应差异主要是通过“气质”来表现的。出生最初几周内，宝宝就已完全显示出各不相同的气质特征。

易养型的宝宝行为比较有规律性，容易感到舒适，有安全感，容易适应，一般会对新的刺激产生积极的反应；行动缓慢型的宝宝很少表现强烈的情绪，无论是积极的还是消极的情绪，他们总是缓慢地适应新情况；难养型的宝宝吃、睡等活动都不规律，属于情绪型的，对新环境往往有强烈的反应，安全感较差；混合型气质的宝宝会兼具以上各种气质类型的特点。单一的气质特点在宝宝期表现得最充分，随着宝宝的长大，各种因素都会影响他们，那时的气质特征就比较复杂了。

很多研究结果提示，观察宝宝的气质越早越好。父母和教师要体谅有些宝宝由于气质特征，以及他们在学习上、与人和环境相处上所遭遇的困难。我们要积极地引导宝宝，在家庭的人际关系经验中逐渐发展出一种最能适合他的气质特点的生活方式，使他们的生理和智力上的潜能充分发挥出来。每个宝宝都有不同的性格。研究表明，宝宝在出生时已具有9种特点，这些特点组成了每个宝宝不同的气质。

活动水平：指宝宝表现的动作节奏快慢与活动频率高低。活动量无关个性的活泼，而与自身的生理节律性有关。通常活动水平高的宝宝，往往好动而且速度较快。

规律性：指宝宝的日常生活及有关生理反应是否有一定规律。如果睡觉、起床、大小便、进食等都很准时，就是规律性强的宝宝；反之，就是规律性差的宝宝。

趋避性：指首次接触人、物、环境与情况等新刺激时，所表现的接受或退缩的态度。趋进性的宝宝通常较勇于尝试，能够主动学习新事物、适应新环境，但容易出现危险行为；而退避性的宝宝则对新事物有退缩、逃避的倾向，不容易学习新事物、适应新环境。

适应性：指宝宝适应新的人、事物、情况、环境的难易程度与时间的长短。适应性强的宝宝可以很快、很轻松地学习和接受陌生的事物，能从容应付突发变化的环境；而适应性差的宝宝则需要花比较长的时间去接受新事物，常会显现出退避性。

坚持性：指宝宝正在或想要做某件事时，如果遇到困难、阻碍、挫折的话继续进行原活动的态度。坚持性高的宝宝遇到困难时，会想办法克服，相对的个性就比较固执。

注意分散度：指宝宝是否容易受到外界刺激的干扰，而改变他原来进行的活动。注意力集中的宝宝更能专注于当前的活动。

心境：指日常生活中宝宝基本的情绪状态是比较乐观、友善、勇敢等正向的，还是消极、低沉、害怕等负向情绪为主。正向心境的宝宝容易结交朋友，态度积极而生活快乐；情绪负向的宝宝则多愁善感或是爱闹别扭，容易对人产生敌意。

反应阈：指使宝宝产生某种反应所需要的刺激量。反应阈愈高，就愈需要较强的刺激才会使他产生反应。

反应强度：指可以引起宝宝反应的刺激量。面对相同的刺激，宝宝的反应可能是完全不同的，反应强度高的宝宝常常会为一点不如意的小事就大发脾气或哭闹不停，他的喜、怒、哀、乐情绪及需求较容易被人察觉；反应强度低的宝宝容易被人忽视他的反应与需求。

宝宝的气质差异，往往会影响父母对他们的照看方式。被认为“可爱”的宝宝往往会接受更多的爱抚。反之，如果父母一开始就发现他们的宝宝是属于“困难”类型的，他们也许会以对待“困难”宝宝的方式对待他们。久而久之，这种方式会影响宝宝的性格发展，甚至会影响他的智力、情绪特征和社会交往能力。这是父母以及那些经常照看宝宝的人员所应当注意的。难养型宝宝容易形成许多不良个性，对其身心发育构成威胁。但是应该指出，宝宝的个性并非是导致心理和行为问题的前提条件，如果家长善于运用适当的教育方法加以引导，是可以改造宝宝个性中的弱点和缺陷的；反之，如果家庭教育不得法，即使是易养型的宝宝也可能出现行为异常。

宝宝的行为表现是其自身的气质特征与环境因素相互作用的结果。这种相互作用主要表现为二者是否协调。如果二者协调，则对宝宝行为发育有利，不协调则会障碍其行为的发育，从而引发行为问题。气质是条线索，让我们可以看清宝宝的特性，知道某种行为有他遗传的因素，是先天气质所致。父母要根据自己宝宝的情况和气质，用合适的方式来教养宝宝，不能以大人的喜、怒、哀、乐对待他们，这就是为什么现代的父母和教师需要了解宝宝气质的原因。

Chapter 06 第六章
宝宝有哪些心理需求
BAOBAO YOU NAXIE XINLI XUQIU

- 宝宝也需要奖励
- 宝宝也渴望交际
- 宝宝从小有“交际”能力
- 宝宝的交友方式很特殊
- 分享是传递爱和情感
- “依恋”不等于“依赖”

01 宝宝也需要奖励

宝宝和大人一样，当他感到高兴时也希望有人能与他一起分享喜悦。8～10个月的宝宝语言、运动能力及情感智力发展很快，已能听懂你对他的赞扬。当听到大人喝彩称赞时，就会兴奋不已，会重复表演原来的语言或动作，激发宝宝的表现欲望和探索精神。宝宝体验到成功的欢乐，可产生良好的情绪。对宝宝每一个小小的表现和成就，都要随时给予鼓励。要用你丰富的表情、由衷的喝彩、兴奋地拍手、竖起大拇指的动作等，表现出你的赞赏。这会有助于他形成自信的个性心理特征，这对于宝宝的成长都是十分有利的。

宝宝的奖励包括物质奖励和精神奖励。1周岁以内的宝宝特别依恋妈妈，感情要求十分强烈，对这个时期宝宝的奖励应重点运用感情奖励。

拥抱、抚摸、亲吻是爸爸妈妈对宝宝最好的奖励：当宝宝知道自己所做的是大人喜欢的事情时，会感到很自豪，如会招手表示“再见”，能拍手表示“欢迎”，能自己摇摇摆摆地走路并给妈妈递一双拖鞋等。当宝宝出现每一点进步时，爸爸妈妈应及时给宝宝一定的奖励，并让宝宝感到你真的很高兴。例如，立即拥抱宝宝，亲吻宝宝，用手轻轻地抚摸宝宝。因为爸爸妈妈给予亲吻、拥抱对宝宝来说既是对宝宝某种行为的肯定和鼓励，又能给宝宝感情上的满足。宝宝为了“讨大人喜欢”，会努力学习新的技能，从而促进认知能力的进一步发展。

微笑是一种较为灵活的奖励方法：在现实生活中人们常常会发现，宝宝的行为和爸爸妈妈的表情有密切的联系。当爸爸妈妈生气时，宝宝会因此受到惊吓，甚至大哭大闹；而当爸爸妈妈高兴时，宝宝会手舞足蹈，甚至得意忘形。可以讲，微笑对宝宝而言不仅是一种感情奖励，还是一种行为导向。当宝宝出现不良的言行时，有的爸爸妈妈并没有给予及时纠正，而是认为好玩，甚至放声大笑。这种笑让宝宝感到是成人对自己行为的奖励，这样无形中强化了宝宝的错误行为。

以欢迎、握手等形式对宝宝进行奖励。爸爸妈妈要细心观察宝宝的行为变化，对宝宝良好的举动，可以采用握手和拍手欢迎的方式进行鼓励。这种奖励既能满足宝宝的好奇心，又能活跃气氛。

以亲切的语言予以奖励：1周岁以内的宝宝听力已逐步形成。语言则还处于朦胧阶段，爸爸妈妈的文明用语言和亲切的语调，对宝宝产生很大的影响。事实上，“好宝宝”、“真乖”、“听话”、“勇敢”等简单语言，只要运用恰当，不仅是对宝宝规范行为的奖励，而且在一定程度上是对宝宝语言的启迪和训练。

物质奖励：爸爸妈妈可以根据宝宝的偏好，适当采用给一些好吃的东西，买个布娃娃，延长玩玩具的时间，给宝宝讲故事等方式对宝宝的良好行为予以奖励。但此法要适可而止，不可太滥，以免造成不良的条件反射。

对1周岁以内宝宝的奖励，不仅要注意方法，而且要注意适度，特别要注意安全。例如，有的爸爸妈妈将宝宝抛起逗乐作为奖励，这种举动对宝宝的健康是不利的，甚至是危险的。

02 宝宝也渴望交际

有不少人认为，小宝宝不会说话，除了吃喝拉撒睡外没什么交往能力和需要。宝宝真的没有与人交际的需要吗？因为他小就可以忽视培养他的交际能力吗？事实并非如此，1周岁以内的宝宝会以其特有的形式表现出交际欲求和能力。

从出生之日起，宝宝就有与他人建立一种亲密关系的需要。他们需要有机会来探索周围的世界，大多是通过与别人进行“交谈”来实现的，这正是理解力和语言产生的基础。宝宝生来就有从别人那里寻求回应的需求，已经具有发出信息和乐于接受妈妈回应的本能，这种最初的与父母双向交流是宝宝以后一切社会交际的基础。

1个月的宝宝看到人脸或者听到人声音时，就会微笑，会凝视妈妈的笑脸，能与别人的目光交接，看到人来到他身边会安静下来；醒着的时候如果视野里没有人，就会显得不安，可见已经有了与人交往的欲望。

2个月时，会表现出苦恼、兴奋和快乐，除了会对妈妈微笑外，还会把微笑献给身边逗他开心的人，嘴里还会发出类似“啊”、“哦”的声音来回应。

宝宝从出生到3个月前，从喉咙会发出“咯”、“呀”的单音节响声。这个时候外界任何一处的响声都会吸引他的注意，成人对他任何形式的轻柔细语或浅吟低唱都会使他表现出宁静、温柔或面露微笑。我们在哄宝宝安静或入睡时，常常去低声给他说童谣或唱催眠曲，他不懂得你与他交流的意思，却会以安静或熟睡回报你，这就是他与大人形成的一种交际往来。

4个月的宝宝会明显表现出欢愉或不快的感情，表情也越来越丰富。你逗弄他时，他会发出咯咯的笑声，而当饥饿、生理上或心理上感觉不舒服时，就会发出与平时不太一样的哭声。平时也会伴着“咿咿呀呀”，好似有话对你说，但是困于无法用语言表达而用踩脚、拍打发出声响，来引起人们的注意。

5～6个月的宝宝在看到你和家人或者熟悉的面孔时，会露出友好的微笑，传达出“我喜欢你”的意思。当他醒着的时候，不仅需要大人抱他，而且希望你多和他交谈，逗他玩，给他东西看，弄出声音给他听，有东西让他摸，并放在嘴里以探究一下什么味道……宝宝就是这样来学习和认识世界，发展能力的。

7～8个月的宝宝能听懂自己的名字，只要有人叫自己的名字，便会转向声音的来处，这有助于宝宝确定自己，并产生与别人交流的意念，可以促进语言的发展。

9～10个月的宝宝已能够听懂一些简单的词了，如“来”、“吃”、“摸一摸”、“拜拜”等，能学说一些简单的叠音词组，如“爸爸”、“妈妈”、“奶奶”等，还爱试着模仿你说话。满周岁的宝宝具备了极简单的交际语言的表达能力，你叫他的名字，他就知道是喊他，会作出相应的反应。

父母是宝宝最初的社交对象，也是帮助他们走上社交之路的第一任导师。父母要第一时间对宝宝生来即有的社交本能给予特别的关注和回应，并给予满足。

父母要与宝宝建立“对话”联系，要想办法去激励他作出回应。要给宝宝更多的抚慰，消除他皮肤的饥饿感，让宝宝在最初的社交接触体验到快乐。在交往互动中，父母要以开朗、快乐的情绪来感染宝宝，使宝宝成长为一个性格开朗、善于交往的人。

03 宝宝从小有“交际”能力

你的宝宝从出生起就喜欢被抚摸、拥抱，喜欢有人跟他说话、对他笑。早在宝宝还没满月的时候，他就会开始试着对你做鬼脸了，宝宝喜欢看你的脸，甚至还会模仿你的一些表情。你不妨伸出你的舌头，看宝宝是不是也会跟着学?

3个月宝宝会在醒着的大部分时间里观察他周围的世界，甚至会绽放出第一个真正的笑容，这对大部分父母来说可具有重大意义。很快，宝宝就成为“微笑用语”的专家了，会开始用笑来跟你交流，同时还发出咯咯的笑声。

4个月宝宝开始更容易接受陌生人，会对他们发出快乐的叫声。不过，妈妈和爸爸仍然是宝宝最亲近的人。宝宝仍然会对你们表现出最热情的回应，这是你们建立了亲密关系的最好证明。

5个月后的宝宝会对周围的人越来越警觉。不要强迫宝宝接受陌生人或显得友好，最好让他们自己去观察周围的人，决定如何对他们做出反应。

当宝宝到6个月以后，父母会发现自己不能离开宝宝的视野之外，哪怕是一会会儿，他们就会表现出焦虑、悲伤；与陌生人相处时，还会产生惧怕情绪。这是因为6个月以后的宝宝已能够区分陌生人和亲人，并表现出对亲人的依恋。因此，在此阶段父母对宝宝应该给予更多的关怀。当宝宝表现出对父母的强烈依恋时，父母要满足他这种依恋感，这样宝宝才会有安全感，遇到陌生环境也不至于过分惧怕和焦虑，愿意和别人交往并适应新环境。

7个月的宝宝在大部分时间里是忙着操练自己的各项技能，还顾不上与其他小朋友玩到一起。当两个1岁以下的宝宝被放到很多玩具中间时，他们通常只会自己玩自己的，而不会一起玩。宝宝仍然最喜欢自己家人，甚至可能开始害怕不熟悉的人，并开始出现分离焦虑。

8个月的宝宝特别喜欢扔东西，比如把瓶子、玩具扔出摇篮，大人一遍遍地又把它们捡回来，宝宝的交际能力正是以这种方式开始的。现在宝宝活动能力更强了，可能开始对其他小朋友有一点点兴趣，但基本上还仅局限于看一眼或抓一下，偶尔他可能也会对其他小朋友笑一下，唧唧咕咕地说句话，或者模仿其他宝宝的声音。

9～10个月的宝宝具备了极简单的交际中语言表达的能力，你叫他的名字，他就知道是喊他，还能够听得懂一些简单的词了，如来、吃、摸一摸、拜拜等，他能学说一些简单的叠音词组，如爸爸、妈妈、奶奶（呐呐）等。你逗弄他时，他开始学会大笑。

1岁以后的宝宝会表现出简单的同情心，会为别人的笑而笑，或为别人的哭而哭，这种简单的共鸣是高级社会情感的基础。同时，看到新异的东西他会感到惊奇，看到陌生人还会感到害羞。从此时开始，父母要开始培养宝宝的同情心，培养他对新事物的兴趣了。

到2岁时，宝宝将开始喜欢和其他小朋友一起玩耍。与学习其他技能一样，宝宝在发展社交能力时也需要不断尝试，也可能犯错误。一开始，宝宝可能不愿意与别人分享他的玩具，但随着他学习关心别人，他会成为更好的玩伴。到3岁时，他已经很会交朋友了。

如果到宝宝2～3岁时，无论你怎么努力，仍然不愿意接触父母以外的人，甚至不愿意跟你一起玩。或者跟其他小朋友在一起时，只会咬人、打人或推人，你应该带宝宝去医生那里咨询了。

04 宝宝的交友方式很特殊

宝宝最初的友谊与成人间的友谊看上去极为不同。成人的友谊建立在彼此的支持、信任和尊重上，而宝宝们之间交友的表达方式有时更像是“侵犯”而不是“倾慕”。也许那算不上真正的友谊，可这对宝宝的成长是很重要的。宝宝与同龄伙伴的友情不同于宝宝与爸爸、妈妈及其他成年人的关系，这可是宝宝与他人建立一种平等关系的最初尝试，从这种关系中宝宝会逐渐学到分享、轮流、等待、忍让、耐心和同情，以及其他以后用得着的各种社交技能。

父母在宝宝逐渐建立真正友谊的过程中起着最为重要的作用，因为父母是最早与宝宝打交道的人。对宝宝的需求反应敏捷，处理耐心，常与宝宝“交谈”，这样做对宝宝以后交朋友很有帮助。

注视、微笑、观察、模仿、争玩具、打一下、咬一口……这便是宝宝的交友小动作，动作背后的潜台词是：“我喜欢你！”、“我也想和你玩同样的玩具”。

当身边有其他小朋友时，4～5个月大的小宝宝就喜欢彼此对看，互相微笑，好像面前是一件心爱的玩具，他们喜欢静静地观察其他的宝宝，然后还想要碰碰他。如果一个宝宝哭了，另一个宝宝会好奇而疑惑地看着他，他可能在想：“咦！他肚子饿了吗？为什么哭呀？”如果妈妈对正在哭的宝宝说：“你看，妹妹在看着你呢！”结果往往是哭的宝宝立刻停止了哭闹。

6～12个月大的宝宝每天早上会咿咿呀呀地向自己的玩具问好，就像在问候自己的好朋友，这正是宝宝想要交朋友的信号。当看到一个自己喜欢的小朋友时，宝宝会用整个身体传达自己的兴奋：宝宝的眼睛放光并扭动着身子，伸出手臂，手舞足蹈，再也不肯安静下来。当宝宝试着独自爬向其他的小朋友时，请给他正面的赞美和积极的鼓励，因为这是宝宝学习交友的机会。让宝宝感受到与人相处的互动，会带给宝宝极大的满足。

1岁以后的宝宝活动能力加强，其“领地”从家里向外扩张。这时，他们像大人那样，开始寻找与自己有相似之处的人交朋友，模仿是最常见的表现。一个12个月大的宝宝，如果想和另一个拿着玩具小车和红皮球的宝宝交朋友，一个简单的办法就是模仿——让他也拿一个玩具小车和一只红皮球。这是宝宝在表达“我喜欢你，我们有很多相同之处呢。”，但这时候的宝宝还没有分享玩具的意识和能力。当然，不是所有的宝宝都用模仿别人的方式来交朋友。有的宝宝会爬向其他宝宝，盯着他，碰碰他，发出怪声，甚至打他一巴掌、咬他一口。这是宝宝的另一种表达方式——“注意我，我对你很感兴趣哦！”

这个时候，爸爸妈妈的任务是为宝宝安排好交友的合适场所，约好小伙伴，准备好玩具，并且要注意以下几个注意事项：

3岁以下的宝宝最好是两个人一起玩，如果有3～4宝宝，他们就会无所适从，不知道和谁玩更好；安排一些宝宝可以共同参与的游戏，例如玩具汽车比赛、用蜡笔涂鸦、赛跑等；为宝宝选择他喜欢的伙伴进行“约会”，对于陌生的或宝宝不喜欢的人，宝宝常会表现出胆怯或不安，玩耍会不尽兴、不高兴；2岁以下的宝宝与其他宝宝玩耍的时间最好不要超过1个小时。如果你感觉到宝宝累了、烦了或是身体不适，那就赶快结束吧；如果宝宝们在一起玩得太兴奋，可以给宝宝吃些水果或小点心，好让他们调剂、休息一下。

2岁左右的宝宝正在发展“自我”意识——“‘我的’就是我拥有的，我曾经有的和我想要的”；所以在游戏时宝宝常常会与别人争夺玩具。父母不必为此担忧。冲突对于这个年龄的宝宝是非常正常的，从成人的视角，我们觉得这是自私、吝啬，而对于2岁宝宝来说，对玩具的激烈争夺只不过是社交的一种方式。父母的角色不是“调停纠纷的法官”，而是要帮助宝宝自己解决问题。你可以给宝宝其他的玩具玩，或是建议他等其他宝宝玩好了再玩，但不要把玩具从一个宝宝手中拿走给另一个宝宝。

别指望宝宝们一直玩得很融洽，特别是其中一个累了或是身体不舒服时。有时候宝宝们玩得不好只是一个信号：他们彼此不喜欢。年龄相当并不意味着就一定一拍即合。当宝宝玩不来的时候，父母不要强迫他们。让他们分开一段时间，几天或几个星期以后他们也许又会成为好朋友。

害羞是友情萌芽的障碍。如果发现你的宝宝表现很害羞的样子或仅仅是坐在一旁自己玩或是看着别人玩，你可以帮助宝宝“打破坚冰”。但是父母最好是帮宝宝创造交往情境，而不是帮他找朋友。

3岁以后，随着语言的发展和社交技能的完善，宝宝间的友谊达到了更高的水平。他们交起朋友来更“老练”了，一起玩玩具、做游戏，也学会了轮流玩，这标志着宝宝开始了“社会化的交往”。

05 “分享”并不等于谦让

当宝宝们在一起玩的时候，最常让妈妈纠结的事情就是宝宝们互相争抢玩具，包括他们眼中任何好玩的东西，甚至是一个破旧的布娃娃。大人们总希望宝宝学会分享，但年幼的宝宝并不懂得何为分享。

如果两个宝宝想要同一件玩具，那么多半占优势的一个会拿走它，另一个则会大哭。有的家长认为谦让是一种美德，因此总教育自己的宝宝“先人后己”，把玩具或宝宝眼里的好东西先让给别的宝宝。但如果自己家的宝宝总是被人抢，时间久了家长又会担心自己的宝宝是否太懦弱，自尊心受到伤害。如何把握其中的度呢？

教宝宝分享的目的不仅是为了避免冲突，更重要的是为了友好相处。如果老是谦让，一味容忍，而另一方不仅不领情，反而视为当然、得寸进尺，那就违背了分享的初衷。所以，在教宝宝分享的同时，也需要教宝宝保护自己的合理权益。

不管宝宝大小，都不要强迫一方总是让着另一方，而是教宝宝和谐相处的秘诀，只有互相尊重和友爱的双方同乐才会是合理而真正的分享。如果妈妈不分青红皂白地帮别的小朋友抢走宝宝手中不愿分享的东西，伤害的不仅是宝宝的自尊心，更是宝宝对妈妈及其他人和周围世界的信任。

当年龄相仿的宝宝在一起玩耍时发生了争抢和冲突，应该先找那个希望得到他人玩具的宝宝商量，如果想玩别人的玩具，也要把自己的玩具拿出来让别的小朋友玩，而且要取得其他小朋友的同意才可以交换。不可以强抢，否则没有小朋友愿意和他玩耍。

如果一方宝宝自愿让出玩具，也没有表现出“不情愿”的样子，家长不要用成人的眼光看待此事，认为宝宝是“受欺负”。如果宝宝不愿意分享，也不要讥笑宝宝“小气”，因为幼儿和成人的思维是完全不同的。

3岁前的宝宝还不能站在对方的角度考虑问题，进而了解彼此的感受，因此争抢玩具及物品是很常见的现象。要宝宝体会拿走别人玩具时他可能会有的感受，这种至关重要的能力在3～4岁时才会发展。而社交技能，特别是解决冲突的技能，那时才能够得到学习和实践。

06 分享的核心是传递爱和情感

许多父母将分享简单地理解为分东西给别人，这是分享的外在形式，分享的核心是传递爱和情感。当然，宝宝还不可能意识到这么深层的含义，但父母要从小给宝宝灌输这个理念，让宝宝通过分享学会爱别人、爱亲人。

宝宝最初学习分享的对象是来自家庭和父母。父母及主要看护者的日常行为对宝宝有直接的影响，所以成人首先要对什么是分享有明确的认识，才能给宝宝言传身教地做出好榜样。

在独生子女家庭中，宝宝往往处于家庭的中心地位，没有兄弟姐妹，没有竞争对手，只有父母浓浓的爱包围着他，宝宝很容易表现出强烈的自我意识和占有欲。

此时的父母最重要的事情是让宝宝在情感上得到安全感、满足感的，通过分享学会爱别人，亲人之间的融洽和谐是宝宝发展分享行为的基础，因为他会从中感受到爱，内心有爱的宝宝更容易学会正确的分享。

07 请关注宝宝的“另类饥饿”

我们在肚子饿的时候，饥饿感就会出现，这是物质饥饿。人类还有另一种饥饿称为精神饥饿。宝宝有精神饥饿吗？有的！宝宝出生后随着脑的迅速发育以及与外界的广泛接触，不仅身体在长大，精神活动也开始萌芽。如果宝宝有精神饥饿，会累及他们的体格与智力发育。

心理饥饿：宝宝的最高心理需求莫过于父母的爱了，尤其是母爱。当他们一听到妈妈的声音或看见妈妈的微笑时，就会伸出小手咿咿呀呀地叫着，甚至用哭声来要挟，要求妈妈为他敞开怀抱。如果需要搂抱的愿望得到了满足，哭声就会戛然而止，脸色随之由阴转晴甚至“彩霞满天”。因此，平时多抱抱宝宝是喂养宝宝心理饥饿的最佳精神食粮。

皮肤饥饿：皮肤饥饿有什么危害呢？临床医生发现，皮肤总是处于饥饿状态的宝宝，往往性情抑郁、孤僻、爱咬嘴唇或啃指甲，有时甚至莫名其妙地用头或肢体去碰撞墙壁。研究显示，消除皮肤饥饿的最好“食品”就是父母的亲吻、抚摩等肌肤之亲。皮肤饥饿症表现为动作迟缓、反应迟钝、表情淡漠、平均身高低于同龄健康宝宝等。因此，父母在工作之余要多与宝宝接触，如一边用手抚摩其头、背、颈、前臂、手掌等部位，一边讲故事、听音乐、一起看电视，是促进宝宝心理发育的重要途径。

感官饥饿：带过宝宝的人都知道，抱着小宝宝走出家门置身于大自然的广阔天地时，他们会表现出无比地高兴与激动。眼睛不住地看，小嘴不停地咿呀作声，两只小手不停地挥动。奥妙何在？原来大自然的声、光、色、形等新鲜事物，迎合了他的好奇心与求知欲，满足了他的感官饥饿。不仅如此，这些良性刺激又可通过视、听等感觉器官传入大脑，使脑发育获得更多的直接与间接的能量。

明白了这个道理，我们不妨借此大做文章，如在小床或摇篮挂彩色画片、气球，多给宝宝聆听自然界各种声音的机会，或经常抱宝宝到室外直接观赏大自然，让宝宝的视、听感官“吃饱喝足”，这样既满足了他们的感官饥饿，又能健脑益智，可谓一举两得的美事。

语言饥饿：从宝宝呱呱坠地的第一串哭声到喃喃学语，直至说出一个完整的句子，期间只不过一二年光阴。时间之短充分反映出小生命语言发育的迅猛以及表达个性的强烈。他们简直是在争分夺秒地观察、模仿、学习。其实，这也是人的一种本能要求，即是语言信息的迫切需要。

有人做过一个有趣的试验，将受试者禁锢在一间房子里，餐餐供给美味佳肴，但不能做任何事，不能与外界接触，也不许与人通话，结果这些人只坚持了短短3天，第4天便像逃犯似地逃出了实验室。这个试验证明了语言是人类交流思想的重要工具，任何年龄的人都离不开。因此，父母应不失时机地、主动地与宝宝对话。

08 亲子依恋——宝宝的心灵需求

宝宝学会说话以前，有很多行为和表达都会让父母困惑不已。譬如宝宝总喜欢要妈妈抱着，即使会走路了也常常赖在妈妈怀里，一放下就会号啕大哭。有的人觉得这是宝宝撒娇，可有的人却说是宝宝缺乏安全感。到底怎样分辨和应对宝宝的“不安”？

饿了有得吃，渴了有得喝……从宝宝一出生，父母就会尽量满足他们的需求，这种“有求必应”的状态一直持续就会使宝宝对养育者形成基本的信任感。建立基本信任感是一岁半前的婴幼儿必须完成的任务，在此基础上安全感（即寻求与保持和养育者之间身体亲密联系的倾向）才会随之而来。

亲子依恋是宝宝在2岁前与妈妈或主要抚养人之间建立的一种特殊的情感联结纽带。妈妈不仅能满足宝宝的生理上需求和情感的“饥饿”，而且是宝宝心理上的“安全岛”和快乐的源泉。

只要妈妈在身边，宝宝就能安心、愉快地玩耍，探索周围的环境。而陌生人的突然到来，用眼睛盯着他看，走到近前要从妈妈怀里抱走他——这对七八个月的宝宝来说是一种心理刺激，将使他感到不安、恐惧甚至哭泣、大喊大叫。

建立牢固积极的亲子依恋关系，是培养宝宝许多现代素质的基础。从半岁乃至一岁半，是宝宝与家长形成巩固的亲子依恋关系的敏感期。你不要长期离开自己的宝宝，而且只要宝宝乐意，你就要给宝宝以更多的爱抚、帮助和鼓励，无论是充满感情的言语表达还是搂抱、亲吻等身体的接触。要知道，这时的宝宝是一个爱的“消费者”，只有及时而充分地享受母爱，宝宝才能与你建立起积极而牢固的依恋关系，才能建立起对这个世界的信任。

09 亲子依恋的三种类型

运用标准的“陌生情境”实验，可以测查并区分出3种不同的亲子依恋类型。

安全型依恋：只要妈妈在场，宝宝就感到足够的安全，能在陌生的环境中进行积极的探索和玩耍，对陌生人的反应也比较积极。当妈妈离开时，他明显地表现出苦恼和不安，想寻找妈妈回来；当妈妈回来时，他又很容易平静下来，继续去做游戏。

反抗型依恋：这类宝宝每当妈妈离开时他都大喊大叫，极度反抗。但当妈妈回来时，他对妈妈的态度又是矛盾的，既想寻求妈妈的安抚，又拒绝妈妈的接触，并不时地朝妈妈这里看。

回避型依恋：妈妈离开或回来他都无所谓，实际上这类宝宝与妈妈并没有建立起特殊的情感联系。

在这3种依恋类型中，安全型依恋是良好、积极的依恋，而反抗型和回避型依恋则是消极的、不良的依恋。亲子依恋的类型是母子间相互作用的产物。妈妈与宝宝交往的态度和行为以及宝宝本身的气质特点，是影响宝宝形成不同依恋类型的两个主要因素。那种负责任的、敏感的、充满爱心的妈妈，其宝宝常常是安全型依恋的宝宝。反之，则可能是反抗或回避型。

研究发现，宝宝的气质特点也经常地、强烈地影响着妈妈对宝宝的态度和行为。那些见人就笑、喜欢被人抱的宝宝更易得到妈妈的欢心。而那些不喜欢被人抱、不容易抚慰的宝宝则较少得到妈妈的关爱。而妈妈对宝宝的态度及行为又反过来影响宝宝形成不同的依恋类型。

母婴依恋一旦建立，宝宝就会经常情绪欢快、活跃好动，喜欢尝试接近新事物、新情景甚至陌生人。这有助于宝宝形成积极、健康的情绪情感，养成自信、勇敢、敢于探索的个性，并促进宝宝智力发展。对婴幼儿来说，情感性依恋是他们身心健康发展的必要条件，因为宝宝需要与父母沟通感情。在探索环境中的陌生事物时，他们需要父母提供安全的保障，他们害怕时，需要来自父母的保护。如果剥夺了宝宝依恋的基础，即宝宝得不到来自父母的爱与保护时，直接的后果就是他们无法应付环境的各种刺激。这种无法适应就意味着失调，就会影响到宝宝的健康发育，甚至削弱他们机体的防病能力。

然而，并不是所有的养育者都能满足宝宝的需要，在某些时候可能产生误解。譬如宝宝因为饿而哭闹，养育者却以为他困了并费力地哄他入睡，这就会使宝宝产生一些不信任感。“需求”和“满足”之间存在小小分歧其实是恰当的，过于周到的照顾对宝宝反倒没有好处。但若分歧较大，譬如有些年轻妈妈不懂得照顾宝宝，或者因为身心疲惫、压力大而无心顾及，或者对宝宝的态度一会儿亲热一会儿冷淡，都会导致宝宝不安，具体表现为喜欢啼哭、不敢探索、语言及行动发育缓慢、看到陌生人紧张等。

10 “依恋”不等于“依赖”

首先要强调的是，从出生到一岁半内，宝宝是需要父母或养育者陪伴的，这种陪伴应该是让宝宝一直处在自己的视线范围内。而这个时期的宝宝即使会和父母要赖，一般也不要求作严格的纠正。但是，父母应该注重培养宝宝在正常时期独立性的培养。除非是宝宝生病了，打针吃药让他们产生强烈的不安，需要父母的呵护抚慰，此时多抱一抱很有必要。否则随着宝宝渐渐长大，如果父母还成天抱着哄着，久而久之就会使宝宝养成不好的习惯。

父母应该在陪伴的前提下鼓励宝宝多探索新事物，尤其对于依赖性强的宝宝，更应该通过玩具、游戏以及与其他宝宝的互动制造感官刺激。或许有的宝宝适应力比较差，可以慢慢引导，不用心急。但如果宝宝只是一味要赖，切记不能娇纵，应采取“在场不关注”的方式——虽然陪伴但不理睬，只要没有危险的场景，尽可让宝宝自己玩耍和探索。

宝宝的独处经验也很重要。培养宝宝独处的经验和能力也是帮助宝宝养成独立个性的必备条件。宝宝有许多经验的取得必须在独处并经历各种尝试、错误的过程中才会有真正的收获。让宝宝独处听起来似乎不可思议，但这并不是指丢下他一人让他真正“独处”，而是指在喂完奶、换好尿片后，把他安排在妈妈活动的房间里让他自己玩。刚开始，宝宝可能玩玩自己的手，注视着周围某一件物体。慢慢地，可能需要为他准备合适的玩具，只要他专注于自己的活动，大人都不需去打扰他。

依恋与独立都很重要。但依恋是基础，在这个基础上再慢慢去培养宝宝的独立。对宝宝的成长来讲，依恋始终都需要。依恋是宝宝与父母之间形成的天然情感纽带，是宝宝最初的社会性情感，对其日后的社会性发展有着十分重要的作用。依恋使宝宝有安全感，促使与人建立合作、亲密关系。只要依恋不逐渐转变成依赖，依恋就是宝宝成长的雨露和阳光。

11 背起宝宝——值得提倡的育儿法

在国外时经常遇到逛超市或到公园玩耍的妈妈们用背巾或类似的东西把宝宝背在身上，妈妈怡然自得，且她们的宝宝个个看起来无比满足，这种母婴间的亲密关系给我留下了深刻印象。如果问这些妈妈为么要把宝宝背在身上，她们的回答简单却深刻：这样对宝宝好，同时也让妈妈感到轻松。太对了！让宝宝舒适，让父母轻松——这正是所有父母所追求的啊！

大多数人一想到宝宝，就会想到他们安静地躺在宝宝床里的样子，只有在吃奶、换尿布或玩耍的时候才会被抱起来一小会儿，然后又回到他们的那个“归属地”——宝宝床。好像抱起宝宝只是为了安抚他们，让他们重新乖乖躺下的一种手段。把宝宝 “贴”在身上的做法彻底颠覆了这种观点，把宝宝“贴”在身上意味着大多数时间宝宝都被父母或其看护人抱着或背着，只有在宝宝要睡觉或者照顾他的人要做自己的事情时才将宝宝放下。

这种育儿方式对宝宝和父母都有益。最显著的特点是，被抱着的宝宝很少哭，他们仿佛忘了什么是不满和烦躁。除了表现得更快乐，被抱着的宝宝发育得更好，这也许是因为他们将需要用到哭闹上的精力转移到自身的成长上了。他们被背巾“贴”在妈妈的身上，饿了就有母乳吃，一有需求马上就能得到回应，他们比其他宝宝看上去更快乐、更健康，表现也更好。另外，宝宝还可以随时观察到父母忙碌的生活。对于生活节奏快的父母来说，把宝宝背在身上无疑是一个不错的选择，这样你到哪儿，宝宝就到哪儿。你再也不用为了宝宝而闭门不出了。

Chapter 07 第七章

宝宝常见心理现象解析

BAOBAO CHANGJIAN XINLI XIANXIANG JIEXI

- 如何和安抚奶嘴说“拜拜”
- 怎样面对分离性焦虑的宝宝
- 宝宝为什么老缠着妈妈
- 宝宝认生不是错
- 帮宝宝顺利安度“认生期”
- 给害羞的宝宝“松绑”

01 宝宝吮指——正常的生理需要

人天生便爱吸吮。我们不难看到一般宝宝在2～3个月的时候开始喜欢吸吮自己的手指，这是宝宝与生俱来的反应和习惯。宝宝喜欢吃手指、咬东西并不一定是想吃东西，而是宝宝想了解自己及对外界积极探索的表现，说明宝宝支配自己行动的能力有了很大提高，且对稳定宝宝自身的情绪也起一定作用，是宝宝心理的需要。

宝宝认识这个世界首先是通过嘴开始的，而手对于大脑还没有完全发育的宝宝来说，只是一个外在的东西，而不是自己身体的一个器官。因此宝宝常会用嘴来吃手、啃玩具、咬衣角。宝宝吸吮手指，做家长的应该为宝宝的进步感到高兴才对。从一开始吸吮整个手，到灵巧地吸吮某个手指，这说明宝宝大脑支配自己行动的能力有了很大的提高，从而能够促进大脑、手和眼的协调能力。

宝宝刚出生时，口唇接触妈妈的乳头就会自发地作出吃奶的吸吮动作，这是一种生理性的吸吮反射。当他在饥饿时，无论口唇碰到什么东西都会引起吸吮反射，甚至在熟睡中也会自发地出现吸吮动作。稍大一点，饥饿时大多数宝贝（占宝宝的90%）会将自己的手指放在口中吸吮，这是一种正常现象，爸爸妈妈不必太在意。

宝宝之所以会吸吮手指，是因为在漫无目的摆弄手指时，无意中碰到嘴巴，在反射作用下吸吮起来。这个偶然使宝宝发现，吸吮手指可以得到象吸吮乳房般的安全感。宝宝出生后第一年称为“口欲期”，是人格发展的第一个基础阶段。宝宝在“口欲期”若能得到父母的耐心照顾，感受到亲切和愉快，就能减轻内心的焦虑和不安全感。相反，在“口欲期”得不到适当的发展和照顾，宝宝长大后容易焦虑、发脾气，对别人缺乏基本的信任和安全感。宝宝时期，父母若未能满足宝宝吸吮的欲望，那么吸吮手指的行为慢慢便会形成习惯，日后就要耗费时间去纠正了。长期吸吮手指原因有以下几个方面：

喂奶方式不当：妈妈喂奶时的方法不正确或速度太快，未能满足宝宝吸吮的欲望。宝宝肚子虽然饱，但心理上还未满足，便会以吸吮手指来代替。

宝宝感到寂寞：有些宝宝并不爱整天睡觉，若妈妈过分忙碌或忽略了宝宝与外界交流的需要，宝宝便会自然地玩弄自己的手指和吸吮手指来解闷。

得不到注意和满足：有些宝宝的吸吮欲望较强，但现实条件却无法满足。

过度吸吮手指最好的预防方法，当然是在宝宝时期即开始注意。妈妈在喂哺时要留意不要只给宝宝营养，还要提供足够的爱和温暖，母乳喂养便是最佳的选择；人工喂养时奶嘴洞口的大小要适中，要让宝宝有足够的时间，满足吸吮的需要；妈妈在哺乳时心境要保持平和，不急不躁，以免给宝宝造成压力；当宝宝睡醒后，不要让他单独留在床上太久，以免宝宝感到无聊而把手放进嘴里，因而养成吸吮手指的习惯；当宝宝有吸吮手指的倾向时，尽量把他的手指轻轻拿开，并用玩具或其他东西吸引他的注意力。给宝宝需要用到手和手指的玩具，吸吮手指的时间就会减少。即使情况不如预期中顺利，也不要无理地加以禁止。因为勉强禁止宝宝吸吮手指头，反而会造成其心理压力不断积压，终究会出现反效果。

如果宝宝在临睡前有吃手指头的习惯，不必太担心，等宝宝一睡着把手指头从他嘴里移出来，不要让他吃一整晚，以免长此以往手指变形，并试着让他抱着毛绒玩具或是布娃娃睡，用这种取代的方法慢慢把宝宝的习惯矫正过来。相反，如果父母此时强硬地制止宝宝吃手，反而会给宝宝心理上造成阴影，长大后容易焦虑、发脾气，对别人缺乏基本的信任和安全感。

父母对婴幼儿吸吮手指的行为，切勿过于紧张，更要避免取笑他们，以免增加其心理压力。父母除了采取不干预和不鼓励的态度外，更应留意宝宝的心理需要，了解吸吮手指的原因，这样才能帮助宝宝纠正过来。

虽然处于宝宝期的宝宝吃手是很正常的现象，一般都采取顺其自然的原则，但如果宝宝是由于其他原因而形成这个习惯的，那家长决不能袖手旁观了，要及早寻找原因并给以合理的干预，安抚宝宝幼小的心灵。

02 安抚奶嘴——不能代替父母的爱

宝宝出生后第一年称为“口欲期”，是人格发展的第一个基础阶段。他们强烈需要一种安全感，吸吮需求很强烈，尤其在就寝时间更为明显。哺乳或吃奶瓶能满足宝宝多方面的需要，哺乳不仅给宝宝以营养，而且暖暖的乳汁、妈妈的体味和气息可以给宝宝心理上的慰藉。在宝宝感到压力和紧张，牙齿不舒服的情况下都会吮吸手指。不少父母担心宝宝吸吮手指不卫生，可能吃入很多细菌，会给宝宝安抚奶嘴代替。

如果宝宝的吸吮欲特别强烈，但不能用怀抱、抚摸、玩具等方法来满足需求的话，妈妈们不妨借用安抚奶嘴。有了它的帮助，一般能够避免宝宝吸吮手指。不过需要说明的是，安抚奶嘴永远不能代替父母的关爱。一旦发现宝宝吸吮手指，就不负责任地把奶嘴塞进宝宝的嘴里，而不去了解宝宝吸吮的真正需要，反而会适得其反，使宝宝遇事更加依赖安抚奶嘴来自我安慰和调节情绪，从而妨碍宝宝的正常成长。

如果宝宝长时间专注地吃手指头，妈妈们一定要通过安抚的方法把宝宝的注意力从手指转移到玩具、画册等色彩鲜艳的东西上，使其能够更多地认知其他事物，对于大脑的发育也有极其重要的作用。

在宝宝独自耍玩一段时间后，如出现哭闹、烦躁的现象，应及时把宝宝抱在怀里，用手轻轻抚摸宝宝的后背，并轻声细语与其对话，这样会给宝宝带来亲切和愉快的感觉。

从生长发育角度考虑，宝宝10～12个月时要停止使用安抚奶嘴。实际上在1岁内，宝宝有两个容易戒掉奶嘴的自然时期，即3～4个月和6～9个月。 在宝宝3～4个月时正是先天性吸吮反射自然削弱时期，这时如果逐渐不给宝宝安抚奶嘴，而经常给宝宝爱抚，就很容易戒除安抚奶嘴。

6～9个月是宝宝坐爬、站立大运动技能的发展阶段。他感觉到自己的运动本领越来越大，通过自己的能力可以得到自己想要的东西。宝宝从自己的运动技能和控制能力中获得很大满足，也很容易主动戒掉安抚奶嘴。如果错过这两个容易自然戒掉奶嘴的时期，妈妈想要再戒奶嘴就要想其他办法了。

03 如何和安抚奶嘴说“拜拜”

心理学专家认为，从宝宝出生到两岁左右通过嘴巴的吸吮会帮助宝宝转移紧张情绪，提升安全感。除了用吸吮的方式来进食维持生长发育之外，更可经由吸吮的动作促进唇与舌头附近的触觉，进而带来满足和快乐。安抚奶嘴会给小宝宝带来很多安慰，满足宝宝的吸吮欲望，减少宝宝哭闹。不过，如果你的宝宝到了2岁多还很依恋这个“东东”，就需要你帮助他一步一步告别安抚奶嘴了。

很多父母把安抚奶嘴当成了救命稻草——至少在最初的几个月是这样的。久而久之宝宝每当感觉不安或者情绪不对的时候，就喜欢含着安抚奶嘴，一旦找不到它就会变得异常暴躁、大哭大闹。这种情况几乎在每一个习惯了安抚奶嘴的宝宝身上都有可能发生。对很多宝宝来说，安抚奶嘴实际上是在满足他的渴望，专家说“吮吸是宝宝与生俱来的需求”。这也就是为什么每个宝宝都会经历口欲期，为什么小宝宝总是喜欢把一切东西都往嘴里送的原因。而慢慢地，这种一到睡觉的时候就会放在嘴里的安抚奶嘴也就成了让宝宝感觉安全的抚慰物，我们会称之为“安慰物”。

那么为什么在宝宝2岁的时候，要帮助他戒掉安抚奶嘴呢？正常情况下，当宝宝已经到了1岁左右或者已经可以握紧一个水杯的时候，都可以不再使用安抚奶嘴。

因为过度使用安抚奶嘴会给宝宝的生长发育带来一些不良的影响。容易导致牙齿畸形，如暴突牙或者上下牙不能咬合。虽然这种情况一般只有在宝宝换牙以后才会出现，但最好还是在宝宝还没有养成习惯，比较容易摆脱安抚奶嘴的时候就有意识地让他少用并最终完全放弃。

宝宝经常使用安抚奶嘴容易消耗唾液，从而造成宝宝容易口干。宝宝在含安抚奶嘴时容易吃进很多空气，易导致宝宝肠绞痛。另外，宝宝比较小，奶嘴经常会从嘴里掉出来，再放入嘴里难免会沾染病菌。

过度使用安抚奶嘴还会影响到宝宝的语言能力，使宝宝不喜欢说话。专家认为，至少应该减少宝宝白天使用安抚奶嘴的时间，让他们有机会练习说话，和别人交流。

怎样才可以轻松地让宝宝放弃安抚奶嘴？

告别奶嘴的小妙招

逐渐减少奶嘴的使用时间：随着宝宝成长，可以多提供一些他感兴趣的事物，转移他的注意力，慢慢减少吸奶嘴的时间。如果有的宝宝睡觉时必须要使用奶嘴的话，家长也应该在宝宝入睡后把奶嘴轻轻取走。

多利用饮水杯：多准备一些不同的杯子，要求色彩鲜艳、图案可爱，一方面可以增加对宝宝视觉和触觉上的刺激，一方面可以吸引宝宝的注意力，引发想要自己使用杯子的兴趣。

及时提供辅食：在戒除奶嘴的调整期内，家长也要视宝宝的需求做出相应安排，比如给宝宝一些辅食满足他们的咀嚼欲，像磨牙棒之类的就可以。

赞美取代责骂：宝宝不吃奶嘴时，要赞美宝宝的行为。千万不要用负面的言语或责骂宝宝，对于较缺乏安全感及自信心的宝宝而言，责骂或负面言语只会让宝宝退缩，对奶嘴更加依赖，反而不容易戒掉。

掌握感冒、鼻塞等关键时期：宝宝鼻塞期间，因为吸奶嘴会增加呼吸困难，所以宝宝自然不爱吸奶嘴，这时就是戒掉奶嘴的好时机。父母可以借机减少宝宝吸奶嘴的时间，让宝宝慢慢习惯不吸奶嘴。

04 吃手——宝宝在呼唤父母的爱

菲菲现在2岁多了，口齿伶俐，招人喜爱，但她有一个让爸爸妈妈深感头痛的小毛病——爱吃手。劳累、困倦、紧张、寂寞和睡觉前，她就很自然地将大拇指伸进嘴，起劲地嘬得“吧吧”响，样子很陶醉。慢慢地，吃着手睡觉成为了一种习惯，如果不让她吃手，她就“吭吭唧唧”地睡不着，有时甚至“哇哇”大哭。

宝贝吃手有规律

幼儿吸吮手指是一种倒退的行为表现，当宝宝焦虑和紧张时便会倒退回宝宝时期，用吸吮来满足口腔的欲望，以减少其内心的忧虑。但一般在2～3岁后，宝宝饥饿时会要求吃东西，这种吸吮手指现象逐渐消失。一般来说，宝宝到了2～4岁，甚至进入学校后，受环境和同学的影响，吸吮手指的习惯会自动停止。宝宝4岁以后还吃手，甚至出现咬指甲、咬被角、咬衣服袖口的现象就可能是行为问题，需要进行矫治了。

宝贝吃手有原因

吃手是宝宝对爱的呼唤：爸爸妈妈或看护人很少和宝宝肌肤相亲，很少陪宝宝说话、做游戏，宝宝饥饿、患病时不能得到及时的抚慰，吃手是宝宝的一种自慰方法，其中多少有些无奈。

吃手是宝宝排遣压力的方法：如果宝宝的生活环境、看护人经常更换，或爸爸妈妈对宝宝要求过严，经常训斥打骂宝宝，家庭关系紧张，宝宝初入幼儿园等等，在较大心理压力下，宝宝会通过吃手来排遣内心的压力。

吃手是宝宝对抗孤单寂寞的方法：现在的家庭一般都是一个孩子，宝宝不免孤单，如果宝宝常独自在家里玩玩具、看电视，接触不到同龄的伙伴和新鲜事物，不免会感到寂寞、孤独和乏味，宝宝会用吃手来排遣孤单和寂寞。

妈妈爸爸的态度强硬：当宝宝紧张焦虑、饥饿时、无聊时或模仿其他宝宝偶尔吃手时，爸爸妈妈见了严厉训斥，会令宝宝更紧张，反而强化了宝宝吃手。也有的妈妈爸爸对宝宝吃手看之任之，不及时找原因进行矫治，让吃手成为一种痼癖。这样对于宝宝以后的身体和心理发展都非常不利。

05 宝宝吃手有对策

宝宝常吃手，小手浸泡在口水里且受到牙齿的压迫，时间一久容易出现手指蜕皮、肿胀、感染、变形；小手放在嘴里影响出牙，时间一久可能会引起牙齿排列不整齐；宝宝的小手东摸西动，粘了不少脏东西，一吃手脏东西就入口了，容易引起腹泻、感染寄生虫等。如果宝宝形成了吃手的坏习惯，不仅影响宝宝的身体健康，也容易产生紧张、焦虑、自卑、抑郁等不良情绪情感，影响宝宝的心理健康。

应对吃手有对策

父母要注意找出宝宝爱吃手不开心的症结所在，多给宝宝以关心和爱护，这比直接干预他的吮吸行为更有效。有些父母采取诸如固定宝宝的手，往手上涂有异味的东西，或者给宝宝戴上手套等不恰当的手段，不但收效不大，还会有意无意地伤了宝宝的心。

让宝贝享受吮吸的快乐：妈妈要尽可能用母乳喂养宝宝，让他充分享受吮吸的快乐。如果要断奶，要及时添加辅食和配方奶，逐渐过渡，让宝宝有一个适应过程，切忌突然断奶，让宝宝感到焦虑和没有安全感。

多陪陪宝宝：爸爸妈妈要多搂抱、多陪伴宝宝，仔细分辨宝宝的各种要求，满足他的各种需要，有条件的妈妈可以为宝宝做抚触按摩，睡前给宝宝讲轻松愉快的故事，读朗朗上口的儿歌，让宝宝愉快地入睡，时时感到安全、幸福、满足。

给小嘴找个依靠：当宝宝吃手时，妈妈可以给宝宝一块磨牙饼干，让他的小嘴啃啃，或来个安慰奶嘴或磨牙棒替换一下小手。

为宝贝营造宽松、温馨的气氛：妈妈爸爸要为宝宝营造一个温暖、舒适、稳定、宽松的成长氛围，让宝宝快乐成长。

伙伴多多，活动多多：妈妈爸爸可以让宝宝多和小伙伴一起玩耍，鼓励他广交朋友，多接触外面的新鲜世界。为宝宝安排丰富多彩的活动，尽量不让他一个人闲着，他就想不起来吃手了。

进行心理纠正：如果宝宝满4岁了还吃手，妈妈爸爸就应当带着宝宝一起咨询心理医生，和医生一起分析宝宝吸吮手指的原因，根据不同原因进行纠正。宝宝吃手严重者应采用行为矫治方法。

其他疗法

厌恶疗法：在宝宝经常吸吮的手指头上抹黄连素等无毒的苦味剂或缠上纱布，让宝宝吸吮时产生厌恶感，减少或消除这种不良行为。

负性疗法：让宝宝在一段时间里反复不停地吸吮手指，直到他感到不舒服、不愉快为止，促使他慢慢改掉这种习惯。

特别提示：在矫治过程中，妈妈爸爸的态度要和蔼，语言动作要轻柔，以关爱鼓励为主，不要大声呵斥、打骂宝宝，宝宝有进步时要及时给予表扬。

06 焦虑——不可忽视的婴幼儿情绪

宝宝自出生后就具有了人类的一些基本情绪，如愉快、兴奋、紧张、痛苦、失望、焦虑、恐惧等。特别是6个月后，他在心理上即经历着两种与其社会化有着重要联系的感情反应，即“分离性焦虑”和“认生阶段”。

6个月大的宝宝非常依恋妈妈，时刻盼望妈妈在自己身边。8个月的宝宝会经常关注着妈妈，一旦妈妈从自己的视线中消失，就表现出哭闹不安。1岁左右的宝宝，当妈妈上班或外出时常常哭喊着不要妈妈走，有的扯住妈妈的腿死活不放，仿佛一松开手妈妈就再也不会回来似的，这就是“分离性焦虑”，是宝宝期成长过程中的正常情感反应。这种状况只有在经历了妈妈多次离开的体验，且知道妈妈离去后会很快回来后，才会逐渐好转。

对待处于“分离性焦虑”期的宝宝，父母一定要理解他的情感需要。如果试图忽视他的情感，不理睬他的哭声，生硬地扳开他搂着父母的手，甚至把他关在小屋里或围在栏杆里不让他跟着父母，宝宝感情上的焦虑就会更强烈。如果想趁着他玩的时候偷偷地溜走，这样只能成功一次，下次他就会牢牢地盯紧父母不让离去，对大人产生强烈地不信任感。要想消除宝宝的焦虑情绪，就要尽可能地减少离开宝宝的次数，尤其是丢下他一个人。如果必须离开，要用宝宝能懂的语言告诉他，妈妈要离开他一会，但很快就会回来的，让宝宝有这种思想准备。当妈妈出门前，要营造出宽松、愉快的气氛，用玩具逗逗宝宝或搂抱一下宝宝，使他得到一定的情感上的补偿或缓解对妈妈离开的紧张情绪。2～3岁的宝宝会逐渐理解上托儿所与父母分离是必然地、也是暂时地，因而焦虑情绪不是很强烈，适应暂时性分离是比较容易的。

大人与宝宝分离时间较长时，宝宝往往一开始不停地哭闹，随后便只好接受现实并予以配合。当父母回到家之后，宝宝便会以愤怒或对抗的态度对待父母。这种情况要持续好几个小时，甚至好几天之后，才能原谅父母离开他而与之重归于好。当父母不得不较长时间离开宝宝时，让宝宝看看父母的照片，从电话上或录音机上听听父母的声音，通过网上视频图像看到父母，都可以减轻宝宝因和父母意外的离别而对之造成的伤害。

宝宝的焦虑情绪除了因父母分离造成之外，还有些情景也同样会出现，但往往被大人们忽视。如频繁地替换保姆或抚养人，经常变更宝宝的生活环境，家庭气氛紧张、父母吵架，严厉地训斥宝宝，突然把爱转移到别的宝宝身上（如妈妈又生了一个小弟弟，家里来了亲戚的宝宝）以及生病住院、打针吃药等均会引起婴幼儿不同程度的焦虑情绪。如果这种情绪持续存在，必然会给宝宝造成许多不良影响，会出现食欲下降、睡眠不安、情绪不稳、闷闷不乐、好发脾气等，严重者可形成“宝宝焦虑症”，影响宝宝的身心发育。

焦虑情绪是婴幼儿健康心理的“杀手”，过多的失望、焦虑、痛苦或孤独的情感经历对幼小的宝宝是不利的。婴幼儿还不能用语言来表达他们的情感需求，因此，父母应细心地体察宝宝的情绪状态，及时弥补感情上的欠缺，尽量多和宝宝相处，使宝宝产生安全感，让宝宝始终生活在爱和亲情之中。

07 宝宝为什么老缠着妈妈

王教授：你好，我家宝宝13个月了，最近这段时间特别依恋我，下班回家就找我，看不见我就哭，怎么哄也不行，晚上睡觉看不见我也不行，要哭很长时间，半夜醒了要抱着睡，如果不抱着就大声哭，好头痛！每次哭起来接近一个小时，对于成长会不会有影响？

我的答复：宝宝现在会特别爱黏着妈妈是很正常的，这是一种依恋的表现，也是这个阶段的宝宝必然的心理现象。宝宝黏人至少说明他的情绪能力发展正常。宝宝在6个月之后，进入依恋建立期，形成了对父母特殊的、明显的依恋以及对生人的恐惧。尤其一到晚上宝宝就会更黏人，因此，很多宝宝如果没有妈妈在身边就会不断地哭闹，即便是很困也难以入睡。

宝宝出生后由于养育者对他的精心照顾以及与他感情上的交流，使得宝宝和养育者之间产生了感情的联结，形成了依恋关系，而母婴之间的感情联系具有先天基础。一般宝宝在6～24个月之间对养育者产生明显的依恋行为，这个阶段如果宝宝离开了依恋对象就会产生心理焦虑和反抗。依恋情感对宝宝心理的发展是很重要的，对于宝宝将来的社会适应性、交往技能有着重要的影响。建立牢固的、积极的亲子依恋关系，是培养宝宝许多现代素质的基础。

有研究认为：宝宝对妈妈的早期依恋和亲热，正是宝宝心理健康的表现。宝宝心理健康的关键是婴幼儿应该与妈妈建立一种温馨、亲密而又持久的关系，在这种关系中，婴幼儿既获得满足，也能感到愉悦。还有专家认为：早期宝宝在和妈妈共处中，用嘴吮妈妈的乳汁不仅获得生理需要的满足，而且也获得爱的感受，会感到特别的温暖和满足，得到的是一种精神上的归属感和心理上的信赖感。因此，妈妈对宝宝愈亲近愈是关怀备至，宝宝对她的归属感和信赖感也就越强烈。一位自信又慈爱的妈妈，在怀抱宝宝时的手势往往是柔软、轻松、自然而又合适的，其柔和目光的注视、语言的平和甜美，会使宝宝如入一个宁静而又美丽的安全港。为此，宝宝对这样的妈妈所产生的依恋强度、亲热的力度也具有超常的表现，这正是他情感智能敏感性强烈的表现，也是他生存能力强烈的体现。作为妈妈对此不必忧虑，而要感到欣慰和珍惜。

宝宝早期与自己亲人分离时的啼哭也是正常的，这在宝宝心理学上称为“分离性焦虑”。在宝宝早期生活中，他在与妈妈接触中获得安全感，如果与妈妈分离，他就会感到孤单，甚至产生恐惧，这是他对安全的渴望和爱的呼唤，是宝宝心理健康的另一种表现。如果宝宝对自己亲人的离开无动于衷，既不哭也不焦虑，这反而是一种不正常的现象。

08 如何避免宝宝的“过度依恋和焦虑”

宝宝对妈妈过强地依恋会造成“分离性焦虑”，这种适度的焦虑是正常的，但不能超过一定的强度，也不能持续时间过长。一旦宝宝由轻度焦虑转向高度焦虑，由短期焦虑转向持续的长期焦虑，就可能危及到婴幼儿的心理健康。为此，我们需要及时地、自然地缓解这种分离性焦虑。

引进“其他人”的加入，由他们来发挥或替代妈妈的功能

按照心理学家的移情理论的分析：“宝宝一旦失去所爱的对象，便利用其他外在对象或情境作为“代替”。这里所讲的“其他人”是指宝宝的爸爸、爷爷、奶奶、外公、外婆以及阿姨或保姆等。当然“其他人”必须像宝宝的妈妈那样来给予关爱和亲热，让宝宝能得到情感需求上的各种满足，使他的单一集中性依恋转向多角色的分享性依恋。这样做，客观上就可以分散对妈妈过于依恋而带来的负荷，与此同时，这种分享性依恋也可以增强宝宝依恋的广度和丰富度，为他的社会性情感的进一步发展提供基础。有关研究证明：核心家庭中成长的宝宝和三代同堂、四代同堂成长的宝宝对妈妈的依恋的灵活性有明显的不同，前者单一，后者丰富和灵活，其交往的适应能力也更强些。

拓展婴幼儿的生活空间

要尽量拓宽宝宝的接触面，让他在陌生环境中经受“锻炼”和“考验”。在这里，“行为脱敏法”是让宝宝克服怯生、适应陌生环境的常用方法。当生人到来时，你可先把宝宝抱在怀里，不要急于走近客人，要用你对客人热情的态度和友好的气氛去感染宝宝，使他消除戒心、学会“信任”客人。

要让宝宝及早步入“同龄小社会”，鼓励他与年龄相仿或稍大的宝宝接触、玩耍，特别是一岁半以后，要有意识地让宝宝进入一个从家里走向外界的过渡时期。要让宝宝接触其他小朋友，探索自然环境，去发挥好奇心，锻炼独立性，而不要过度限制或保护。

经常外出，感受大自然

宝宝对周围环境的一切都感兴趣，对此父母要抱他到他所喜欢的地方去走走、看看、玩玩，尽可能让宝宝走出家庭小天地，到大自然、大社会中去感受自然、感受社会。每天增加户外活动的机会，让宝宝在户外活动中看到绿色的小树、过往的行人、飞驶的车辆，让他们感受到明媚的阳光、春风的吹拂，使宝宝的依恋在丰富多彩的自然环境和社会生活中，拓展依恋对象，丰富依恋内容，提高依恋水准。经常到外面活动的宝宝不太认生，通常情绪愉悦，依恋情绪也比较容易转移。

提供丰富的环境和独立的空间

父母也要注意家庭环境的布置和各种玩具的提供，家长应该尽量为宝宝提供一些玩具、图书或画笔，并提供机会有意识地让宝宝自己一个人玩。当宝宝独自游戏时，父母可逐步地拉大与宝宝之间的空间距离和时间间隔，使宝宝逐步适应与父母的短暂分离。如果平时父母对宝宝过度关心，不提供让宝宝独立活动的空间和时间，不相信宝宝能力，其结果必然会形成宝宝的“依恋过度”。

别让宝宝形成痛苦的分离经验

因为宝宝一旦经历过痛苦的分离，便会增强分离时的焦虑。有的家长对宝宝的态度反复无常，突然“不告而别”或欺骗宝宝，不履行诺言或离开宝宝时间过长，造成宝宝的恐惧和不安全感；有的家长过分地呵护宝宝，不敢放手，使得宝宝胆小，不敢离开妈妈，安全依恋就无法建立，宝宝就特别地黏人。这样对于宝宝来说，就失去了在一定程度上与人交往和认识事物的学习机会。

在缓解婴幼儿分离性焦虑中，千万不要有急躁情绪和采取生硬的办法，一定要耐心地给宝宝提供一个自然合适、自然拓展的过程。要提供逐步锻炼的机会，不要强行甩开或采取恐吓的态度对待年幼的宝宝。

09 4个月的宝宝开始“挑”人了

4个月的宝宝看到妈妈、听到妈妈的声音或观看到妈妈的面部表情时，他常常会蹬起小腿、舞动小胳膊，咿咿呀呀地对妈妈做出欢快地回应。在此之前，你的宝宝可能会对遇见的每一个人都露出笑脸，但现在他开始对陪他的人有所挑剔了。妈妈陪着他时，宝宝会欢快无比，活跃而兴奋；爸爸陪他时，情绪也好，但远不如和妈妈在一起时更高兴；而陌生人陪伴他时，宝宝会表现出有些拘谨甚至惊恐不安。

宝宝从4个月起就能认识妈妈，分清熟人和陌生人，但也有的宝宝要比较晚才会表现出来认生。一般而言，宝宝从4～5个月认人，6个月开始认生，8～12个月认生达高峰，以后逐渐减弱。其实，认生是宝宝发育过程的一种社会化表现。宝宝在妈妈和家人的精心照料下产生了一种依恋之情，生人的出现打破了原有的格局，宝宝就会出现焦虑，甚至恐惧。

到了4～5个月时出现认人或挑人现象是十分正常的，这标志着宝宝认知水平的提高。有认生意识的出现，也正是他从无选择性的认知水平向有选择性的认知水平发展的体现，也是宝宝开始有记忆的一大表现。有关研究表明，1～2个月的宝宝还没有形成图像知觉，所以新生的宝宝往往分不清自己家里人和陌生人。到了3个月以后，宝宝已有了接触人面孔的经验，妈妈与抚育者的面孔逐渐由模糊变得清晰，这种对亲人图形模式视觉的发展，不仅在婴幼儿成长的过程中起着十分重要的作用，还可以促进宝宝的社会性认知和情感水平的提高。3个月之后的宝宝，对人的面孔有了较为清晰的印象之后，他就会对熟悉的亲人表示认同、肯定、接纳和喜欢，这为宝宝对亲人产生强烈的依赖感、亲切感、归属感和安全感提供了认知基础。

4～5个月的宝宝已经能够比较清晰地表达他的情感，也能感觉到你传递给他的喜、怒、哀、乐。他对服侍他的人变得“挑剔”，也就是开始表现出“陌生人焦虑”的迹象，也就是人们常说的认生。宝宝对妈妈或抚养人可能变得很黏人，而当碰到新面孔时就会感到焦虑不安。如果有陌生人突然接近他，宝宝可能还会哭起来。他需要你的耐心和理解，来顺利渡过这个情感发育的重要里程碑。

遇上一次宝宝怕生的场面并不意味着你需要回避新面孔，让你的宝宝慢慢适应与爸爸妈妈之外的其他人在一起，这对宝宝是有好处的。你可以先把宝宝抱过来，让他慢慢地平静下来。提醒你的朋友和家人，接近宝宝时动作要慢一点、温柔些。你可以利用这段时间，带着宝宝经常出去玩，到公园、花园里，这样能见到很多人，要教会宝宝能和不同的人打招呼。常带宝宝接触人群，妈妈待人处事落落大方，起到榜样的作用，宝宝的认生渐渐地就会好起来的。

10 认生——宝宝心理发展的自然过程

宝宝从6~8个月起，随着自我认识和活动范围的扩大，识别能力不断增强，已能识别家中不同成员并且对各人有不同的反应。这时的宝宝已开始有了依恋、害怕、认生、厌恶、喜好等情绪。对周围的人开始持选择的态度，对熟人表现出好感，看到陌生人就会变得敏感、呆板、躲避、甚至哭闹，不喜欢生人抱，而对最亲他、关心他的人——妈妈则最为依恋，这种行为称为“认生”或“认人”。其实，这是宝宝的正常心理反应，它说明宝宝的感知和记忆能力在发展，已经能够敏锐地分辨熟人和生人。认生标志着母（父）子依恋的开始，证明亲子之间情感的连接已经成功。

心理学家把3岁前的婴幼儿期称为“图谱时代”，也就是说3岁前的宝宝认识外界事物时，不是对事物的某些特征进行分析辨认，而是把事物当作一个综合整体——图谱来接受的。宝宝出生后先感知到人脸的模样，如妈妈或其他亲近他的人反复在他眼前出现，这张面孔就作为同一图谱不断传入大脑留下印象，从而产生了最初的记忆。如果突然出现了另一张陌生人的面孔，这张陌生的“图谱”和宝宝大脑中的妈妈的“图谱”差别太大，宝宝就会因“认生”而表现出不喜欢、不接受，甚至又哭又闹。宝宝的认生与记忆有关，宝宝年龄越小，记忆的保持时间越短。所以，碰到父亲长期出差不在家的情况，他也会被宝宝认定为陌生人，自然看到父亲时也会哭出来。

陌生人突然出现在宝宝面前，或想从妈妈怀里抱走他，这对6～8个月的宝宝是个明显的心理应激，会使他感到不安和恐惧，对陌生人产生警戒心。因此，不要随便让陌生人突然接近、抱走自己的宝宝。当宝宝因为认生而哭泣时，只要向对方解释说：“真对不起，这个宝宝已经到了认人的时期。”客人就不至于感到不高兴。如果宝宝一直哭个没完的话，那就不妨使宝宝的面孔不要向着对方，要温和的哄他：“这是叔叔。”“这是阿姨，来看你了。”宝宝也许并不懂这些话的意思，但他可以从妈妈的态度中得到一些安全感，从而减轻对生人的恐惧感。当客人想接触宝宝时，要使宝宝有一个逐渐适应和熟悉的过程，并用大人对客人热情的态度和友好的气氛感染宝宝，使他学会“信任”客人。

认生是6～8个月宝宝心理发展的一个自然过程，随着宝宝认识不断发展，这种“认生”行为也就会逐渐淡化。宝宝认生现象出现的早晚，从某种意义上来说，是测量宝宝的智力与认知水平的指标之一。如果宝宝6个月以后还不认生，不论生人熟人都一样笑，一样让抱，那么其认知水平就可能是比较落后的。

怎样帮助宝宝顺利地度过这一“认生”阶段呢？父母不妨采用“略为提前”的教育，以促使宝宝较快地适应周围环境和不同的人和事。具体地说，也就是在产生“认生”行为之前，就让宝宝除了妈妈之外，先从他熟悉的人员中开始逐步扩大他接触人物的范围，并让他们对宝宝施以一定的爱抚和关心，如帮助喂奶、喝水、换尿布、逗着说话、抱着玩、做简单的游戏等，以加强亲近感，消除宝宝的恐惧、害怕心理。绝不能一厢情愿勉强宝宝和谁“亲”，这样只能加深宝宝的排外心理。

研究证明，认生的程度和时间与教养方式有关。妈妈很容易将自己的性格转移到宝宝身上，宝宝面对“妈妈不喜欢的人”时，非常的敏感，往往会把妈妈置身的状况“照单全收”，碰到妈妈因为紧张而绷紧面孔，或者声调跟往常不一样时，他就会敏感地捕捉到而哭出来。所以，和妈妈对于别人切勿太过于神经质，对人要友善、热情，才会使宝宝减少认生的程度。

宝宝期是宝宝与父母形成巩固的亲子关系的关键期，不要长期离开自己的宝宝。但宝宝不可能一直在父母身边生活，随着成长他将处于更大的环境中。最好在宝宝的宝宝时代，就给他安排较大的生活环境，拓宽他的接触面。要鼓励宝宝与同龄的小朋友玩耍；经常带宝宝到公共场所、到客人家去；跟附近的人见面时，最好对宝宝说：“宝宝，跟伯伯打招呼吧！”或者“和阿姨说再见！”利用乘车、散步的机会多接触陌生人；听收音机里的人讲话；经常在他面前摆弄新奇的玩具，让宝宝和自己的洋娃娃玩。让宝宝经常接触外界事物，习惯于体验新奇的视听刺激，怯生的程度就会减轻，持续时间也会缩短，这样才可以使宝宝在依恋父母的基础上尽快建立起更为复杂的社会性情感、性格和能力。

宝宝认生不是错

王教授：你好，有件很困惑的事想请教您，我家宝宝1岁零5个月，非常认人或者说是怕生，我不知道认人和怕生是不是同一个概念。总之，她绝对不让陌生人接触，尤其是男的，刚接近她或者和她说话，她立刻就转身。她熟悉的人带她不会这样，但是有熟悉的人带着，陌生的人来接触她，她也不要。这种情况是她很有安全感，还是说她根本没有安全感？

我的答复：认人或者怕生，或曰“认生”，跟安全感是否牢靠没有必然的关联，而是宝宝发展的必经阶段。宝宝从3个月开始就有认生的表现，继而随着他们逐渐长大，每个阶段都有不同的认生行为。他们年龄越大，思维越复杂，恐惧的内容越丰富，表现形式也越复杂，因为他们具备与以往不同的反应能力。认生是大自然赋予人类（动物亦然）的一种自我防御机制，你女儿的表现应该说不仅很正常，甚至值得庆贺。如果是相反的情况，她跟谁都见面熟，谁带她走都行，你是不是更该担忧啊？

当然，把宝宝完全藏匿起来，期待认生阶段悄悄溜走也是不现实和不恰当的。宝宝认生的人往往是我们成年人的熟人朋友，甚至亲人，但对宝宝来说仍然是陌生的人。其实，宝宝拒绝陌生人是一种自我保护。宝宝的所谓“认生”或“没有礼貌”令我们难堪，我们希望宝宝能够接纳我们的社交圈子。但对于年幼的宝宝来说，一下子让他有成年人的礼貌和规矩确实有些勉为其难了。宝宝首先需要建立同龄社交圈子，跟更多小朋友进行互动，学会如何融入陌生环境和集体，这些都需要练习，我们则需要根据宝宝个体性格来进行帮助。

首先，不要给宝宝贴“认生”、“害羞”、“胆小”之类的标签；其次，无论对方跟我们如何熟络，都不要敦促宝宝马上消除戒备，更不能要求宝宝见到谁都落落大方地打招呼，我们自己以身作则，对所有人都有礼貌，宝宝就会模仿我们的态度和行为；另外，多带宝宝去户外，带宝宝跟其他人一起玩儿，见识多的宝宝不会过分认生。

很多时候，幼儿抗拒陌生人，不仅是跟他自身的怕生有关，也跟陌生人对他的态度有关。很多成年人对待宝宝的表现值得商榷，比如未经允许触摸宝宝，拍头、拧脸、胳肢、抱起来，大惊小怪、高声评论，要求宝宝“叫”叔叔阿姨爷爷奶奶什么的，或者没头没脑地对宝宝提问“几岁啦？会背唐诗吗？唱个歌呀。”这些行为在西方国家的礼仪中是不被允许或视为很不礼貌的表现，如果抚摸宝宝的头或抱抱宝宝表示亲热，一定要征得其父母或宝宝本人的同意才可。我在美国及加拿大探亲期间，每当遇到金发碧眼的可爱的洋娃娃就很想抱抱或抚摸他们，经女儿的提醒，我会克制过度亲近这些天使模样的可爱宝宝，或经他们的父母认可才去抱抱他们。因为假设有人这样“热情而唐突”地对待你，尽管你已经是懂得礼仪的成年人，在这种情况下对别人摆出彬彬有礼的姿态恐怕也是勉为其难，更何况一个幼小的宝宝呢？

12 帮宝宝顺利安度“认生期”

认生是指宝宝对不熟悉的人表现出一种害怕的反应。例如，有的宝宝见到陌生人会表现出严肃、紧张的神态，或试图回避、躲藏。有的宝宝甚至表现出严重的恐惧，尖声哭叫，挣扎着要离开现场等，这些都是宝宝认生的表现。许多妈妈和传统的观念认为，宝宝认生是天生的、自然的、不可避免的现象，因而听之任之，或故意让宝宝避开陌生人。有的父母则为此着急，认为一回生，两回熟，强制宝宝接触陌生人。

心理学的研究表明，并不是所有的宝宝都有认生表现，而且宝宝的认生有一个逐渐显现的过程。上述情况说明，宝宝起初并不认生，宝宝的认生更多的是在后天环境的影响下逐渐发展起来的。

相对而言，性格内向的宝宝比外向的宝宝更容易认生；体弱多病，接触人少的宝宝比体格健壮、家中人口多的宝宝容易认生；环境刺激贫乏较之环境刺激丰富的宝宝容易认生；过分依恋妈妈较之母子依恋正常及依恋程度较低的宝宝更容易认生。此外，有的宝宝则只对具有某种特征的人，如戴眼镜或戴帽子的人表现出害怕的反应，这可能是因为宝宝受过具有这种特征的人的强制或恐吓的缘故。

认生对宝宝的成长是不利的，认生会使宝宝失去一些锻炼人际交往能力的机会。如果在以后成长的过程中这种交往能力得不到补偿，长大后就会变得性格软弱、胆怯，不善于与人主动交往或难于与人相处，结果会经常体验到孤独、无能、缺少自主和自信，从而会影响到宝宝个性的健康发展。

当妈妈了解了这是宝宝生长发育的必然阶段，也就不会过于紧张了。那么怎样帮助宝宝顺利地渡过这一“认生”阶段呢？关键在于“因势利导”。

对已经有了认生反应的宝宝，既不要避免让他们与陌生人接触，也不要强制或逼迫他们与陌生人交往，这都会适得其反，而是要使他们有一个慢慢适应陌生环境及陌生人的过程。

多带宝宝到更广阔的生活天地活动，接受丰富多彩的刺激，特别要让宝宝接触各式各样的人群，熟悉男女老少、成人、宝宝的各种面孔，尽量多地接受他们的引逗与交往，包括各种不同的假面玩具等。

一般来说“乖宝宝”比“淘宝宝”更容易产生认生情绪，内向的宝宝在感受到陌生人的“侵犯”时，可能不会有明显大哭大闹的反抗行为，但他们会非常紧张，或睁大惊恐的眼睛死死地盯着陌生人，或直接寻求妈妈的保护。

安静内向的宝宝的看护人更要有意创造宝宝与人接触的各种条件与环境。这一段时间的训练，也是以后是否会认生的关键。平时要多带宝宝到户外去，多接触陌生人，多接触各种各样的有趣事物，开拓宝宝的视野。抱着宝宝，主动地跟陌生人打招呼、聊天，让宝宝感到这个陌生人是友好的，是不会伤害他的；可以经常带着宝宝去别人家做客，或者邀请亲朋好友到自己家里来，最好有与宝宝年龄相仿的小朋友，同龄之间的沟通障碍要小得多，渐渐让宝宝习惯于这种沟通，提升交际能力。

家长还可以主动为宝宝寻找不认生的宝宝做伙伴。伙伴的榜样作用往往超过成人的指导。当宝宝能够自然地回答陌生人问话或有礼貌地呼叫陌生人时，千万别忘记及时给予奖励或称赞。

13 解读宝宝的“害羞”现象

不少妈妈发现自己的宝宝胆小羞涩，不愿意与别的同龄交往或在一起玩耍，走到哪里都紧紧地拉着妈妈不离左右。为此，妈妈都很担心，担心宝宝的性格会影响宝宝的将来，宝宝长大后会独立吗？他们如何面对未来的世界呢？有些妈妈甚至责怪自己，封闭式地关在家中带宝宝，影响了宝宝与外界的接触。宝宝在交往中表现胆怯，究其原因大致有如下几种：

生性气质造成：研究证明，一个宝宝的行为模式是基因和环境因素共同作用的结果。大约有15%的人生来就是比较胆小羞涩，不太活跃。这类宝宝对陌生的人或事物比一般的宝宝反应较为缓慢，需要长一点的时间来适应；也有的宝宝神经类型弱，表现过于敏感、易紧张，对不熟悉的人、事、环境本能地感到害怕。

环境影响：家庭中的大人不善于对外交往，宝宝和外界联系少，缺乏交往经验；生活在公寓式的小家庭里，婴幼儿大多数被关闭在室内，缺少学习人际交往的生活空间，造成在交往中怕生、胆怯。

教育上的问题：宝宝曾在以往的交往中受挫，如家长强求宝宝叫人、表演等，宝宝因缺少心理准备或紧张而不愿意时受到父母的逼迫、责备，造成宝宝怕交往；平时对待宝宝要求过高过严，宝宝做错了事就训斥，宝宝因怕失败遇事退缩；父母过分照顾宝宝，什么都包办代替，一旦遇到新的环境，宝宝丧失适应新环境的能力，显得手足无措；有的宝宝因在家里缺乏规范的约束，不能控制自己的行为，一旦投入群体中，与家里的差距太大，不能适应产生胆怯。

2～3岁的宝宝容易害羞是件极度平常的事。事实上，几乎所有这个年龄段的宝宝都会偶尔有害羞的时候。有的宝宝很容易跟其他宝宝交往，但是一遇到陌生的大人就退缩了；也有的宝宝在大人面前很自在，但是跟同龄的小朋友一起时，就会缩手缩脚；还有的宝宝在任何新的环境中都会感到焦虑。大多数两三岁时害羞的宝宝长大后都会变的。

胆怯、害羞更多的是性格发展中的一个阶段。如一个2～3岁的宝宝参加大人的聚会，可能会紧紧拉着爸爸或妈妈的手或赖在父母怀里不愿离开半步，这是因为宝宝社会经历太少的原因。成人在社交场所握手、拥抱、敬酒、高谈阔论等对小宝宝来说是十分陌生而新鲜的事，有时甚至会吓着他。他往往用好奇、紧张的目光看着这种热烈而陌生的氛围不知所措，其实他是用非语言方式告诉父母他需要依靠和支持。

"害羞"的宝宝往往用他的双眼来观察未知的世界。专家指出，人们往往认为一个站在爸爸、妈妈背后看别的宝宝游戏的2岁的宝宝，可能什么也不做，而实际上观看别人的过程可使他在头脑里做他所看到的游戏，也是使自己加入进去的心理准备过程。由于幼儿很少能够用语言表达出他们的感觉，是什么令他们不自在，因此父母弄清楚原因是很重要的。

14 给害羞的宝宝"松绑"

害羞是每个宝宝发展到一定年龄自然会出现的一种普遍现象。它最初表现为宝宝期的怕生，这种怕生如果得到强化，就会逐渐发展成严重的害羞心理。因此，作为父母在一开始就不能给宝宝贴上"害羞"的标签，在宝宝表现出害羞时应该转移话题，不能当着宝宝和别人的面说宝宝害羞。

对生性羞涩的宝宝，家长不要急于纠正，允许宝宝有一个逐步适应的过程。带宝宝外出或与其他宝宝在一起时，尽量让宝宝慢慢放松适应。在看到别的宝宝游戏玩耍一会儿后，宝宝会逐渐活跃起来，最终加入其中。应注意在尊重宝宝意愿、不受威吓的情况下，使宝宝逐渐投入外界去接纳新的人和事物。如果你的宝宝在陌生人面前容易退却，不要指望你把他带到公园后，就可以让他在滑梯上独自玩，自己在一旁休息。相反，你要跟他一起玩，直到他觉得更放松、自如为止。如果他正高兴地玩着一个游戏，你可以试试退后几步或暂时躲避一下，看看宝宝有什么反应。

记住，很多2～3岁的宝宝最喜欢你玩你的、我玩我的，观察并模仿别人，而不是直接跟小朋友玩在一起。有时宝宝不肯叫人或不肯将自己的玩具拿出来和别的宝宝一起玩，父母不要勉强他，也不要对别人说："我家宝宝有点胆小、害羞。""看看别的小朋友，他们可不拉着妈妈的手不放。"这种语言会使宝宝感到父母不喜欢自己，甚至影响宝宝的自我认识和评价。你的宝宝可能不认为害羞是个大问题，因为对他来说这是非常自然的事。但是，如果你说得好像很严重似的，你可能会向他传达一条信息，仿佛在说他有某种缺陷。所以，不要给他贴上害羞的标签。你可以考虑说，宝宝只是在有人的时候，他要过一会儿才能适应。

过分保护是宝宝形成怯懦心理的主要原因。因此，必须从改变教育方法入手。过分保护是父母怕宝宝吃苦受累的思想支配下产生的，父母"怕"字当头，不让干这，不让做那，宝宝逐渐养成胆小怕事的性格。

改变宝宝的怯懦害羞心理，首先就要纠正父母人地过分保护，应该有意识地为宝宝创造外出活动与他人交往的机会。特别是在家里由老人带养的宝宝，需要从家庭的小圈子里解放出来，经常带宝宝到公园和其他公共场所，让他接触、认识、熟悉更广阔的世界。带宝宝去走亲访友或去外地旅行，开阔他的视野，并让宝宝和小伙伴们在一起游戏，和大家一起参加文娱表演活动。帮助宝宝认识不同的人群，到公园、街上看看往来的人群，使宝宝能有机会接触一些陌生但又和善的人。让宝宝帮助他人做一些力所能及的事情。若遇到年龄相仿的宝宝，鼓励宝宝主动接近，一起玩耍。

父母应正确确立宝宝在家庭中的地位，尊重宝宝的人格，帮助宝宝培养自信心、自尊心、自爱心，既不溺爱，也不苛求。在带宝宝做客或接待客人的活动中，可事先让宝宝有一个心理准备，也可以提出一些适度的要求，指导宝宝在客人面前的举止行为。活动结束后也应对宝宝的行为作出评价，多鼓励、少批评，让宝宝尝试交往成功的愉悦，抓住宝宝在交往中的点滴进步给予鼓励。

15 宝宝的恐惧来自哪里

不到3岁的宝宝由于缺乏社会经验，并不知道外界有些事物会对自己造成伤害，因为表现什么都不知道害怕，这就叫“初生牛犊不怕虎”。但为什么有些宝宝逐渐出现种种恐惧的东西，如怕黑、怕小动物、怕雷电、怕警察、怕医生等等，这往往是家长教育不当，用些不恰当的比喻甚至用谎言来恐吓宝宝造成的。

家长们可以回想一下，在和宝宝日常生活活动中，特别是宝宝调皮捣蛋时，你是否有这样的话语来哄宝宝、逗宝宝：“宝宝赶快睡觉，要不睡大灰狼就来敲门了”；“要好好吃饭，不然狗狗就会把饭叼走了”；“你再哭，医生就给你打针了”；“不听话，警察叔叔就来抓你了”；“再调皮，妈妈就不要你了”。

诸如此类的话语，是家长不经意间说出来的，但对幼小的宝宝来说无疑是一种强烈的暗示：天黑了，不敢一个人在房间里待着，特别不敢进卫生间；上街看到小狗、小猫会吓得尖叫；到医院看到穿白大褂的人（并非都是医生），会声嘶力竭地哭喊；看到警察，会紧紧地躲在妈妈身后；妈妈要出门，会揪住妈妈的衣服不撒手，恐怕妈妈丢下他不管了。

如果恐惧心理长久地占据宝宝的心灵，陪伴他的童年，这对宝宝无疑是一种严重的精神创伤，甚至会引起睡眠不安、食欲低下、怕见生人、害怕新环境，难以融入同伴中，造成宝宝怯弱无能、胆小怕事、缺乏独立性等不良性格。

对于已经造成恐惧心理的宝宝，父母要细心观察宝宝到底害怕什么，要设法从宝宝心灵中消除他的恐惧心，克服紧张情绪，用合理而浅显地科学道理给宝宝讲述自然界的现象和社会中各种人物：如雷电是怎么回事；警察和医生是干什么的；大灰狼是童话书中的比喻，只有在动物园中才能见到，并不可怕，我们生活中是不会出现的；宠物是多么可爱；幼儿园是那么令人向往。逐渐为宝宝恐惧心理“脱敏”，多陪伴宝宝，给他充分地安全感，才能使宝宝走出心理的阴影。

16 宝宝“害怕”的种种表现和对策

宝宝的害怕有三种类型：

自然恐惧：怕打雷、怕鞭炮声；怕影子、怕黑；怕动物 。

社会恐惧：怕上学、怕考试、怕被批评；怕独自在家、怕独自睡觉、怕和亲人分离；怕坏人、怕走丢、怕警察 。

社交恐惧：怕说话、怕陌生人 。

不同年龄段的宝宝有不同的怕及其对策：

0～6个月大的宝宝害怕大的噪声。因为恐惧来自本能，此阶段父母应给予宝宝足够的安抚，避免强烈的噪音和很大的响声，如选择发声柔和的玩具，听轻柔的音乐。怀抱宝宝要确保安全和平衡，避免用力晃动等。

7～12个月大的宝宝害怕陌生人。此时宝宝已经能识别人与人之间的不同，所以对于不熟悉的人会感到害怕。此阶段应该慢慢地、有耐心地让宝宝结识新朋友。

1～1岁半的宝宝害怕分离。此阶段的宝宝对父母或其他经常照顾他的人产生特别的依恋感。所以，请保姆要早一些时间到，给宝宝较宽裕的认识、熟悉、习惯过程。

2～3岁的宝宝害怕体形庞大、声音可怕的动物。此阶段的宝宝日益增强的思考能力使他对所有看上去比他大的动物感到害怕。所以，当宝宝和动物玩耍时，确保不要被动物伤害。

4～5岁的宝宝害怕妖怪、戴面具的人。这些恐惧来自宝宝处于萌芽状态的想象力以及对自己身体的强壮程度缺乏自信。要和宝宝聊聊他们的恐惧和害怕，做些令他们感觉舒服放松的事情。

6～9岁的宝宝害怕对自己或父母的安全会造成威胁的事物。因为这时宝宝对不幸事件的发生已经有意识，并开始认识到死亡。由于父母对学习的过分关注而出现对成绩的焦虑，然而在情感上还不够成熟，无法对此作出正确的观察和判断。应该认真倾听宝宝的害怕和恐惧，在行动上缓解宝宝的恐惧，保护好宝宝。

宝宝害怕动物、害怕自然现象，说明他们接触自然界少，不懂得自然现象。家长应创造机会让宝宝多多走进大自然，了解大自然，用浅显易懂的道理讲述自然界出现的一些现象，如雷电、黑夜的形成等，这样才能减少他们的恐惧心理，成长为大自然的保护人、驾驭者。宝宝的害怕还可能来自其他事物的刺激，如父母的不当言辞，更多地是来自父母的影响。

17 如何应对胆小的宝宝

造成宝宝胆小的原因很多，但大多数都跟小时候受惊吓有关。有的家长经常用一些刺激性语言吓唬宝宝，给宝宝讲“鬼怪”故事，本来是想让宝宝听话、安静下来，没想到却促成了宝宝性格上的缺陷。所以，用恐吓代替教育是行不通的。

还有的家长虽然意识到了吓唬宝宝不对，却又走到了另一个极端。当宝宝表现出胆小或正在害怕时，家长又表现出过分地关心和爱护，把宝宝紧紧地搂在怀里千哄万哄，不离左右，为他忙前忙后，甚至把平时宝宝最喜欢的吃的、玩的一并送上，想借此打消宝宝的恐惧心理。可事实上，这样做却适得其反，不但不能让宝宝胆子变大，反而会助长宝宝的恐惧心理。因为家长这样做只是让宝宝暂时回避了他所惧怕的事物，而没有从根本上解决宝宝为什么怕，怕什么的问题，下次遇到同样的情况，宝宝又会旧态复萌。

所以医学家们指出，当宝宝们表现出害怕时，让宝宝采取回避的态度，回避后又给他更多的关怀和温暖，给他吃平时吃不到的好东西，这实际上是强化了他的恐惧心理。因为宝宝表现出恐惧，尤其是回避恐惧给他带来了好处，所以，他的胆子越来越小。 我们许多家长也常犯这样的错误，“乖乖，别怕，有妈妈呢！”“我给你找点好吃的。”这恐怕是很多做妈妈的口头语。长此下去，宝宝的胆子没有变大，倒会影响到以后宝宝性格的发展。男孩表现为胆怯、退缩、自卑、孤僻及人际关系障碍；女孩则表现为过分害羞，过分娇气，过分依赖，难以承担生活中最起码的职责，导致行为异常。

家长应采取相应的措施，帮助宝宝克服恐惧，这对宝宝的健康发育有极大的好处。首先，家长应明白，帮宝宝克服恐惧是需要一定时间的，需要耐心与信心。其次，要讲究科学的方法，应多给宝宝爱抚，并向他讲述一些事物的道理，有意识地培养宝宝的独立生活和社交能力，不可事事包办，要让宝宝有实践的机会。另外，不要用恐吓和指责的方法来教育宝宝。如在宝宝害怕黑暗不肯入睡时，千万不要说："再不睡，大灰狼会来吃你！"而应说："不要怕，关上灯才能不晃眼，好好睡吧！"

国外心理专家曾举了一个典型的例子：一个4岁的男孩睡觉时梦见一条蛇要咬他，他告诉了妈妈，妈妈便拿出棍子"打蛇"。专家们认为，这样只能给宝宝一个屋子里真有蛇的印象，反而更害怕。如果妈妈打开灯，让宝宝看看屋里并没有蛇，宝宝会安心睡去。可见，正确的教育方法对消除宝宝的恐惧是十分必要的。当然，如果宝宝已出现了严重的恐惧心理，就应该及早求助于宝宝心理专家帮助解决。

那么对胆小的宝宝，家长应该怎样进行帮助呢？ 首先，当宝宝感到害怕时，家长要多加鼓励。要明确宝宝怕什么，针对宝宝所怕的事物进行科学的解释和适当的安慰。一般宝宝害怕都是由听的有关"鬼怪"故事，或是电视节目中的恐怖情节引起的。所以家长平时不要给宝宝讲迷信或带有恐怖色彩的故事，让宝宝看电视也应有所选择，尤其是睡前更不宜看有关凶杀，惊险等节目，以免宝宝做噩梦，加重宝宝的恐惧心理。

家长平时也要有意识地从正面对宝宝进行勇敢教育。可以给宝宝讲一些少年勇敢的故事，以激励宝宝锻炼自己胆量和意志的决心和自信心。当宝宝表现出胆小时，做家长的不必过分关注他，甚至可以有意识忽视他的这种情绪。可以让宝宝去试着摸一摸他害怕的物体或家长亲自摸一摸，恐惧心理会自然消失。比如，宝宝不敢一个人去厨房或者厕所，家长就可以训练他单独去干点什么，你可以告诉他："去帮妈妈把厨房里的杯子拿来，我急等用。"一般胆小的宝宝听到让他去厨房，就会有些犹豫，如果家长说些"别怕，那儿什么都没有"之类的话，或者见宝宝有些犹豫就干脆大声斥责"胆小鬼"，只能加重宝宝的害怕心理，让他觉得干这件事很发怵。如果家长换一种说法，用很平淡的语气对宝宝说："我要蓝色的那个杯子"或者"请你帮我把两个杯子全拿来，我等着倒水呢。"宝宝的注意力就会转移到你让他干的事情上，"拿几个，什么颜色的"而不会在意去哪儿，那个地方怎么样。当宝宝回来后，家长应给予口头奖励和物质奖励，增加他的自信心和荣誉感。尤其是当宝宝主动表现出勇敢和其他正常的、胆大的行为时，家长更该及时鼓励，这样通过反复强化训练，宝宝的胆小就会逐渐纠正过来。

有一点家长要特别注意，改正宝宝胆小的毛病不能操之过急，要慢慢试着来。有些家长"恨铁不成钢"，整天大声地斥责宝宝，"你怎么这么废物""胆小鬼"，结果宝宝受这种消极暗示的影响，会更觉得自己不行，什么都不敢做，哪儿都不敢去，胆子会愈发变小。由于得不到外部环境的帮助，还会引起其他的心理障碍。家长应该多想些办法，在自然、宽松的环境中，使宝宝的潜意识发生变化，由于这种变化是在无意识中进行的，宝宝易于接受、且效果比较好。

家长也不要采取强迫或压制的手段。如果宝宝已经表示自己害怕做什么，家长为了所谓的"锻炼"，偏要命令宝宝去干，宝宝大都会哭闹不休，心里惊恐不安，根本不会按照家长的要求去做，勉强为之，也达不到效果的。

18 安抚胆小的宝宝有策略

很多年轻父母在养育宝宝的过程中，都会遇到宝宝的"害怕"问题：怕黑、怕高、怕水、怕见生人等。妈妈多会担心，爸爸则一口咬定："这宝宝没出息，一点不像我！”

宝宝“害怕”就是“胆小”吗？当了爸爸妈妈，恐怕就回忆不起来自己小时候的表现了。实际上，1～3岁的幼儿正在努力分清“我”和“我以外”的事物，正在学习“我”和周围环境怎么相处。由于年龄的关系，这个过程比我们想象得慢了许多，他们会对一些以前不熟悉的环境（比如快速移动的物体、嘈杂的声音、陌生的环境）感到紧张和恐惧，这些都是很正常的，包括怕黑、怕水、怕高。专家说，这些都只能说明幼儿还没有适应周围的环境，并不意味着宝宝有什么不对。当然，也就不能说明宝宝“胆小”。

千万不要批评宝宝是“胆小鬼”，因为幼儿尚不能自我评价，自己好不好全由大人说。如果宝宝感觉自己被人视为“胆小鬼”，有可能就不愿再去尝试那些“胆大”的做法而维持“胆小”的状态。当幼儿已经感到紧张和害怕了，家长千万不可当着外人批评他“你怎么这么胆小”。这等于在教会他：以后你遇到事情，凡是不知该怎么办时，就是胆小！也不能假装没有看见或坚持让宝宝一个人待在引起紧张的环境里（比如黑屋子），让这么小的宝宝独自面对恐惧是毫无道理的，况且这样做也培养不出勇敢的宝宝。1～3岁的幼儿在心理上正处于建立信任和委托感的阶段，在此阶段中，宝宝受到惊吓时保护是唯一正确的做法。如果你不保护他，他可能更害怕，可能真会变成“胆小鬼”，长大后也不会有充分的自信。

不要忽略宝宝的感受：一是以大人经验看似简单的事，在幼小心灵中“非同小可”，您应该耐心讲解。或许宝宝不一定听得懂你讲的知识，但是讲解本身会让他感觉危险的程度在减弱，起码在这个时刻是安全的。二是支持，当宝宝真的处于恐惧中时，他需要你实际的支持和陪伴，不仅限于口头安慰，最好在行动上让宝宝感到你理解他。对于幼童儿来说，父母就是依靠，和父母在一起是绝对安全的。

父母可以预先告诉宝宝可能出现的变化：比如宝宝害怕大的声音，那么走在街上有人放鞭炮，你要先告诉宝宝：“前面有放鞭炮的，如果你不想听，先把耳朵捂上。”这是让宝宝做个决定，是提供机会让他选择。但有些妈妈会对宝宝说“快捂上耳朵，鞭炮声太可怕了，别吓着宝宝！”这样说等于告诉他害怕是对的，你希望他这么做。

要马上抚爱受到惊吓的宝宝：宝宝已经受到惊吓，告诉他“别怕”一点用处都没有。你要慢慢地跟他说话，轻轻地拍拍他或紧紧地抱住他，父母是他最信任的人，这样做会让他感到安全。“恐惧”这东西是通过教育、经历和被自己信任的人切实保护才能摆脱的。

不要总提使宝宝受到惊吓的事：安抚宝宝的最好办法不是不停地说话，控制住你自己，尽量少说，只是搂紧他。等他恢复正常后，不要继续谈论使他害怕的那件事，不要试图帮他分析什么，“噢，宝贝儿，刚才放鞭炮时吓着你了，是不是？”这样的话毫无安抚意义，反倒强调了恐惧。

除了上述四点，还建议让环境的变化慢一点，小一点，让宝宝能逐步适应。大多数宝宝都能克服恐惧。记住一句话：不要着急。

19 宝宝也会嫉妒

嫉妒之心，人皆有之。嫉妒情绪在宝宝2岁时就会出现，3岁是高峰期，特别是女孩，在3岁左右特别容易产生嫉妒心。在宝宝中，嫉妒心理也普遍存在。可引起一个人嫉妒的内容是多种多样的。如别人的突出的学习成绩、出色的工作能力、组织能力、活动能力与社交能力，优越的家庭条件，漂亮的容貌、服饰、打扮等，都可能引起人的嫉妒。

嫉妒心看上去似乎是对自尊心的一种满足与安慰，但实际上它满足的只是自己并不正确的欲望。倘若一个人不能从与他人的相互比较中努力进取、合理竞争，仅以嫉妒别人的进步与优势来安慰、满足自己的自尊心，那么，这种不正当的心理防卫势必成为自己前进路上的重大障碍。

宝宝的嫉妒是一种对失去爱的反应。这种爱的失去可能是事实上的，也可能是凭宝宝自己的想象猜测出来的。当宝宝看到妈妈把对自己的那份亲热给了别的宝宝时，她感受到的是情感上的失落和在父母眼里地位的动摇。对于一个幼小的宝宝来讲，还有什么比失去父母的爱更让人害怕、不安和气愤的呢？嫉妒之心油然而生。显然，宝宝并没有对父母的爱产生足够的安全感。

还有些宝宝的嫉妒心是由于“好胜心”引起的。当妈妈夸奖别的宝宝或用激将法批评自己的宝宝，强迫宝宝接受、学习别人的“长处”时，宝宝就可能产生嫉妒心或抗拒心理。如妈妈说：“你看，小弟弟多乖啊，你太调皮了。”“甜甜的画比你好多了，你要不好好地学画，妈妈就把彩笔送给甜甜了。”处在嫉妒之中的宝宝感受到的是成人难以理解的痛苦，在这种消极情绪的驱使下，宝宝往往出现一些不当的行为或敌对行动，如打人、咬人、踢人、推人等。这些行为能使宝宝的不满心情得到发泄，也能对宝宝内心的恐惧和空虚起到一定的补偿和平衡作用。

对宝宝的嫉妒心理，父母要分析原因，要特别注意发现宝宝嫉妒心理背后的积极意义。这是一个宝宝情感世界丰富和发展的表现，同时父母要理解宝宝这种渴望被爱的心理。宝宝虽小，也有自己的情感天地。家长应注意给宝宝建立起最起码的安全感，不要让宝宝有被遗弃的感觉。尤其要看到宝宝不希望落在别人后面的“上进”心理，引导宝宝把嫉妒转变成积极向上之心，学会发现自己的长处，欣赏别人的优点。

发现宝宝有嫉妒心理后，父母千万不要随意开玩笑威胁宝宝，比如说“小弟弟多好玩啊，你要不听话，我就不要你，要小弟弟了。”“你看，小姐姐比你强多了！”宝宝并不能理解父母的激将法，反而会感到更痛苦和不安。这会导致宝宝个性的不良发展，产生自卑感或愤愤不平地进行反抗。父母要让宝宝感到爱的包容性是巨大的。父母虽然喜欢别的小朋友，但可以仍然爱自己，让宝宝在爱的氛围里，产生自信和安全感，心情舒畅地学习爱别人和接纳别人，成为积极而开朗的人。

Chapter 08 第八章

婴幼儿
有趣的心理现象

YINGYOUER YOUQU DE XINLI XIANXIANG

- 让“扔东西”变成一种能力
- 如何应对翻箱倒柜的“小魔头”
- 玩球——宝宝最爱的游戏
- 玩水、玩沙——享受流动的乐趣
- 宝宝为何喜欢“重复”
- 宝宝为何搂着“依恋物”才睡觉

01 照镜子——“自我意识”的萌芽

宝宝的自我意识是从什么时候开始出现的呢？有心理学家做了这样的实验：在宝宝熟睡时，在他的鼻子上抹上胭脂，宝宝醒来后，让他照镜子，结果发现：有些15个月大的宝宝会看着镜子，摸自己抹了胭脂的鼻子，而大部分宝宝都要在21个月以后才出现这种行为。针对不同年龄的宝宝，妈妈们应该怎样通过“照镜子”帮助他认识自己呢？

1～2岁的宝宝用照镜子吸引注意力：1～2岁的宝宝对自我还没有很清晰的认识，但是看到自己差不多大小的宝宝他就会高兴地拍拍手，迫不及待地要跟别人玩耍。

妈妈们可以利用宝宝对同龄人的好奇心，多给宝宝照镜子，跟他说：“妈妈给宝宝带来一个新朋友，看他跟宝宝一样可爱呢！”虽然这个时候他还不能意识到镜子里的宝宝就是自己，但是看到“新朋友”，他会好奇地用手去默默镜子里的自己，用手拍打来为吸引“对方”的注意，高兴地模仿镜子里宝宝的动作，这样可以提高宝宝的运动能力，还能促进他视觉、触觉、听觉的发育。

平时，妈妈给宝宝穿衣服的时候，可以把他带到镜子前，让宝宝跟这位“新朋友”一起穿衣服，或者在宝宝刚睡醒的时候，把镜子放在他面前，让他跟这位“新朋友”打打招呼等等。这样让他形成习惯，宝宝慢慢长大，也会开始发现这个“新朋友”总是跟自己做一样的动作，逐渐形成初步的自我意识。

2～3岁的宝宝通过照镜子认识自己：2～3岁的宝宝会开始意识到自己的存在，也知道其实镜子里的“新朋友”就是自己了。这时候他会好奇地观察自己为什么长这样，哪里跟妈妈不一样等等。

这个时候，妈妈们就要开始引导宝宝，让他通过照镜子开始认识自己。妈妈可以跟宝宝一起坐在镜子前，指着镜子里的影像对他说：“这是妈妈，这是宝宝。”宝宝明白了镜子里是谁之后，在慢慢地带他认识自己的五官，指着眼睛说：“这是宝宝的眼睛，宝宝有两只眼睛，跟妈妈一样……”

宝宝清楚地认识了五官之后，可以不时地问问他：“告诉妈妈，宝宝的眼睛在哪里呢？”让他用手指出自己的眼睛，加深他对眼睛的认识。

现代理论对宝宝自我发展的研究大都以宝宝在镜子前面时是否产生自我指向行为，或者自我指向行为是否增加为标志来确定宝宝自我意识的发展，并且在自然观察的基础上加进了某些实验条件的改变，以使宝宝自我意识发生发展的指标更加明显。这些研究为我们揭示了宝宝主体我和客体我的发生发展过程。

5～8个月：宝宝显示对镜像的兴趣，他们注视它、接近它、抚摸它，对它微笑。但他们对自己的镜像与对其他宝宝形象的反应没有区别，说明他们并未认识到镜像是自己的像、自己与他人的差别，以及自己是独立存在的个体。因而，宝宝还没有萌生自我认知。

9～12个月：宝宝表现出了对自己作为活动主体的认识，表现为他们以自己的动作引起镜像中的动作。他们主动地引起自身动作与镜像动作相匹配，表明宝宝对自己作为活动的主体的认识。这阶段产生了初步的主体我。

12～15个月：宝宝已能区分由自己作出的活动与他人所作出的活动的区别，对自己镜像与自己活动之间的联系和关系有了清楚的觉知，说明宝宝已会把自己与他人分开。主体我得到明确的发展。

15～18个月：宝宝开始把自己作为客体来认识，表现在对客体特征（如红鼻头）与主体特征的联系上，认识到客体特征来自主体特征，对主体某些特征有了稳定的认识。这反映了在客体我水平上的自我认知的发展。

18～24个月：宝宝已具有了用语言标示自我的能力，如使用代词（“我”“你”）标示自我与他人。宝宝在此年龄已经能意识到自己的独特特征，能从客体中认识自己，用语言标示自己，表明宝宝已具有明确的客体我。

综上所述，宝宝的自我认知是在与外界客体相互作用中产生发展的。这种自我认知能力的发展，使宝宝处理自己与外界事物、自己与他人的关系上更符合社会交往准则。宝宝自我意识和语言的发展，是宝宝从自然人向社会人转化的关键一步和标志。

02 不要阻止宝宝啃咬物品

每个人从小时候起，就要接触千变万化的物品和事物，经过大量的刺激，使自己聪明起来，但第一步就是从抓东西往嘴里填开始的。一岁以前的小宝宝抓到东西先往嘴中放，这正是宝宝初步探索世界，逐步变聪明的自我实践之一。宝宝通过抓、拿、放、啃、咬、尝，知道了该物品的性能，是凉的、热的、软的、硬的、粗糙的、光滑的、甜的、酸的。抓到了，尝到了，才能知道。小宝宝就是在这一次又一次的探索和无意识地学习实践中，学到了做人的本事和能耐，并建立了各种条件反射。比如烫痛过一次，就再也不去摸烧红了的炉子；服用过味苦的药物，就会抗拒妈妈喂药；叫他的名字，知道回答或回头。这都是宝宝感觉和听觉建立的表现。为此，我们建议做家长的对小宝宝不能干预太多，这个不能动，那个不能摸，宝宝抓点东西往嘴里放就赶快阻止或夺下来。这在某种意义上讲是剥夺了宝宝探索世界、自我培养能力的权利。

让宝宝多啃、多咬的观点是对的，能抓到东西放到嘴中啃咬正是5～10个月婴幼儿必须锻炼的“真本事”之一。为促进这一知觉的发展，家长可积极协助宝宝完成这一时期的啃咬训练。当然，要把宝宝的手和玩具洗得相对干净一点。有的家长把盘子、碗刷干净让宝宝抱着啃；有的把青萝卜、胡萝卜、大苹果让宝宝下力气啃咬。这对宝宝的味觉、嗅觉、触觉和咀嚼功能的发展都是大有好处的。

03 宝宝为什么喜欢“扔东西”

王教授：你好，我家宝宝10个月了，最近发现他特别爱扔东西，只要是抓到手的东西总喜欢看一看，就扔掉，特别是在小床或宝宝餐椅中，包括小勺、小碗、吃的、玩得东西都往地上扔，给他拾起来再扔。为什么这样啊？

我的答复：宝宝长到9、10个月时，神经系统迅速发育，动作发展已有了很大进步，虽然常常独自玩，但他不甘心寂寞，常将手中玩具扔到地上，扔完一个又扔一个。没等你转身他又把玩具扔到地上，等待你再捡起来给他。如果妈妈拣起来，他还接着扔，有时甚至扔的比拣的还快。他边扔边笑，情绪很愉快，显得很开心。小儿为什么要这样呢？其实，这就是宝宝最初的人际交往。首先是想引起父母的注意，用扔玩具吸引成人和他玩；同时借着扔玩具来显示一下自己的能力，我不但站起来了，还会把东西扔出去；宝宝都喜欢听玩具掉下的响声，喜欢看球掉地后蹦跳滚动的样子。

宝宝在发育的进程中，手的探索动作的发育是一个重要的方面。宝宝小一些的时候，手的伸肌发育不成熟，不会将手中原有的玩具放下再去取第二件玩具，而是无意识地将玩具滑落或扔掉。1岁左右，宝宝手的伸肌发育趋于成熟，能随意松手，能自然地向前方抛球。宝宝逐渐对玩具的抛落运动感兴趣，对于着地点和着地时的情形感兴趣。思维也开始发展，能有意识地抛掷玩具来观察落点和着地的情形，并且学会让成人捡起来再允许他扔，以此发展与成人的交往游戏。

其实，宝宝扔东西并不是坏事，而是这个时期的年龄特点。宝宝在反复扔东西的过程中，意识到自己扔的动作和扔的物体之间的关系；认识到扔不同的东西会产生不同的效果；发现物体更多的新属性，而使宝宝对物体获得更多的认识。例如，他每次扔球，都能使球滚动起来；扔响铃棒，能发出声响但不滚动；扔下毛巾即无响声又不滚动。宝宝在扔东西的过程中不仅能得到极大的满足和快乐，而且能增长不少见识和经验。在宝宝扔下和父母拣起的过程中，建立了“授受关系”，发展了人与人之间的交际。在动作和语言的交往中，使宝宝的认识能力不断发展，同时训练了宝宝手眼协调的能力。总之，“扔东西”是8～10个月宝宝的游戏方式，不仅锻炼手的伸肌发育，还锻炼大脑的思维能力。

宝宝扔什么东西是没有选择的，当然不会知道什么该扔，什么不该扔。而且这个阶段正是吃饭会弄得乱七八糟的时候。不过，如果你在他吃饭时和他坐在一起，通常就能避免最糟糕的情况发生。当他想把碗里的饭扔出去时，你就能平和而坚定地告诉他不行。必要的时候，你还可以把碗抓住，以免摔在地上。不要用漂亮的、容易打碎的瓷器喂宝宝吃饭。要尽量使用带吸盘的、能吸在桌子或宝宝餐椅盘上的宝宝餐具，这样宝宝就拿不起来了。

04 让“扔东西”变成一种能力

对很多8、9个月到1岁半的宝宝来说，扔东西是一种能让他们感到乐趣的新本领。松开手指让东西掉下来需要精细动作技能，而要把这个东西扔出去，还需要相当棒的手眼协调能力。难怪你的宝宝想练习这项令人激动的本领！

接下来发生的事情也具有教育意义：宝宝会发现，不管把什么扔出去都是向下落，永远不会向上去。虽然他还不知道“地心引力”，但是他肯定能观察到地心引力的作用。如果他扔的是球，球会弹起来；如果扔的是钥匙链，会发出“啪”的一声响。当然了，如果宝宝把面条扔得你刚擦过的餐厅地板上到处都是，或者把干净的安抚奶嘴扔到肮脏的地面上，会让你气坏了，但对你的宝宝来说，这些都非常好玩，他在体验“挥手扔东西”的感觉。

家长对宝宝的这一特点不必紧张、烦心，要耐心配合。可以让宝宝坐在铺有席子或垫子的地板上自己扔东西玩，教会他将扔出去的东西自己拣起来。给宝宝一些不同弹性又经摔的玩具，如皮球、吹塑玩具、木块、沙袋等，让其尝试和区别物体的性质。随着思维的发展，宝宝的兴趣和注意力会逐渐转移到其他活动中去，扔玩具的行为也会很快结束。

对这个年龄的宝宝来说，说教是没有作用的。家长不妨利用宝宝喜欢扔东西的行动将它变成一个有趣的游戏。和他一起比赛，把一些柔软的东西扔到一个大箱子里，既满足他探索的欲望，又是一个很有趣的亲子活动。

如果家长没有时间陪他玩，可以在宝宝的椅子上、手推车或宝宝汽车安全座椅上给他拴几个容易够着的玩意儿，用小段的绳子把玩具拴在上面，把长出的部分剪掉，这样就不会绕住宝宝的手腕和脖子。宝宝很快就会发现，除了能把这些东西扔出去外，还能再把它们拽回来。这样做能让他获得双重乐趣，也能让你省一半劲儿。

值得注意的是，对于2岁以上的幼儿，随意扔东西或食物是一个应该教育的问题。应逐步让宝宝明白什么可以扔，什么不可以扔，制止宝宝扔食物及易损害的东西。不要用训斥的方式，以免强化了宝宝这种不良动作，并应持之以恒，直至其改正。

05 如何应对翻箱倒柜的“小魔头”

王教授：我的儿子现在一岁半了，大概在他刚会爬的时候就喜欢翻东西，刚开始只喜欢翻很矮的柜子，爬着过去然后打开柜子，把里面的衣服全翻出来。后来，他又发现了稍高一些的抽屉，然后把里面的东西全扔到地上。他刚学会走路时，会走到鞋柜前拉柜子门，把鞋子一双双地提出来。最近，又发现了冰箱，对冰箱里面的东西很好奇。总之，家里一切能打开的柜子箱子他都要去玩、去翻，包括家里盛水的水桶。你越是阻止，他越想玩。为什么会这样呢？该怎么改掉他这种坏习惯呢？

我的答复：宝宝的表现是这一年龄段宝宝的正常行为，也是宝宝认识事物的必然过程。别想着一岁多的宝宝就能听话，并让你保持家里整洁，那几乎是“天方夜谭”。心理学家认为，这个时期的宝宝正处于感知、运动、思维快速发展的阶段，宝宝只有通过实地直接的感知运动及翻找动作，接触到具体的事物获得对事物的认识。学步期的宝宝如到处跑动，用手翻动及搬弄物品，能刺激大脑皮层的相应部位，使大脑活动更加活跃，从而促进智力的发展。

1岁多的宝宝接触过的事物非常有限，但是随着身体不断发育和认知水平的不断提高，他们探索世界的欲望越来越强烈，想知道那些未知的世界，因此喜欢翻东西。等到认知能力进一步提高，对其他事物更感兴趣后，乱翻东西的行动会逐渐改善，所以，你要耐心地等待宝宝长大！

如果家长给宝宝提供的可感知世界的物品太少，宝宝就会去翻抽屉等家里的各种东西。建议针对宝宝喜欢翻箱倒柜的情况做些引导：在让宝宝翻箱倒柜的时候不要提前和他说“你打开看看”，而是要让他自己主动地去发现。但如果宝宝在翻不可以翻的东西时，需要利用其他的玩具吸引他的注意力；要是宝宝翻到让他很好奇的东西，用疑惑的目光看着你时，家长就需要向宝宝解释他翻到的东西是什么，并做一些简单的说明。这是让宝宝认识事物的好机会。所以，不必认为宝宝爱翻箱倒柜是什么大问题，说不定您加以引导会成为好事。

当您了解了动作对宝宝发展的重要意义之后，您应该主动创造条件，满足宝宝的好奇心。为宝宝准备各种适宜的玩具，让他自由摆弄，不要限制他的活动（危险物品除外）。当然在摆弄物品过程中要结合认识物品，学会整理玩具等良好习惯，这样才会让宝宝在跑动、翻找、随意地玩耍中发展智力，并养成良好的行为习惯。

宝宝喜欢翻东西，主要是因为是宝宝的好奇心强，探索欲望导致的，是一种好现象，不要去阻止，而是正确地引导；也有可能是宝宝想通过翻东西要引起你的关注，妈妈需要区别对待。妈妈可以给宝宝准备些专门放玩具的抽屉，比较矮，分几层的那种，只让他翻这种抽屉玩，不时地放进去新鲜玩具或只放一些简单的东西在里面，不必太贵重但要好玩，以吸引他注意力。宝宝稍懂事后告诉他不要去翻别的抽屉，妈妈收拾起来会很麻烦。他要是做到了，哪怕克制住了一次就给予小奖励，比如往玩具抽屉里放新玩具、新画册等。另外，妈妈也可趁机教宝宝学会整理东西。宝宝看着妈妈在收拾自己的“残局”，会起到好的榜样作用，教宝宝取出物品后，一定要记得放进去，并且有必要说出来，让宝宝了解。

另外，针对宝宝乱翻东西的情况，父母需要事先做好防护措施：在布置家饰的时候要多以宝宝的角度去观察，什么是宝宝可以摸到的，什么是不能摸到的；把家里易破碎的、贵重的东西都放到宝宝摸不着的地方；要是有不能翻的抽屉和柜子可以用专用的“安全锁”锁起来；特别要注意抽屉和柜子等边边角角的地方有没有遗落的小物件，这些都有可能会被宝宝翻出来的。不过，最重要的一点就是一定要保持房间角落的安全和清洁，不要放置有危险的物品，不要影响到宝宝的健康才是关键。

06 宝宝为什么喜欢“上街街”

许多家长都要这样的体会，在宝宝几个月大的时候特别喜欢“上街街”，即使是寒冬季节也挡不住宝宝出门的欲望。当宝宝烦闹的时候，只要听到妈妈说：“我们上街玩吧。”宝宝往往会破涕为笑、雀跃欢喜。宝宝为什么这么喜欢上街呢？

这是因为宝宝对外面世界的好奇心与日俱增，因此特别喜欢和妈妈“上街街”。对于只能躺着的小家伙来说，再没有比上街散步更能调节情绪的方式了。带宝宝多散步，还会增加宝宝感知器官发育的机会。

大自然蕴藏着无穷无尽的宝藏，它将世界上的万物具体形象地展现在宝宝面前，是宝宝取之不尽的知识宝库。热爱大自然是宝宝的天性，6个月的宝宝开始用明亮的眼睛去认识外界的世界了。你若带他到大自然去，他一定会显得很快乐。他可以看到蓝天、白云、鲜花、青草、绿树、汽车、楼房、人群……具有色彩的或处于动态的自然景色，特别能够引起宝宝的注意，他们好奇地注视着天上的小鸟、水中的小鱼、地上的蚂蚁、马路上的汽车，每样东西都令他着迷，这样既满足了他渴望探索世界的心理需求和求知欲，同时也促进了运动功能和智力的发育；户外活动能促进宝宝视、听、嗅、触摸等感官和感知觉的发展；大自然万物可以使宝宝的视野开阔，流动性的刺激比室内多，为宝宝的大脑带来更多的听觉和视觉的信息；户外活动还增加遇到陌生人与新环境的机会，能与更多的人交往；自然界的各种动植物、自然景观，可给宝宝良好的感官刺激，使宝宝得到心理的安宁与美的享受，培养宝宝稳定的情绪和美好的情感，为以后良好的性格形成奠定基础。在大自然中，家长要充分地给宝宝讲解所看到的事物和现象，耐心解答宝宝的提问，开阔宝宝的视野，增长知识。通过这些与自然的接触，让宝宝了解许多自然的知识，激发宝宝对大自然的热爱和对知识的渴求。

大自然中的阳光、空气可以带给宝宝巨大的活力。大自然的阳光，除了含有我们肉眼看到的光以外，还有眼睛还不见的红外线和紫外线。红外线温度较高，对人体主要起温热作用，可使身体发热，促进血液循环，使新陈代谢旺盛，增强人体活动功能。紫外线照射到人体皮肤，能使皮肤里一种叫麦角固醇（也叫7－脱氢胆固醇）的东西转变成维生素D。维生素D进入血液后能帮助吸收食物中的钙和磷，可以预防和治疗佝偻病和骨软化。紫外线还可以刺激骨髓制造红细胞，防止贫血，并可杀灭空气里和皮肤上的细菌，增强皮肤的抵抗力；大自然中的新鲜空气，可以促进宝宝的食欲，使宝宝面色红润、精神饱满，活力十足；大自然中的温度变化，可以培养宝宝调节自身温度以适应外界温度的变化，增强自身的抵抗力，使身体更健康。

一般情况下，四季都可以让宝宝到室外活动，每天让宝宝在户外呆上2～3小时。冬季户外活动的最佳时间为上午10点、下午15～18点；夏季户外活动的最佳时间为上午7～8点、下午17～18点。 但要注意天气变化，及时增添或减少衣物，防止宝宝受凉或过热。注意避免日光直射宝宝的双眼，夏天不要过度暴露皮肤，不要过量吸收紫外线。也可以搞一些游戏和体育活动，比如爬行、学步、玩耍等。户外活动项目的选择应根据宝宝的年龄和身体状况而定，可以只是在外面坐坐，呼吸呼吸新鲜空气，也可以让宝宝纵情地玩耍。但要注意安全，时刻保护宝宝，防止发生意外。家长适宜选择在绿化区内或靠近绿化区的清洁安静、空气新鲜的地方活动，不宜到人群稠密的公共场所或车辆来往繁忙的地方活动。

宝宝的认知发展是建立在感性认识的基础上的。只有引导宝宝多多接触自然和社会中的各种事物，启发宝宝通过自己的感官去多看、多听、多做、多说，才能有效地促进宝宝感知能力的发展，提高宝宝的智力水平。对宝宝来说，精神上的愉悦和充实感，远比学会某种技能更重要。

07 藏猫猫——乐此不疲的游戏

藏猫猫游戏是宝宝比较喜欢的游戏，5～6个月的宝宝已经可以和大人一起玩藏猫猫游戏了。家长可用布蒙住自己的脸，宝宝以为大人消失了，正在疑惑时，大人把布移开，和宝宝逗乐说“喵、喵”。宝宝看到大人重新出现时就会很高兴。藏猫猫游戏使宝宝知道了要去寻找消失的东西，开始有了自己动手拉布寻找消失的东西的动机。另外家长也可以用布蒙在小儿脸上，然后帮宝宝拉开布，让他看到大人的脸，逗他开心。训练几次后，宝宝可能会自己学着拿布蒙在脸上，然后自己又掀掉布逗大人玩。当妈妈躲在门后、帘子后、桌子后，或者是用手帕、纸张之类的东西挡住脸，然后再猛地探出头来时，宝宝都会“咯咯”地大笑起来，而且乐此不疲。一般宝宝学会藏猫猫游戏后，就会知道寻找消失的东西，听到东西掉地的声音后能低头寻找。

这个游戏之所以能够受到宝宝们的欢迎，是因为处于这一年龄段的宝宝大脑中已经建立起“物质存在”的基本概念，即玩耍的对象（人或物）是实际存在的，不会发生本质的改变，这一概念的建立将为宝宝进一步探索玩耍的对象，发展新智力概念打下基础。通过和宝宝玩藏猫猫的游戏，不仅能够和宝宝建立亲密的亲子关系，而且还可以提高宝宝对时间、空间中人或物的理解，强化物体依然存在的认识，为今后藏与找之类游戏的延伸奠定基础。

宝宝为什么这么喜欢藏猫猫呢？据说藏猫猫能锻炼宝宝的认识力和社交技巧。当你藏起来时宝宝以为你不回来了，把你找到后当然非常高兴了。藏猫猫启发了宝宝：那些暂时不在视线范围内的人其实并没有走开。还帮助宝宝获得这样一种认识：并非每个人眼中的世界都和他们眼中的一样。

在藏猫猫游戏过程中家长还可以寓教于乐，在游戏中启发宝宝，教他一些新词汇。比如，你可以问他：“桌子角是在桌子下面吗？”“不是。”“你觉得藏在桌子底下怎么样？”通过这种形式，宝宝能更深入理解“桌子角”、“下面”、

“藏”等新词汇字面及字面背后的真正含义。还可以拿玩具做辅助“教学”，把一个玩具藏在身后，和他做游戏，让他寻找玩具。

可以说和宝宝一起玩藏猫猫的游戏，不仅没有坏处，而且是益处多多，对宝宝的智力发育也有一定的帮助作用。新手爸妈们，你们不妨在哄宝宝的过程中多和宝宝玩一些这样的游戏吧。

1岁以前的宝宝缺乏自我控制能力，1岁后有了一定的自我控制力。如果大人经常和宝宝玩“藏猫猫”游戏，可以提高宝宝的自我控制能力，培养宝宝的耐心。这个年龄宝宝“藏猫猫”游戏的方法是：妈妈先作示范，预先找一个比较隐蔽的地方躲藏起来，如躲到门背后，不让宝宝看见，然后学猫学狗叫，叫宝宝去寻找。找到后互换角色，妈妈闭上眼睛，让宝宝自己选择角落藏起来，宝宝第一次也会选择妈妈藏过的地方去躲藏。这时妈妈可以故意装作找不着，让宝宝控制自己不出来，直到妈妈找到为止。妈妈要不断变换躲藏的地方，宝宝就会想办法到妈妈不知道的地方去躲藏，但宝宝不懂得危险，有时会藏在一些危险地方如大衣柜内等。因此，做游戏前要和宝宝讲明哪些地方危险不能躲藏。

和宝宝玩藏猫猫的游戏时，新手爸妈们应注意藏起来的时间不要太长，因为宝宝的注意力很容易被分散，如果大人藏起来的时间过长的话，宝宝就会认为妈妈不在自己身边，而是去关注别的东西去了。藏在物体后面的妈妈或其他人，往外探头的方向应一致。这样便于宝宝掌握游戏规律，在游戏中得到满足与快乐。

08 玩球——宝宝最爱的游戏

宝宝似乎天生就对“球”这个玩具非常感兴趣。满月后的他喜欢用眼睛盯着红色的球看，会爬后又最爱追着滚动的球玩，再大一些则喜欢用球充当与人沟通的桥梁……可见，随着年龄的增长，小球也在不断变换着角色以帮助宝宝的成长发育。

宝宝为什么喜欢玩球呢?

因为球是圆形的、会滚动的，而小宝宝对拥有动感的东西会十分喜欢。如果你10个月的宝宝，情绪不好或正在哭闹，试试看，给他一个乒乓球，让他扔出去，扔到墙上再弹回来，再让他扔出去；或者你用拍子颠球表演给他看，他一定会被你的游戏所吸引，最终破涕为笑的。很多宝宝都喜欢玩球，年龄小一些的宝宝可以玩乒乓球、小皮球，稍大一点的宝宝可以玩小篮球、小足球。

各种球中，乒乓球是最适合1岁以前宝宝的玩具。乒乓球体积小，分量轻，适合于宝宝小手抓握，在乒乓球接触地面或硬物时会发出清脆而有规律的声音，“乒乒乓乓”的响声会让宝宝很快乐。他会一次又一次地把球扔到地上，故意制造出这种声音效果。即使宝宝把球随意乱扔，也不会砸坏东西，声音不会太大，不会影响邻居，也比较安全，还可以锻炼宝宝手臂的力量。等宝宝会走路后，可选择一个稍大些的小皮球，让宝宝踢着玩，球滚远后让宝宝走过去自己捡起来，可以提高宝宝练走路的兴趣，下蹲动作又可锻炼宝宝腿部力量。

球在宝宝眼中是个有趣的“家伙”。你瞧，圆圆的皮球只要轻轻给它一点外力，它就会向前滚动，滚动的方向依力量的方向不同而变化，碰到东西又会反弹回来；可以让花皮球在原地旋转，像个陀螺，球上的花纹变化多端，色彩斑斓；可以学着用手拍球，你使的力气大，它就反跳得高，再用些力，皮球会跳得比宝宝还要高；在前方立几个空的塑料饮料瓶，让宝宝对准方向，用力把球推出去，看看打倒了几个，谁打得准。你看，在家里也可以打保龄球了……

球类游戏还有很多，宝宝参与到这个游戏中，可以用自己的力量对球施加影响，产生作用，并且球也会因此而作出各种各样的反应。玩熟练了，宝宝就会知道自己怎样做，球会产生什么样的反应，比如：要想让球弹回来该用多大劲，要想让球跳多高得用多大劲，要想让球拐弯该如何用力，要想击中前方目标该怎样瞄准等等。这个过程中 既锻炼了宝宝的操作动手能力、手眼配合能力，也要求宝宝动动脑筋。这些游戏对宝宝来说的确很有趣也很有益。

球类游戏是比较古老的宝宝游戏，在球类游戏中，不但可以训练宝宝的手腕力量，还可以训练宝宝手控制方向的能力，提高手眼协调性，增强宝宝的快速反应能力。而球的反弹特性，使宝宝对事物运动方向的改变产生思考和认识，提高了宝宝预测运动方向的能力。

09 玩水、玩沙——享受流动的乐趣

几年前，我在英国探亲旅游时，有一个镜头曾深深印刻在我的脑海里：深秋季节，树叶凋零，刚刚下过一场秋雨的海滩上，几个2～3岁的金发碧眼的宝宝全然不顾瑟瑟的秋风，光着屁股在沙滩上玩，用小桶、小铲不厌其烦地舀上海水来，和着沙子，堆砌各种奇形怪状的沙堆，如此来来回回。与此形成鲜明对比的是妈妈们悠然自得地在一旁聊天，有的怀里还抱着刚出生的小宝宝，对宝宝们玩水、玩沙子的活动，妈妈并不去干预。宝宝们浑身上下都是溅满沙土和水迹，但胖乎乎的脸上洋溢着明亮和满足的笑容。这一个个温暖的笑容是如此震撼人心，以至于使我在很长一段时间里思考：玩水玩沙，这个在成人看来貌似平淡的游戏究竟有着怎样的魅力?

平时，我也发现很多宝宝喜欢玩水玩沙。在河边、公园、植物园、海滩，凡是有水、有沙的地方，经常会看到拿着水枪吸水后四处喷水、玩得兴高采烈地的宝宝；提着小水桶，拿着小铲子，撅着小屁股，挖沙坑、堆沙人玩得不亦乐乎的宝宝；在家里，更常见到洗澡不愿意出澡盆，洗手不愿意关水龙头，任水哗哗流淌而乐在其中的宝宝。

许多家长不理解宝宝为什么对普普通通的沙子和水如此痴迷，这种外在表现的原因是与宝宝的生理及心理需求密切相关的。在心理学家看来，宝宝喜欢玩沙玩水是因为这样的游戏让他们感到快乐，对于促进宝宝的发展有着十分重要的价值。通过玩沙玩水，宝宝可以发展智力。

宝宝对符合自己心智并且有变化、动感十足的玩具兴趣比较大，任何一种人为的玩具都无法与大自然的赐予相媲美。沙和水适合所有心智状态的宝宝，玩法变化无穷，每个宝宝依据自己的爱好，进行自己的玩法，这就是大自然赐予宝宝最好的礼物。

沙既是固体的，又是流体的，变化无常又易被掌握，那无穷尽的形态和用之不尽的玩法，从本质上满足了宝宝内心的需求和操作中的创造性。加上水，水可以将沙固化，也可以将沙液化，和沙一结合，就变得奇妙无穷。没有任何一种玩具能如此多方面地满足宝宝的需要。

发展感知觉：让沙子或者水从手中流过，可以给宝宝带来特别的感官刺激。在玩沙的过程中，他们会接触到不同质地的沙子，比如湿沙、干沙、颗粒粗细不同的沙子等；在玩水的时候，会感觉到柔滑流动的水，触摸到不同的水温。在快乐的游戏过程中，宝宝的感知也锻炼得越来越敏锐了。

练习大小肌肉的动作：在玩沙的时候，宝宝用力拍打沙子或用铲子将沙子铲起，都需要运用大小肌肉群。这个过程可以熟练肢体协调，也可以控制手部肌肉的动作。宝宝经常会不厌其烦地将水从一个碗倒入另一个小碗里，在这个简单的游戏里，宝宝的手眼协调能力可以得到很好发展。

学到关于水和沙的知识：当宝宝在玩沙和玩水的时候，他们会发现沙和水的特性。比如，干沙子是散的，而湿沙子就能捏成团，或者能在湿沙堆里掏洞；水看上去是透明的，如果把糖放进水里，糖慢慢就不见了，而把沙子放进水里，沙子会沉入水里。他们也会了解到沙子和水在生活中很有用处，盖高楼、修马路需要沙子；生活中宝宝需要喝水，妈妈做饭、爸爸拖地、爷爷浇花都得用水。啊，原来花草也是“要喝水的”……

发展创造力：创造力是智力的核心。玩沙玩水游戏本身就没有什么固定的玩法和必然的成果，因此给宝宝很大的空间来尽情挥洒他们的想象力和创造能力。沙和水是无形的，可随着宝宝的喜好而随意变化的。他们可以在沙堆里任意地掏洞、挖沟，将水泼洒在地上观察水形成的图案，在水坑里扔进各样的东西观察它们的变化等等。有趣的游戏促使宝宝更多地“发明”不同的玩法，宝宝的创造意识和能力也渐渐成长起来了。通过玩沙和玩水，锻炼了宝宝手的协调能力，培养了宝宝的观察力、想象力和认识能力。

宝宝有很强的心理需求：宝宝有很强的心理需求去控制周围的环境。通过跟水、沙这些自然物打交道，宝宝从中能发现自己对自然物的控制力。通过玩水、玩沙，把自己置身于一个又一个的自己创造的世界中，其想象力得到了最大限度的发挥，获得独特的人生体验和快乐。

获得情绪上的满足：宝宝天生有好奇心，喜欢探索周围世界，玩水、玩沙可以满足宝宝探索自然的兴趣。玩沙玩水游戏给予宝宝极大的满足感和成就感。宝宝在无拘无束、自由自在地玩水时，心情自然开朗。柔软凉快的水，滑溜的沙子给他们很舒服的感觉，而宝宝可以用自己喜欢的方法去玩，感受到由自我控制的乐趣，他们的心情会很愉快。对于那些缺乏自信心或者比较退缩内向的宝宝来说，更有满足感和成就感。

喜欢玩水和沙子是宝宝的天性，所以，在保证安全的情况下，家长应该任由他们玩。特别是对于那些住在远离泥土的都市高层公寓里的宝宝，妈妈要有意识地带宝宝去公园，给他们创造机会去玩水和沙子。这和早中晚的一日三餐同样重要。对于宝宝来说，这种活动是给他们提供精神上的营养。在父母的恰当引导下，可以使玩沙玩水游戏既保有其固有的趣味性，又具有教育性。

虽然玩沙玩水是宝宝十分喜欢的游戏活动，但安全与清洁仍然是必不可少的。要注意不能让他穿开裆裤，在玩的时候大人要注意看着，不要将沙子和水弄到眼睛里去。不要让宝宝在被污染的肮脏水坑边玩耍，也不要玩建筑工地上堆放的沙堆，因为往往在这些沙堆中已混有水泥，对宝宝的身体有害。在宝宝玩沙子的时候，也要注意沙堆中是否混有小钉子、玻璃碎渣等危险物，以保证宝宝安全。

如果在家中玩水，可以事先给宝宝准备一件塑料围裙，既保证宝宝玩得尽兴而又不会全身湿透。可以在洗澡时多让他自己接触水，还可以为宝宝把洗手盆堵上，让宝宝清洗小手绢等小物品。让宝宝用各种容器装水、倒水玩，或在小水壶中盛满水来学习浇花。可在大盆中装上水，把漂浮玩具放入水中做各种游戏，如小鸭戏水、小孩游泳等。家长还可引导宝宝观察哪些东西会浮在水面、哪些可沉入水中，让宝宝初步了解物体的浮沉与比重的关系。在天气炎热的季节里，宝宝玩沙子可以脱去鞋袜，尽情地在沙堆里玩，同时也便于清洁。

在宝宝玩水前讲好时间，这样能满足宝宝的玩水乐趣。如玩沙子时不要往脸上扬沙子，游戏完毕后要把用具收拾归位等。鼓励宝宝与别的小伙伴一起来玩，同时也允许宝宝按自己的意愿自己玩。

10 动画片——让宝宝进入梦幻世界

小孩爱看动画片就像女人爱看韩剧、男人爱看球赛、老人爱看戏曲节目一样，似乎是天经地义的事情。动画是一种综合艺术门类，集合了绘画、漫画、电影、数字媒体、摄影、音乐、文学等众多艺术门类于一身的艺术表现形式。动画片也是现代社会人们寻求精神解脱的产物，因为它比现实更轻松、更梦幻，小宝宝都在追求轻松梦幻的东西，所以是小宝宝的最爱。

动画片色彩鲜明，音乐动听，人物形象可爱，直接刺激着宝宝的视听。而且动画片一般都比较夸张，在人生观、世界观还不成熟的宝宝眼中显得神秘而神奇，必然会受到宝宝的追捧。

动画片可以满足宝宝娱乐的愿望。大量具有美学、享乐、刺激、轻松等特性的动画片对宝宝具有极大的吸引力。动画片的结局总是美好的，可以使宝宝的情绪和心理需求得到满足。

动画片可以充当宝宝暂时的伙伴。当宝宝从幼儿园或学校回到家里后，父母们往往不能长时间陪伴宝宝游戏、交流，于是，动画片可以满足宝宝们的交往需要。

动画片可以为宝宝提供有关社会和自我等方面的知识。优秀的动画片总是把知识性和趣味性融为一体，浅显易懂，宝宝可以从中认识到什么样的人是好人，什么样的人是坏人，我应该做什么样的人等等。

动画片可以帮助宝宝培养自控能力和勇敢精神，养成良好的合作、共享和助人等行为习惯。许多优秀的动画片，如《舒克和贝塔》、《黑猫警长》、《金刚葫芦娃》、《大头儿子小头爸爸》等，都给宝宝提供了学习和模仿的榜样。

动画片里的内容很吸引小宝宝，跟他们丰富的想象力是有关的。动画里的人物形象更接近宝宝的想象，而且故事内容简单、想象丰富、色彩多样，少有血腥等不良画面。此外，动画片情节简单、人物可爱，大多是童话故事改编而成。动画片里想有什么就有什么，现实中不可以达到的都可以实现，这些都十分符合幼稚宝宝的天性。

此外，在动画世界里，宝宝们实现了在现实生活中不能实现的梦想，弥补了现实生活的缺憾。在现实生活中，宝宝是最弱小的，在家里他们要听命于父母，在学校他们要听命于老师。可以说，他们面前的所有人都比他们强大，都比他们有经验、有力量。于是，他们渴望像“超人”那样强大，像“宇宙英雄奥特曼”那样受到别人的拥戴和崇敬，以此来体验成功的快乐。

当你长大后，你就会发现其实很多动画都好幼稚，但是小宝宝不觉得。反而觉得动画片里的超人好厉害！奥特曼好帅！正因为动画片面向的观众是小宝宝，所以大多数小宝宝都喜欢看动画片。

当然，也有一些动画片中含有暴力和色情等内容，宝宝观看这类动画片后可能会产生不良后果，如产生攻击行为。但并非所有含有暴力内容的动画片都会导致宝宝产生攻击行为，只有那些盲目崇尚暴力“英雄”，把观看暴力看作是一种精神寄托的宝宝才会模仿攻击行为。

尽管如此，家长们还是应该采取措施帮助宝宝免受或少受含有暴力内容的动画片的影响，尽量限制宝宝观看含有暴力内容的动画片。比如，含有残酷场面、惊险动作、战争、结伙凶杀、拳击等内容的动画片，应尽量限制宝宝观看。

总之，家长们对待宝宝观看动画片，既不能放任不管，也不能严厉压制，应该耐心引导，并对观看动画片的时间做好控制或事先和宝宝约定好，不要长时间地看。要根据宝宝的年龄选择适合的动画片，如《猫和老鼠》、《天线宝贝》因为角色很少，人物结构比较简单所以一两岁的小朋友几乎都看得懂；2～3岁的宝宝看《巧虎》、《托马斯和他的朋友们》；3～5岁的宝宝看《大耳朵图图》、《喜羊羊和灰太狼》、《米奇妙妙屋》、《葫芦娃》等；偶尔大人们也可以看看动画片的，让自己找回一颗快乐的童心不也很好嘛！

11 宝宝为何喜欢“重复”

在与宝宝接触过程中，许多父母会发现宝宝特别喜欢“重复”，如反复要求妈妈重复讲同一个故事，做早已熟悉的游戏，猜早已知道答案的谜语等。反复听一个故事，十天半月也不烦。这时，再有耐心的父母都会忍不住抱怨：“总是重复一个故事多没意思？”特别是当父母们情绪不佳或筋疲力尽时，就想蒙混过关，跳过几个情节，对付过去算了。没想到宝宝很快就发现，叫道：“讲错了！”真是令你哭笑不得。宝宝喜欢的这种“重复”还包括玩玩具、看动画片等等。

为什么宝宝总喜欢重复呢？心理学家认为这是年幼宝宝共同的心理特点，对宝宝的发展至关重要。宝宝喜欢重复，因为那是他们学习的最好方式。反复听同样的故事能帮助他们记住这些信息，而且记忆时间也会越来越长。12～18个月的宝宝比2岁半的宝宝更需要重复来学习和记忆新东西，因为这个年龄的宝宝虽然能够再认知，甚至能觉察和补充故事中遗漏的地方，但自己还不能很好地讲述故事，因此，他喜欢“你讲他想”的方式。还有，年幼宝宝的认知能力有限，因此只有在不断重复的过程中才能不断发现新的东西，我们认为“没意思”的重复对宝宝来说并不是简单的重复，而是每次都有新的感受和体会。

所有宝宝爱重复的原因都一样，就是会做某件事后觉得特别高兴。比如一旦他学会拼一种拼图，可能就只是为了享受他的新本领而一遍又一遍地去拼。重复是他提醒自己能做什么事的方式，还能再享受一遍完成的乐趣。在听过同一本书很多次之后，你的宝宝甚至都能记得大多数句子的结尾是什么了，这种能力意味着他能更积极地参与到讲故事时间了。简单的歌曲和童谣之所以对宝宝有这么大的影响，是因为宝宝不仅可以通过不停地重复歌曲，练习说话技能和词汇量，而且还会因为又学了一些具体的东西而非常有满足感。

总之，宝宝喜欢听重复的故事是这个年龄阶段再正常不过的，父母没有必要大惊小怪，父母也应适当引导，面对喜欢“重复”的宝宝。父母一方面力求用新鲜的事物吸引他，另一方面也要适当满足宝宝这种“重复”的需要。

事实上，每一个阶段，宝宝真正让大人不断重复的故事是非常有限的，这些故事也是他特别喜欢的。到了一定的时候，他自然就不会要家长重复了，所以不要认为宝宝听重复的故事会影响他学习新东西。事实上，只要他们喜欢就可不断重复，但是这些重复对宝宝的智力发展，却有着不可低估的作用。

12 宝宝有趣的秩序感

所谓秩序敏感期是指幼儿需要一个有秩序的环境来帮助他认识事物、熟悉环境。一旦他所熟悉的环境消失，就会令他无所适从并因此而害怕、哭泣，甚至大发脾气。

幼儿的秩序敏感常表现在对顺序性、生活习惯、所有物的要求上。蒙台梭利认为：如果成人没能提供一个有序的环境，宝宝便没有一个基础以建立起对各种关系的知觉。当宝宝从环境里逐步建立起内在秩序时，智能也因此逐步建构。

宝宝的秩序敏感期表现各种各样，如东西在哪里放置就必须在哪里，稍微改变地方会令他很不安；晚上睡觉，妈妈所穿的那件睡衣必须是他熟悉固定的那一件，否则便会哭闹不休，直到妈妈换过来为止；平时宝宝睡在左边，妈妈睡在右边，如果位置改变，也会吭唧没完；经常戴眼镜的妈妈，只要一摘下来后，也会觉得不习惯，非要妈妈戴上不可；宝宝要上厕所，非要奶奶给他弄才行，别人弄都不肯等等。

有一个妈妈给我讲了这样一个例子：她和朋友带1岁多的宝宝上街购物，天气热了，她把外衣脱掉，宝宝突然大哭起来。大人认为宝宝可能是热了或渴了，赶紧地买了果汁给宝宝，他喝过几口仍是哭叫。大人又想宝宝是不是要“嘘嘘”了？给他找地方换了尿不湿，宝宝仍是大哭，路人纷纷侧目，这个宝宝怎么了？后来这位妈妈忧心中突然醒悟，每次带宝宝出门大都是穿这件花格子上衣，这次脱下来，宝宝是不是不适应了？于是，妈妈把外衣立刻穿起来，奇迹发生了——刚刚哭得涕泪横流的宝宝突然停止了哭泣，摸摸妈妈的上衣，爬在妈妈肩头，小脸上竟然露出了笑容。这是多么奇妙的现象啊！其实，这就是幼儿秩序感的典型表现。

有秩序的环境对宝宝的成长起到至关重要的作用。对这时的幼儿来说，世界是以不变的程序和秩序而存在的。这种程序和秩序进入幼儿内心，成为幼儿最初的内在逻辑，这就是宝宝的思维，有时称“直线式思维”。正是这种秩序敏感期才让宝宝懂得了做事要有一定的规则吧。

怎样照顾秩序敏感期的宝宝呢？宝宝秩序的敏感期呈现螺旋式上升的三个阶段：为了秩序的破坏而哭闹，秩序一旦恢复就会安静下来；为了维护秩序而说不，自我意识开始萌芽；为了维护秩序而执拗，一切要重新来。宝宝执拗的这个阶段可能是老师和父母最为苦恼的时期，因为执拗的要求具有不可逆性，让人感到头疼。

对待处于秩序敏感期的宝宝，要尽量保持他熟悉的环境和生活习惯。观察宝宝习惯的秩序，一定要满足他们的要求。他们要求做的事可能的话就重来一次；做不到的话尽量安抚情绪，不要谴责宝宝。

13 宝宝“泛灵心理”揭密

2岁多的东东特别喜欢气球，周末妈妈给他带回来一个画着小熊面具的彩色气球，气球还有两只小耳朵，这个比原来的单色气球好看多了。东东高兴极了，立刻把手里的其他玩具丢掉，很专注地牵着气球满屋子跑着玩，不亦乐乎。此后，每天一睁眼就要找这个气球。有一天，妈妈不小心踩到气球，这个钟爱的气球爆了，东东立刻嚎哭起来，撕扯着妈妈：“还我气球、还我气球……”任凭妈妈怎么哄劝都不行，直到哭得疲惫不堪，连饭都没有吃昏睡过去。第二天，妈妈在同一处公园门口，又给东东买了一个带金鱼图案的气球，原以为东东会很高兴地接受，但宝宝根本不喜欢，把它扔在一边，仍哭喊着：“我要小熊、还我小熊……”妈妈很不解，东东为什么这么喜欢原来那个气球?

原来，这是宝宝“泛灵心理”在作怪，东东把原来的气球已经拟人化了，小熊气球成了他心爱的“玩伴”，是有生命的东西陪伴着他。妈妈把气球碰碎了，就等于“害死”了自己的“小伙伴”，所以东东感到痛苦不已，表现号啕大哭。即使妈妈又买回来一个新气球，但不是原来那个“玩伴”了，宝宝在心理上仍一时接受不了。其实，类似的“泛灵心理”在宝宝的日常生活中随手可见。

幼儿时期的“泛灵心理”，是指把所有的事物视为有生命和有意向的东西的一种倾向。在幼儿心目中，一切东西都是有生命、有思想感情的活物。“泛灵心理”是幼儿在发展过程中出现的一种自然现象，是不可逾越的必经阶段。宝宝们所表现的“泛灵心理”行为，不能用简单的“模仿”与“想象”解释。

宝宝把无生命物体看作是有生命、有意向的东西的认识倾向，主要表现在认识对象和解释因果关系两方面。随着年龄增长，泛灵观念的范围逐渐缩小。瑞士儿童心理学家让·皮亚杰在他研究中指出“泛灵论”的实质：它产生于宝宝把事物同化于自己的活动之中，是由于内在的主观世界与物质的宇宙尚未分化的混沌状态的一种表现。缺乏必要的知识，对事物之间的物理因果关系和逻辑因果关系一无所知，所以思维常是泛灵论的。

国外有些心理学家不同意让·皮亚杰的观点，认为宝宝虽具有泛灵思想，但并不普遍。中国有关的研究认为，宝宝把无生命客体看作是活的和有心理的认识倾向是暂时的、不稳定的，它直接依赖于知觉或表象中所注意对象的某一拟人特点，这是宝宝的泛灵心理，而非泛灵观念。宝宝的思维水平决定宝宝缺乏关于“活的”的“心理”的系统化正确知识，这是3～6岁宝宝泛灵心理产生的根本原因。由对象的某一拟人特点而引起的情绪体验是泛灵心理产生的条件，认识和情绪体验相互影响，相互制约，产生了泛灵心理。

14 正确引导宝宝的“泛灵心理”

有一个时期宝宝会把一切东西都视为有生命、有思想感情和活动能力的。因此，我们常看到这个时期的宝宝与枕头“谈心”，与布娃娃、布熊等玩偶“讲话”……宝宝的这种泛灵心理，对家庭教育既有积极作用，也有消极作用。年轻父母应该有效利用“泛灵心理”引导宝宝。

当妈妈用充满童真的语气告诉宝宝他所见到的事物时，宝宝的泛灵心理已经在慢慢发挥作用了。例如：妈妈在引导宝宝认识早上和晚上时，若能用“太阳公公起床了！”“太阳公公要下山了！”等这类泛灵色彩的话语来解释，宝宝们将更容易理解什么是“日出”和“日落”。

利用“灵化”了的外物对幼儿进行教育会起到意想不到的效果。“灵化”了的外物主要是指童话故事、寓言故事、民间故事等等。这种教育宝宝的方法，比起向宝宝讲解深刻道理效果好得多。有的家长如果将这些寓言、童话故事编成小话剧、小舞蹈等节目和宝宝一起表演，让宝宝接受直接的心理体验，所得到的效果比起讲大道理不知要好多少。

当然，幼儿的“泛灵心理”是一种意识发展不充分的表现。我们在利用“泛灵心理”进行教育的同时，还应指导宝宝学会人物识辨、物物识辨，促进宝宝从本质上去认识事物，不断提高他们的认识能力。

用拟人化的方法来回答宝宝所提出的棘手问题

宝宝对世间万物是非常好奇的。从2岁末期开始，宝宝就会对我们提出各种各样的问题，有些问题的答案是这个时期的宝宝心理水平难以理解的。但是，对宝宝的提问我们又不能不回答，否则宝宝提问的次数就会减少，甚至会使他对事物失去应有的好奇心。

对于宝宝的提问，我们可以根据他的心理特点，采用拟人化的方法间接地回答。月亮为什么跟着我走？ 大概是月亮喜欢你，所以跟着你走。这样的回答，总比你对宝宝说你还太小，爸爸告诉你也不懂更能满足宝宝的求知欲望；鱼为什么会有鱼鳞？ 就像你在游泳时要穿游泳衣一样，鱼在水中游泳也要穿游泳衣，鱼鳞就是鱼的游泳衣；太阳为什么会落下去？ 一到晚上，动物们回家睡觉了，太阳公公也到山的那边去睡觉了。这样的回答同样可以使得宝宝得到相应的心理满足。

培养宝宝的爱心与同情心

利用幼儿“泛灵心理”对幼儿教育会起到意想不到的效果。家长应当善于把事物“拟人化”，激发宝宝的“泛灵心理”，让宝宝把外界物体同化到自己的活动中去。教育宝宝爱护花草树木，爱护小动物，爱护其他小朋友，我们都可以利用其泛灵心理，使之对相应的人或物产生移情心理，进而形成同情心，使其爱护他人和物就像爱护自己一样。

例如，宝宝在做游戏时，教育宝宝不要把墙壁弄脏，不要把小凳子弄坏，可以对宝宝说："小凳子如果被摔了，一定会很疼的，如果把它的腿弄断了，走起路来多难受啊！"也可以说："墙壁可爱卫生了，如果你把它弄脏了，它就不跟你们交朋友了。""不要去掐花，它会很伤心难过的。"宝宝听了以后会非常注意，还会擦擦凳子，掸掸墙壁上的灰尘，抽回想去掐花的小手……

不要误导宝宝的泛灵心理

不要刻意地利用宝宝的泛灵心理，来为其行为的过错推卸责任。现实中我们常常可以看到这样的情形：宝宝不小心被凳子绊倒，带宝宝的成人往往会一边抚慰宝宝，一边指使宝宝或帮宝宝去拍打将其绊倒的凳子。由于受泛灵心理的影响，一般的宝宝都会在惩罚凳子而获得报仇后，逐渐恢复内心的平衡。其实这种做法是不妥的，因为这等于为宝宝推卸责任，这不利于他们责任感的形成。因为事实上，宝宝跌倒不是凳子碍事而是他自己不小心，应受到责怪的是他自己而不是凳子。

不要让泛灵心理给宝宝带来恐惧

平时不要给宝宝讲有恐怖情节的故事或看恐怖的影视节目。因为这个时期的宝宝容易受泛灵心理影响，他们很难区分现实与虚构，往往把画册、影视、故事里的鬼怪、猛兽、机器人的故事情节或形象和现实生活混淆，对恐怖的画面内容尚缺乏分析能力，以为现实生活中真的存在影视节目或故事中的妖魔鬼怪，因而产生不该有的恐惧心理，有时甚至还会产生幻觉。因此，我们除了在语言、图画等方面应删除会使宝宝产生恐惧、被伤害的内容外，还应尽量避免让宝宝看带有恐怖镜头的影视节目。这样将有益于发展宝宝勇敢、大胆、无畏的品质，进而有益于他们心理的健康发展。

15 宝宝“注意力”其实很短暂

王教授：你好，我的儿子3岁多了，很活泼可爱，但我就觉得他的注意力不够集中。比如说叫他画画吧，他画一会儿就开始玩他的水彩笔，过会儿又把画画的纸拿来撕成小块块，不一会儿又去玩小汽车了；让他看书，坚持不了多久总是想往外跑，跑出去就在外面玩蚂蚁洞；看书看不了多久，玩儿倒玩得起劲，一个小时都不累；除了坐在电视机面前看动画片，他干什么都不能坚持20分钟以上，让我觉得很头痛。有没有什么办法可以让他集中注意力呢？

我的答复：其实，大人们对宝宝注意力的理解有些狭窄，认为注意力就等同于坚持性，而且是坚持做“正事”，比如写字画画。而宝宝玩一个小时的蚂蚁洞，大人就不认为这是注意力集中的表现了，而是说宝宝玩得起劲。成人没有意识到，对一个学龄前的宝宝来说，这其实正是他注意力集中的一个表现。

很多家长抱怨宝宝玩玩具、看图书等只有三分钟热度。其实幼儿将注意保持在特定的刺激或活动上的能力是十分有限的，学龄前宝宝只能集中注意力15分钟左右。年幼宝宝不能长时间保持注意力的原因是他们很难抑制与任务无关的思维活动。随着中枢神经系统的成熟，宝宝的注意广度和长度才慢慢增加。

宝宝心理学家的研究证明，3岁多的宝宝对一件事情的注意力只能保持很短一段时间，大约在3～5分钟；4岁多的宝宝是10分钟左右；5～6岁的宝宝则可以保持15分钟左右。当然，这是平均时间，在实际生活中宝宝更有个体差异。所以，在上面提到的例子中，妈妈觉得宝宝做什么都不能坚持20分钟以上是错怪宝宝了。要求3岁多的宝宝做事情都要坚持20分钟，可真难为他，也不符合宝宝的年龄和心理发展水平。

看到这里，也许家长们就产生疑问了：既然宝宝的注意力保持的时间这么短，那为什么玩起蚂蚁洞和看动画片又能坚持很久呢？其实这中间有一个兴趣的问题。当宝宝面对他感兴趣的事物时，注意力集中的时间就会奇迹般增长。比如有的宝宝对汽车特别感兴趣，玩小汽车模型时就会非常专注，即使旁边有人走来走去或者大声说话，也不能使他的目光脱离手中的车子。

或许爸爸妈妈可以利用这些特点，想一些巧妙的办法，使宝宝集中注意力。一是想办法使“任务”变得很有趣，宝宝对有兴趣的东西注意时间就长得多。比如你想让宝宝画画，可以跟宝宝玩会儿“颜料游戏”，只给宝宝展示红、黄、蓝三个颜色，今天我们就用这三种颜色试试：黄色跟蓝色调出来是什么？三个颜色混在一起又是什么？很好玩吧？那继续呀，想画多少就可以画多少！

无论进行什么游戏，重要的是家长的参与，最好是以竞争的方式来进行，这样可以让宝宝有被重视的感觉，效果也更好。另外，有条件的家庭可以有意识地准备一些适合宝宝的书籍，激发宝宝的学习兴趣。在家里可以进行数豆子、用筷子夹东西、在两张图上找不同、用彩色笔画圈圈、走直线或者平衡木等小游戏，以此训练小孩的专注力，逐步地改善宝宝对事物或活动的专注力。

家长还可以用一个定时器，调到你认为他可以完成一个游戏（如用积木搭起一座宫殿）的时间，当宝宝已经完成了工作，定时器还没有响，就说明他提前完成了，给他一个大大的表扬。这对他集中注意、完成任务能起到很大的帮助。

经常保持与宝宝密切的、互动式的交往，并有意识地帮助他们维持注意力。避免活动持续过长，可间隔10分钟左右让宝宝适当放松，再重新投入活动之中。

16 宝宝为什么只有“三分钟热度”

王教授：你好，我女儿4岁多了，是个兴趣广泛的小姑娘，无论什么事都很感兴趣。所以，我先后给她报过舞蹈、美术、游泳、珠心算等兴趣班。刚开始学的时候，她的兴趣很大，比如刚学珠算时，回到家就拿着算盘打，打出一个数来就高兴得手舞足蹈的。可是学了一段时间，她就没兴趣了，不想去上课，不想做作业，后来甚至为此而哭闹。宝宝为什么只有“三分钟热度”？

我的答复：宝宝没有定性、做事总是三分钟热度，确实是很令人头疼的事。如果宝宝在做一个事情时，能够有毅力、坚持下来，这对于宝宝取得进步和成功来说是非常重要的一个因素。想让宝宝做任何事都持之以恒，那就需要爸爸妈妈在平日的引导和影响。

每位家长都希望宝宝多才多艺，不但学习成绩优秀，音乐、体育、美术等方面也有一技之长。可大部分的宝宝由于其年龄和心智发展的局限，兴趣和爱好常常变换，对什么都是“三分钟热度”，难以坚持到底。比如，家长给宝宝报了美术班，宝宝新奇万分地去了，没过几天就厌倦了重复练习而没兴趣了；转而报钢琴班，宝宝满怀激情地去了，可不久以后又产生了倦怠情绪，直嚷着要学网球……如此折腾，家长白白搭进不少学费，但宝宝什么也没学到。

这样的例子并不少，究其原因，主要是因为宝宝好胜心强，但毅力不足。兴趣多变的宝宝大多争强好胜，带有一定的从众和攀比心理，往往会将小伙伴在某些方面取得的成绩或掌握的才艺作为自己的“兴趣”。根据这种心理萌发的兴趣通常缺乏牢固的基础，在学习技能或反复练习时一旦遇到困难，就成了学艺路上的障碍。此外，宝宝不能正确评价自己，这山望着那山高，也是导致其兴趣学习只保持“三分钟热度”的原因之一。由于年龄尚幼，宝宝的兴趣往往只建立在“喜欢 ”的基础上，不会结合个人能力和性格来考虑自己是否适合学习。这种缺乏实际考量的后果必然导致大部分的宝宝学艺时受挫，兴趣消减。

找到了问题的症结，就有了解决问题的方法。“三分钟热度”的宝宝并不是就无法进行兴趣班学习，如果家长能正确引导，再加上心理调整，宝宝就会用心专一，对事情真正感兴趣，有目的、有秩序地把想要学的东西学扎实。

要引导宝宝去除浮躁，建立自信：心浮气躁是宝宝不能把兴趣坚持到底的关键。家长应该经常教育宝宝：在学艺的道路上，冷静与热情并存才是坚持到底的关键。热情是始终坚持对艺术技能本身的热爱，而冷静则主要指心态健康，不骄不躁。在具体操作中，家长可以鼓励宝宝去学习自己喜欢的技艺，但在每个学习阶段都要给宝宝定制学习目标。目标不要太高，以宝宝有能力做到为准，一旦宝宝做到了，要对他的努力加以肯定，使其建立起自信。这样一步一个脚印，不急于求成，让宝宝稳步上进，宝宝就会对自己做的事情兴趣专一起来。

要引导宝宝正确评价自己，做力所能及的事情：作为家长，首先要对自己的宝宝有个正确的评价，引导宝宝做自己能力范围内的事情。在具体操作上，家长要针对宝宝的能力和水平，给宝宝拟定几个力所能及的技能学习范围，不张扬、不攀比，静下心来做自己喜欢做的事情。这样，宝宝就解除了思想包袱，学习就会更加专一、安心。

解决宝宝对兴趣学习“三分钟热度”的问题，是宝宝成功的关键，家长切不可轻视，要针对宝宝的性格年龄特点，采取不同的方法进行教育引导，让宝宝养成持之以恒的习惯。兴趣专一，做事认真，将来必然会在人生道路上有所成就。

17 宝宝为何爱咬人

宝宝爱咬人，这是婴幼儿期常有的行为，也是让很多家长都感觉头疼的行为。那么，宝宝爱咬人究竟是什么原因？

口欲期：在宝宝期他们用嘴来进食、吮吸，使心理得到满足，同时也用嘴去感知世界，这就是为什么经常看到小年龄的宝宝总是把玩具往嘴里放的原因。咬东西是宝宝探索世界的行为，是无意识的。2～8个月宝宝正处于口唇快感期，他们通过咬人或者咬物去探索外面的世界，获得满足感，这是一种正常的生理需求。

出牙期：4～10个月内宝宝会长出第一颗乳牙，长牙时期宝宝会有口腔不适的感觉，会因为牙龈疼痒而咬人咬物；如果过晚地添加辅食（泥糊状或固体食物），宝宝没有办法体会咀嚼的感觉，所以就会通过咬人来体验牙齿和口腔的感觉；还有一种可能是宝宝的衔乳姿势不正确，觉得自己没有被抱稳，本能地咬住乳头防止自己摔下去。

情感表达：宝宝愉快的情绪大多是在哺乳时获得的，吃饱后的小宝宝常会咬妈妈，这是他对妈妈表达感激的方式，像是在说："谢谢妈妈给我这么好吃的乳汁。"1～2岁的宝宝和妈妈玩得高兴时忽然咬妈妈，越让他松口，他越是咬住不放。为什么会有这么让人匪夷所思的行为呢？宝宝的想法可能是："我很爱妈妈，因此忍不住用力咬一口，我是表达对妈妈的喜爱之情啊！"

语言贫乏所致：1～2岁的宝宝，其语言发育还不够完善，一般不能确切地表达自己的意愿，所以他们常常用咬等非常手段来引起家长或同伴的注意，或只是宣泄一种情绪，以此实现交往和表达意愿的目的。宝宝并不知道这样做会伤害到别人。

模仿或者发泄：2岁左右的宝宝好奇心强，也有了以自我为中心的意识，当他们看到其他小朋友咬人时，会觉得很有趣，有些家长也通过"轻咬宝宝的肌肤表达亲近和喜爱”，于是宝宝也会模仿着去咬人；有时，当宝宝的要求没有得到满足，心里感到不满时，也会通过咬人去发泄出来。此外，如果看护者忽视宝宝的安全需求，让他一个人独自玩耍，会导致他对新鲜、陌生环境的害怕和恐惧。咬人成为他保护自己，战胜恐惧的唯一方式。

攻击性行为：3岁以上的宝宝也许通过乱咬人来得到所需要的，或用来威胁其他宝宝。攻击性咬人是有意的侵犯行为，不利于宝宝与他人的交往和建立良好的同伴关系，需要高度注意。可以建议宝宝用不伤害别人的办法来转移负面情绪，如拍打枕头，撕报纸等，要对宝宝反复强调，咬人是一种很不好的行为，爸爸妈妈和小朋友都不喜欢，这会伤害别人，不是一个好宝宝的行为。

在了解了为什么宝宝爱咬人之后，您就会知道该怎样去应对宝宝咬人的行为了。感觉到宝宝咬乳头，可以将宝宝的头轻轻地扣向乳房，堵住他的小鼻子，这样一来宝宝呼吸不畅，会自动把嘴松开。对于处在长牙期的宝宝，为了满足他磨牙的需求.可以给他一些安全的东西来咬，如牙胶或磨牙玩具。及时添加辅食，让宝宝有更多的咀嚼机会。

尽早帮助宝宝学会用语言来表达他的需求。即使被他咬了，也装做若无其事的样子，从而淡化宝宝咬人的行为。要明确地告诉宝宝，咬人是一种错误行为，咬人会伤害别人，带给别人疼痛，不应该去模仿。看到宝宝要咬人时，可以用其他宝宝感兴趣的物品转移其注意力或教他借助于其他的情绪宣泄方法来替代这种不良行为。妈妈要尽量克制情绪，以抱抱他、亲亲他的方式来影响宝宝的行为，引导宝宝用语言、手势、拥抱表达情感。

如果在宝宝身上经常出现这种行为，就应当引起成人的注意了。对此我们不能迁就和视而不见，应该做出必要的反应。让他咬自己的手指，甚至用同样的力度去咬他一下，让他亲身感觉一下疼痛。让宝宝知道他的这个行为是不好的，父母是不喜欢的，其他的人也会不喜欢，只有改掉这样的行为才是好宝宝。同时告诉宝宝，咬人不是表达喜欢的最好方式，必要时采取行为约束。

保证宝宝充足的睡眠可以平复宝宝的情绪，当他们心里有不满时，也不至于采取极端地咬人行为。注意保持家庭气氛的和谐，增加宝宝日常的游戏活动，让宝宝玩安静的游戏，不过分抑制宝宝的行为。这样可以有效地控制宝宝因咬人而产生的兴奋情绪。

18 宝宝“自立”从睡眠开始

有关统计数字表明，在婴幼儿中，1/2～3/4有阶段性睡眠不良，学龄前宝宝中，1/5有明显和长期的睡眠障碍问题。其中，有些与出牙期的不适、生病或生活规律改变有关，但缺乏独立睡眠习惯的训练是一个重要因素。另外，同一个年龄组的宝宝，其睡眠的需求是有很大差异的，有的宝宝仅需要8小时睡眠，而有的宝宝则需要12个小时。家长必须了解宝宝相对固定的睡眠需求，依此来安排宝宝的睡眠时间。

婴幼儿的睡眠问题将持续到童年早期，包括澳大利亚、以色列和美国在内的众多工业化国家中，估计有28%～35%的宝宝有这种问题。研究者们用录像带记录了33个12个月大的宝宝连续两个晚上的睡眠情况，观察他们在晚上开始是怎样入睡的，在夜里醒来的时候能不能重新入睡。等宝宝长到24个月以及57个月大的时候，研究者们再向他们的父母调查这些宝宝目前的睡眠习惯。最后，研究者们得出结论，那些需要摇动、喂食或其他安抚方式来帮助入睡的宝宝，将来极有可能出现睡眠问题。

对于宝宝来说，睡觉即意味着与大人的分离，独自到静静的、暗暗的卧房会使他们产生不安全感，但这恰恰是培养宝宝自立的良好契机。你可以先定下睡眠时间，雷打不动，并做好睡前准备，时间为半小时，如吃小点心或喝牛奶、洗澡、刷牙、换睡衣，接着上床，与宝宝一起读一会故事书或唱摇篮曲，最后让宝宝躺下并道晚安。

宝宝不愿独自睡眠多数是由于害怕黑暗和孤独，特别对声音、阴影、光线的反射产生恐惧感。家长白天多和宝宝在他的房间里待一些时间，同宝宝一起玩，使他逐渐适应独自在房间睡眠。晚上可以在宝宝的房间里开亮一盏小壁灯，或将门留一条缝隙，使宝宝能感到家长的存在，以消除恐惧感，从而安静地睡眠。

宝宝无法单独入睡怎么办？你可从宝宝6个月开始，用渐进式方法进行训练：如已习惯抱着或摇动着入睡，先停止摇动，仅抱着睡，时间为4～5天；放入小床并继续搂抱和抚摩；不再搂抱，代之以拍背；不再拍背，代之以坐在床边；不坐床边，代之以站在附近，直至宝宝入睡后离开；在宝宝入睡前离开。训练过程大约需2～3个月时间，重要的是连贯而不间断。始终把宝宝搂在怀里让他入睡的办法是不可取的。这样，夜里一旦醒了就需要大人的身体接触才能重新入睡。应在宝宝醒着的时候就把他放在床上，抚摩宝宝，给他唱唱儿歌、催眠曲，直到宝宝入睡，应逐渐缩短大人在场的时间。有些宝宝会依恋于某些安慰物，如毯子、毛巾、喜爱的玩具等，可以将这些东西放在他们身边。

训练过程中，宝宝常会以哭闹、离开小床等方法“要挟”父母，达到不睡觉、不离开父母的目的。宝宝哭闹怎么办？有两种方法可以试试：不予理会，这对于母子双方可能都比较严厉和苛刻；进入房间安慰和抚摩，但不能有过分的接触，让宝宝明白，你不可能因为他哭而抱他起来，然后离开他的房间，即使他仍未定下心来睡觉。如果继续哭闹不停，就让他哭上5分钟，然后重复上述过程，直至他自己静下来为止。开始时，宝宝哭的次数可能很多，但一旦他明白，他不可能因哭而达到目的时，他就会很快入睡。上述做法重复3～4个晚上后一般能生效。宝宝醒来后离床，不肯再睡怎么办？坚持地将他们放回小床，别与他们闲谈或提供水或食物，让他们明白，晚上是用来睡觉的，不能干任何其他事情。对于年龄稍大的宝宝，可配以某种形式的奖励，如墙上挂一张图，每独立睡好一晚在上面粘贴一颗星星等。

19 宝宝为何搂着"依恋物"才睡觉

王教授：你好，我女儿从7个月开始由保姆带，后来有了咬被子的习惯（是保姆为了让她好好睡给弄的）。后来，我们怕被子脏就给她小手绢。其间，我们一直想帮她戒掉这毛病，但一弄她就睡不好，终于下不了狠心。现在她1岁8个月，晚上睡前都要吮一会儿手绢才睡熟，中间有小醒，给了手绢一吮又能睡着。醒着的时候她不会要手绢，想睡时就会想要。请问这会带来什么不良后果吗？如何帮助她戒掉呢？

我的答复：我在临床工作中也经常遇到家长问类似的问题。我曾遇到2个住院的宝宝，都是3～4岁的女孩，一个终日抱着已经破损的小枕头不离手，家长给她重新换一个好看的也不成，且经常对着小枕头喃喃自语，好似对着另一个小朋友说话一般；另一个宝宝终日手里紧紧地抓着绒毛熊，连上厕所也要带进去，入睡前是一定要搂着小熊才能睡着的。可见宝宝的依恋行为有时是很难纠正的。

有些1～2岁左右的宝宝对某种物品，如布娃娃、毛巾情有独钟，无论走到哪总要带着它，一旦没了它，宝宝的情绪便焦躁不安。睡觉前或情绪不稳定时总想要抱着玩具睡觉，或让玩具紧紧地依偎着他，不让他拿着就很难入眠或哭闹不安。即使醒来后，发现玩具不见了也会紧张地寻找，甚至伤心地哭泣。宝宝为什么会出现这种现象呢？道理很简单，因为他们把玩具人物化了，即把玩具当作有生命的物体，和玩具长期相处，倾注了感情，已经形成了形影不离的"小伙伴"关系。因此，我们不能简单地认为这仅仅是一个可有可无的玩具，必须视为宝宝的伙伴。大人理解了这一点，对宝宝的童心就会感到很可爱了，对他们执著于这种慰藉物会给予理解和珍视的目光。

这种习惯大概是起因于宝宝时期。围在脖子上的手帕，那种柔软暖和的触感，也许能够给宝宝带来稳定的情绪所致吧！小宝宝会出现这种倾向，也可能是因为妈妈晚上困了，或无力照顾之时就给宝宝以填充玩偶，长此以往就会形成一种习惯。这种玩具伙伴给宝宝带来安全感。睡觉的时候，妈妈的轻拍和抚摩使宝宝感受到温暖和保护，如果妈妈不在身边，“小伙伴”会替代妈妈的位置。摆弄它会给宝宝带来安慰，满足皮肤的触摸需要。当宝宝焦虑不安时，这个“小伙伴”又会成为宝宝的精神支柱，帮助宝宝抵御紧张、摆脱困扰。当宝宝进入一个陌生的环境时，如刚进幼儿园，带着“小伙伴”面对新环境可以帮助宝宝减少孤独感。这种伴眠的玩具，多数是外面由布或绒布制造，里面用海绵充填起来的娃娃和狗、猫、兔、熊之类的小型动物玩具。

2岁左右的年龄是不易入睡的时期，欲改变过去的习惯那就更难以入眠了。因此，暂时让小宝宝抱着依恋物睡觉亦无妨，尤其是这种习惯又不是什么有害的习惯。但长期摆弄的玩具会损坏或弄脏，家长要采用宝宝喜闻乐见的办法对玩具进行卫生处理，比如同宝宝一起给玩具洗澡，进行干洗消毒，给玩具换新的外罩。对依恋物依赖性太强的宝宝，要逐渐让宝宝习惯于与玩具分被睡觉，给玩具特制小被子、小枕头，让玩具陪伴在宝宝身边睡觉。

其实，随着年龄的成长，宝宝的恋物情结自然而然会日益褪却，家长不必太担心，也不要强求宝宝改掉这个习惯，要让宝宝有自主权。此外，虽然有些事宝宝可以自己做主、做决定，但对于出现不安全、不当的行为时，应适当给予限制，让宝宝建立是非对错的观念。

20 宝宝“恋物行为”的因与果

有的宝宝睡觉时，不拿点什么东西就不能入睡，如喜欢睡觉时抱着小枕头、毛巾、小被子、小毯子、毛绒玩具等等，一般都是些触感柔软的东西，因为这种感觉能传达出令人心安的信息。不管这些东西多脏多旧，对宝宝来说却是他们珍爱的宝贝，睡觉时离不开。

除了具体的单个物品之外，主要照顾者的身体某个部位也常常成为宝宝一再光顾的地方，如脸、耳朵、手、头发等。比如有的宝宝睡觉的时候一定要用双手捧着妈妈的脸才能入睡。对宝宝来说，睡觉时妈妈在身边能带来最大的安全感，可这对繁忙的妈妈来说是不容易做到的。宝宝睡觉要固执地依恋某种物品，就是因为它们可以替代“妈妈”，也就是说，这是他们对妈妈依恋的一种转移。

为什么宝宝会迷恋这些物品呢？因为它们是宝宝心理安全感的依靠，尤其在白天变成黑夜、宝宝想睡觉又怕失去知觉时，不安全感就会大大增加，此时某些物品对宝宝来说就非常重要。

宝宝恋物是一种成长过渡期的依恋行为，是宝宝从“完全依恋”转变为“完全独立”的过渡期间所产生的行为。宝宝产生依恋行为的时间，绝大多数发生在6个月至3岁之间，其恋物表现在2岁时最为强烈。宝宝的这些依恋行为随着长大有的会慢慢消失，但是如果一直过于依恋某一个物品，并且对社会交往产生了一定的回避倾向，就有可能患上了“恋物癖”，大抵是因为安全感非常匮乏引起的。

一般来说，宝宝从6个月时就出现了依恋情感。但是，过度依恋或情感的缺失会造成宝宝的“恋物癖”。如当妈妈经常离开宝宝，漫不经心地抚养，使宝宝缺乏母爱时；当宝宝因病住院与妈妈分离时；当宝宝的生活中频频地调换照看者时；或因恐惧，生活环境枯燥，缺乏游戏、玩具及正常的人际交往等时，都会妨碍宝宝形成良好的依恋。另外，现在有的家庭条件很好，住房宽敞，为了早日培养宝宝的独立性，宝宝很早就一个人睡觉，这样的宝宝也有可能由于安全感不足而患上“恋物癖”。另外，一些“电视宝宝”过早接触暴力镜头，也可能会产生这样的症状。

这些宝宝往往会将依恋转移至物品上，与某一物品建立起一种亲密的联系。当孤独、焦虑和恐惧时，宝宝就会紧紧抓住这些物品，试图以此产生一种安全感，这就是正常的宝宝拿着东西才能睡觉的原因。

有这种习惯的宝宝只要在日常生活中没有因此导致其他异常行为，随着年龄的增长，这些习惯是能够逐渐改变的。父母不必过度担心，只要平时尽可能地给他们以情感上的温暖，使他们对父母的依恋能够得到正常的满足就可以了。

然而，长期拥有这种习惯的宝宝当中，有部分宝宝很难得到玩伴的认同，而会被玩伴弃置一旁。严重的“恋物癖”长期存在会使宝宝怕见生人，回避集体活动，不敢与人说话和交往，胆怯退缩，表情淡漠。事实上，宝宝“恋物癖”就是一种轻微孤独症的表现，容易培养出敏感退缩、忧郁脆弱的人格特征。

怎么会杜绝这种不良后果发生呢？父母应回想一下日常生活中的点点滴滴，注意宝宝是否被忽视，心理上感到不安或孤独。若感到与宝宝的接触很少的话，不妨多陪陪宝宝，尽可能地让宝宝待在身边。特别是在宝宝入睡前，在床边陪伴着宝宝，或是说故事给他听，用其他的玩具转移注意力等等。

此外，应多鼓励宝宝与其他小朋友玩耍，并丰富宝宝的生活，这样可以逐渐减少宝宝对慰藉物的依赖及要求。随着宝宝逐渐长大，良好的家庭和幼儿园教育，丰富多彩的各种游戏活动，会使宝宝更好地和周围人建立起信任关系，宝宝会逐渐离开这个依恋的“小伙伴”了。若是宝宝到4～5岁以后仍时刻不离依恋物，家长应及时向心理医生进行咨询。

Chapter 09 第九章

玩耍是宝宝最好的教科书

WANSHUA SHI BAOBAO ZUIHAO DE JIAOKESHU

- 音乐是宝宝的“精神营养品”
- 玩具是宝宝第一本“教科书”
- 让宝宝什么都“试一试”
- 幼儿贪玩多智慧
- 让宝宝在游戏中成长
- 父母不要过分干涉宝宝玩乐

01 走出早教的误区

目前在早期教育中的普遍现象是，衡量一个宝宝聪明程度的标准，主要看宝宝是否在入学前接受了“提前教育”；是否已经认识了许多汉字并会数许多数，能进行简单加减运算；是否掌握了某些乐器和技能。至于宝宝的观察力、记忆力、思维力、想象力、注意力、情感品质及性格特征怎样，就较少过问了。这是对学前教育和宝宝学习的狭隘理解，曲解了学前教育的本意。学前教育不是任何意义上的“正规”教育，其作用是为宝宝们提供良好的发展条件，使智力得以显现，身体、情感、智力、意志能获得全面的、充分的发展。

生存、竞争、出色、成功、优秀、发展、成名……这些现代名词给我们做家长的太多刺激，以至于他们生怕与平庸、落后、淘汰这些可怕的字眼沾边。谁都知道早期教育的重要，谁都知道独生子女早期教育的极端重要性，因为对于家长只有一次机会。为了让宝宝早日成才，为了使宝宝考上好的小学、中学和大学，当宝宝最初的想象世界还没有形成时，很多家长就已经在过早地使用课本、作业本、练习本甚至生字卡来教育他们了。许多父母认为，对宝宝进行各种学前正规教育能够为宝宝将来适应现代社会的发展，面对激烈地竞争做好准备。但是这种观点是错误的，这种做法是偏颇的，已受到越来越多的教育心理学家的反对。他们认为，对学龄前宝宝进行正规教育是不科学的，将对宝宝成长造成过分的压力。因为这样会使宝宝失去人生中最珍贵的时光。过早地把宝宝从摇篮里赶到学校里会使宝宝失去正常的、自由的发育，剥夺了宝宝珍贵的童年，而这段时光对他们的身体健康及心智发展都十分关键。拔苗助长对宝宝来说有很大风险，而至今还未有明显的理由来证明这种风险是值得的。

唤起宝宝强烈的好奇心和求知欲，使他们意识到自己处在一个乐趣无穷的世界之中，使他们获得一种快感和自豪感，从而强化其不断求知的欲望。寓教育于游戏之中，不必过早地将宝宝捆绑在书桌前，让他们像小学生一样认字、识数、练琴等等。根据他们无意注意和无意识记忆的优势特点，不断地变换教育手段方式，使他们在不知不觉中掌握知识，发展智力。宝宝神经最兴奋的时候，才是宝宝学习的最佳时间。

没有任何证据表明，一个3岁开始识字的宝宝到小学二年级时，比一个6岁起开始识字的宝宝更聪明。研究证明，学龄前教育只有强调以玩为基础的方法才最有益处，应该避免只有纸和铅笔的教育计划。应允许宝宝按照他们自己的年龄和发育程度自由发展。过早地对宝宝进行正规教育的危险是，宝宝把学习当做苦差使来完成，对学习没有兴趣和乐趣。对宝宝过早的实行学前教育与其说是为了宝宝聪明、快乐，倒不如说是使家长在心理上得到某种满足。而这样培养出的宝宝可能会很早就出现精力和智力耗尽的情况，形成性格上的扭曲，甚至将来在学业和事业上害怕失败，不敢冒险。

说起超前学习，一位小学一年级老师说，她所在的班级超前学习的宝宝很多，“虽然学得快，但错得也多。还有一些不良的学习习惯，老师想板都板不过来。”有的宝宝坐姿不正确，有的宝宝写字就像涂画儿一样，在一个格子里挤着写好几个字，有的学了神算的宝宝一做起算术来却是错误百出。幼教专家指出，让宝宝养成良好的学习习惯、生活自理能力、具备坚韧的品质和良好的心理承受力，才是学前教育要完成的任务。而学习有限的几个字、几道题、几个单词，不但不能让宝宝学到更多的知识，还很可能影响宝宝的学习兴趣。这是得不偿失的。

02 及早提供优质教育

现代教育理论普遍认为，宝宝是在主动地与环境中各因素相互作用的过程中学习和发展的，直接经验是宝宝学习的必要条件。让宝宝亲自接触各种事物，亲身经历现实生活的种种情景，才能促进宝宝大脑发育和心智的成熟。宝宝的心灵如同一张白纸，环境如同不同色彩的染缸。正所谓“近朱者赤，近墨者黑”，对于年幼的宝宝更是如此。宝宝往往在潜移默化中学习和接受各种事物，并形成相应的思维和行为模式。

婴幼儿时期的学习方式是“模式学习”。这种特点也同样适用于对宝宝的教育。在宝宝对世界还没有一个完整的认识时，你就把最好的音乐、最美的图画以及最优秀的文章给他欣赏，他也许对这些不能完全吸收，但如果父母长期提供给他的东西都是最好的，那么在他的脑中就会很自然地形成一种“模式”而被吸收。因此，不要认为宝宝还小就不对他实施高质量的教育，你认为的好东西应该及早地灌输给宝宝。这样在他的脑子里会自然而然地对美好的东西形成模式，长大后自然就会高雅起来，对相对低劣的东西也会有自己的见解。因此，父母应尽早地帮助他奠定这个基础。

父母可以每天放1～2遍音乐名曲给宝宝听；在房间里装饰一些优秀的绘画作品或雕塑作品，并将有关的内容讲给宝宝听；房间里的挂画应经常更换；经常带宝宝去散步，不光是悠闲地走路，更要不断地把看到的自然景观讲给他听；从宝宝5～6个月起，就把图画书翻开在他的面前，然后对他进行简单地讲解。虽然一开始宝宝毫无反应，但不久他的大脑就会打开有关图画书的回路。到了一岁前后，宝宝只要一看到图画书就会高兴得不得了。

美的感受和审美能力是通过接触大自然和社会生活中的美好事物而培养起来的。音乐、图画、儿歌、故事等对婴幼儿有很大的吸引力，可以感染宝宝的心灵。宝宝在生动、鲜明、优美的艺术形象、声音、和语言中获得美的感受及对美好事物的兴趣和爱好，能激发其学习音乐、美术、艺术的兴趣和训练简单的技能，发展想象力、创造力，并孕育出美好的心灵和初步的审美能力。

03 鼓励宝宝"涂鸦"

宝宝是非常喜欢表现的。处于涂鸦期的宝宝喜欢用信手涂抹的线条和色彩表达自己对世界的理解和感受，成人也许看不懂，但它却反映出宝宝心中的意境和想象力，给宝宝带来极大的乐趣和满足。涂鸦让宝宝认识不同的色彩，感受色彩的美丽，是一次很好的审美教育机会，同时锻炼了手的灵活性。家长何乐而不为呢！

对宝宝的涂鸦，家长应多鼓励、少指导，使他的兴趣长期坚持下去。有时宝宝的画面杂乱无章，分不清彼此，家长可耐心地询问一下："你在画什么呀？"、"这是什么，这么漂亮，给妈妈讲讲。"这样宝宝会给你讲出他涂鸦时小脑子里想象的故事或情景。其实，宝宝的涂鸦是想到哪儿，就画到哪儿，并没有什么章法，可能把太阳画到水里，小鱼游在天上，也可能后面涂的掩盖了前面画的。大人不必指手画脚，重在表扬宝宝的想象力，教宝宝初步掌握构图的要领，也可提议宝宝画个大苹果或小鸭子。成人还可以鼓励宝宝变化其涂鸦的动作，画出各种长短、粗细、色彩不同的线条和图案，体会创造的快乐，了解动作和涂鸦之间的关系。

宝宝涂鸦时不要一味要求画的像什么，重要的是锻炼宝宝手指的灵活性，手眼协调能力；培养注意力，发展想象力；表达宝宝的内心情感；学习色彩的搭配、线条的布局；学会欣赏美好的东西。要知道，宝宝对色彩的感知要远远早于对线条的理解，而色彩又能更强烈地影响人的心理和生理。所以，引导宝宝进行美术活动应当从色彩入手。

有个宝宝画了一辆长翅膀的汽车飞翔在天空，而这辆车的下面有许多汽车。他说地上交通太堵塞，他要让自己的汽车插上翅膀，在天上跑得快一些或像小飞机一样能飞起来。宝宝的画功可能不成熟，技巧也可能不讲究，但却表达了宝宝的思维活动过程。这种画尽管不现实，但反映出宝宝的意愿，表现出宝宝的创造性。家长应该及时给予鼓励和喝彩。

父母也可以一起参与作画，宝宝涂一笔，大人画一下。在这个过程中，宝宝学习与他人合作的经验，分享创造的欢乐。完成作品后，可让宝宝按上自己的小手印或歪歪扭扭地写上自己的名字，家长帮助写上日期。如果有客人来，大人可以不失时机地让宝宝给客人介绍自己的作品。家长如此欣赏和重视这个“大作”，爱护宝宝涂鸦的积极性，可以使宝宝体会到成功的喜悦，满足了宝宝成就感，增加了自信和学习绘画的兴趣。

有些家长认为宝宝到处涂鸦是个不良习惯，应加以禁止。这是不应该的。因为幼儿还不能以语言表现自我时，必然会以另一种途径去表达，图画就是表达自我情感的途径之一。成人应为宝宝提供、布置一个安全的涂鸦环境，让他们在那里可以自由地涂鸦。如果有条件，最好给宝宝安排一间单独的活动室或活动场所，提供适合婴幼儿涂鸦的材料和工具。如在墙壁上贴上一大张白纸（涂满后可换上另外一张），为宝宝准备彩笔、蜡笔、纸张、调色板、小桶等工具，让他抒发心中所想，并明确表示这是特定给他们绘画的地方，不可胡乱到处画。绘画是非常自由的思维过程，因此不要给已印好图形轮廓的图画让宝宝着色或比着画。这样会限制他们的创造性的思维发展。

对喜欢涂鸦的宝宝，大人更应该让宝宝接触大自然，接触社会，丰富宝宝的生活经验，如带宝宝散步、到动物园、植物园、到超市购物时，有意识地引导宝宝用眼睛看、耳朵听、鼻子闻、用手摸，运用各种感官去认识事物、丰富表象、积累经验，加深宝宝视觉印象与情绪、情感的体验，培养宝宝的观察力、想象力，让他产生“创造的灵感”，并为宝宝的自由发挥和想象提供充足的空间与时间。在宝宝涂涂抹抹中，在他缤纷的内心世界里，也许正萌动着未来画家的梦想。

04 音乐是宝宝的“精神营养品”

人们知道婴幼儿进行日光浴、水浴和空气浴对宝宝的健康至关重要。但新的教育理念又增加一个“音乐浴”，也即让宝宝早期就沐浴在音乐之中成长。科学实践证明，音乐在早期教育中对婴幼儿智力的开发有着特殊的作用，是宝宝大脑极好的“精神营养品”。音乐在人类生活中占有重要席位，是表达个人情感的特殊形式。音乐能调节大脑功能，提高宝宝的思维能力和想象能力。常听音乐不仅能帮助宝宝增强和恢复记忆力，还能陶冶其高尚情操，给人以鼓舞和力量。在婴幼儿大脑发育的过程中，聆听音乐会起到增强中枢神经系统联通的作用。在宝宝时期，如果父母忽视音乐的作用可能会错过许多开发宝宝大脑潜能的机会。

宝宝生来就有不同程度的音乐才能——感知旋律、节奏或完美的音调，但音乐很大程度上是后天获得的技能。在音乐世家长大的宝宝显然比那些没有同样环境的小孩更容易培养音乐技能。如果你不仅仅是让宝宝被动地听音乐，而是给他们尝试学习音乐的机会，让他们敲击琴键发出音符，让他们跟着节奏摇摆，让他们随着简单的打击乐器而舞动，或者让他们辨别音符之间的关系，积极的音乐训练有助于宝宝日后的学业成就。音乐与其他学习领域如语言和数学之间的关系受到越来越多科学家的关注，许多学科的研究证实，音乐有助于学生提高阅读、写作和数学中的推理能力。

实际上小宝宝在不能念出一个长句子的情况下，就能唱出一长串歌词的事实很容易说明：音乐与语言之间的联系是非常密切的。音乐通过强调节奏、重复、停顿来促进语言学习。研究表明，这些因素综合起来更能提高宝宝的语言能力，因为儿歌是非常押韵、朗朗上口的，宝宝们对儿歌都是很感兴趣的。儿歌是一种深受广大宝宝喜爱的宝宝文学形式。它贴近宝宝的现实生活，短小、简洁、顺畅、生动，通俗易懂，具有节奏感、韵律美，易学易唱易记，富有童趣，符合低年龄段宝宝的心理特点和发展规律。儿歌有的歌颂祖国，有的让宝宝讲卫生、爱劳动，有的是讲自然界科学知识的。边教唱边讲解歌词的内容，既能使宝宝学会唱歌，又能提高宝宝的智力和增长他们的知识。而亲子儿歌作为儿歌中的一个新类型，不仅仅是宝宝认识事物、表达心声的一种良好形式，更是加强亲子间沟通，传递亲子间情感的有效途径，且更适合家庭吟唱。优秀的亲子儿歌可以促进宝宝语言的发展、情感的丰富、知识的积累，让宝宝在快快乐乐、轻轻松松的环境中健康成长。

据研究发现，唱歌还可以防止或矫正口吃。幼儿时期，语言中枢发育尚未完善，大脑与口舌以及声带之间的联系也不够协调，因此极易发生口吃。如果让宝宝多唱歌，就能加强大脑与口舌、声音之间的联系，防止发生口吃。唱歌和说话不同，唱歌时需要一定的力量，尤其是胸部的力量。胸部的力量增强了，肺活量就要加大。据科学家统计，一般成年人的肺活量是3500毫升左右，而歌唱家的肺活量常在4000毫升左右。肺活量大了，呼吸的功能就提高了。所以，学唱歌还是提高呼吸功能的好方法。

专家认为，经常进行音乐熏陶的婴幼儿会有以下特点：总是笑眯眯，不怕生人，提早说话，脸蛋秀丽可爱，眼神聪慧明亮，左右脑综合发展，长大以后IQ（智商）高、EQ（情商）好、CQ（创造性）强。有试验表明：当进行音乐熏陶的宝宝出生时，其容貌和神态与普通宝宝无异，然而在他们听了四个月的莫扎特小夜曲之后，其表情和动作比别的宝宝显得活泼些，眼睛特别亮，很有神，因而显得容貌也漂亮些，从宝宝起开始接受并喜欢音乐的宝宝，长大了在品行上很少有劣迹。他们会变得更善良、更纯洁。

音乐教育的目的是陶冶宝宝的性情和品格，调节情绪，丰富情感。以优美动听的音乐去影响、锻炼宝宝的听觉，促进听觉能力的发展。对婴幼儿进行音乐训练应贯穿在日常生活中，如唤醒宝宝，可以选用较为轻快、活泼的音乐，播放时音量从小慢慢放大，待宝宝醒来后，音乐可继续一段时间再停止播放；给宝宝哺乳时，可辅之以悠扬的音乐，这样能激起宝宝的食欲；引导宝宝入睡，可选用舒缓的《摇篮曲》，音量要逐渐放小，待宝宝入睡后再徐徐消失。上述音乐的选用和编排应当相对固定，以便让宝宝形成有规律的条件反射。倘若宝宝在无病痛啼哭时，不妨试着用音乐安慰他，此时可按音乐的旋律和节奏摇晃宝宝。

值得注意的是，对宝宝听音乐时，一定不可用爵士乐、流行的摇滚乐，而应该选用欧美名曲及古典音乐；整个音量应小于成年人适宜的音量；音乐的音响质量要纯净、清晰；无论有人唱歌给宝宝听，还是听音乐，都要音调准确，否则会损伤宝宝的听觉辨别能力；让宝宝拥有自己喜欢的唱片或录音带，每天有相对固定的时间听音乐；经常把宝宝放在大人的膝盖上随着音乐节律摇摆，唱摇篮曲或短小的儿歌。在这样愉快的气氛中，宝宝对音乐的兴趣会日渐增加，音乐和节律必将成为他生活中不可缺少的一部分。也许一个旷世音乐奇才，正慢慢地从你的手中托出。

05 让玩具开启宝宝的智力

有的父母可能认为，宝宝还小不会自己玩儿，没有必要买玩具，其实这是错误的。玩具对宝宝来说并不单纯意味着玩儿，而是为他提供视觉、听觉、触觉等方面的刺激。宝宝可以通过看玩具的颜色、形状，听玩具发出的声音，摸玩具的软硬度等，向大脑输送各种刺激信号，促进脑功能的发育。玩具对于宝宝的智力发育、情操教育和运动机能的发育有着重要而积极的作用。因此，爸爸妈妈要从宝宝大脑发育的需要以及开发智力功能的角度，认识为宝宝选购玩具的必要性。父母在帮助宝宝挑选合适的玩具时要根据宝宝的年龄、兴趣、爱好和个性特点来选择。

适合宝宝的玩具是色彩艳丽并带有响声的。2～3岁的宝宝喜欢造型夸张、滑稽，表现手法有意外性、突发性和富有幽默感的玩具。3～6岁宝宝的主导活动是游戏，父母应为他们的游戏提供玩具，如炊事玩具、卫生保健玩具等。3～6岁也是智力发展的最佳期，应多为他们提供智力玩具，如结构玩具、各种棋类、拼板、七巧板和中型积木等。这个时期的宝宝，动作和体力都有较大的发展，因此，向他们提供如球类、跳绳、小三轮车等体育器具很必要。

选购玩具时应注意以下几点：刚出生的宝宝最需要母爱和安全感，针对这一特点，父母可为其购买一些造型简单、手感柔软、体积较大的绒布或棉布充填玩具，如绒布狗，放在宝宝的小床里会给他们一种温暖和安全感，即使妈妈不在身边，他也会觉得很安心。玩具颜色要鲜艳，最好是以红、黄、蓝三原色为基本色调，并且能发出悦耳的声音，同时造型最好也很精美。这种刺激宝宝视觉和听觉的玩具，对宝宝的神经发育十分有益。另外，彩色气球、吹气塑料玩具，既能看又能听的吊挂玩具也比较适用于小宝宝。3～6个月的宝宝喜欢自已用手拿东西并用嘴咬啃，所以这个时期的玩具以能让宝宝咬、舔或能发声的为好，最好选择那些不易碎、不软不硬的玩具给宝宝。对小宝宝来说，即使给了他玩具，他也不知道怎样玩，因此需要大人陪他一起玩。妈妈可先把玩具拿起来叮咚摇动，使玩具发出声音，引起宝宝的注意，从而对玩具产生兴趣。

如果宝宝有兴趣，也不需要太过于拘泥于月龄的限制和玩法。如果大人认定“这个玩具应该是这么玩的”，拘泥于游戏方式，以既定的方法强迫宝宝玩儿，反而会影响宝宝的兴趣，抹杀他的创造性。7～8个月后就要鼓励宝宝自已玩玩具，同一个玩具教不同的玩法，如一个小皮球，可以让宝宝丢球、抛球、滚球、投球、击球等，宝宝稍大一点还可让宝宝数球、辩球形、认颜色等。10个月左右，当宝宝能倚物站立时，可以给他比较大型而且可以全身运动的玩具，以培养宝宝的运动能力，如小推车、骑木马、滚球等。对着目标滚球或接球的游戏，可以使宝宝的眼睛随物体而转动，满怀兴趣的追逐球，自然会增加运动量，并使这项活动变得更有趣、更热烈。宝宝从3岁开始就会利用积木做些东西，从中可以训练拆合的手指运动，组合的构造能力，制作物品的想象力、创造力。

选购玩具不必严格以年龄为准。父母应该仔细观察、判断、了解宝宝现在开始做什么，对什么最感兴趣。当玩具对宝宝太难或太容易时，说明玩具与宝宝的发育不相符合，应该放弃或更换。当宝宝兴致很高地摆弄玩具时，家长不必过度关注或具体指导他，尊重宝宝的兴趣和感觉是很重要的。宝宝只有照自己的想法去玩，才能集中注意力，培养自发性。

另外，选择玩具要充分考虑到安全性。幼儿经常将拿到手的东西放入口中，因此要避免购买因包含小部件而可能引起宝宝吞入，导致窒息的玩具；幼儿常摔东西，要选择牢固、不易破碎而造成锋利碎片的玩具；宝宝喜欢奔跑，不要让宝宝在跑动时携带有锋利尖头的玩具，以免宝宝跌倒时被刺伤；宝宝喜欢模仿成人的动作，故特别要收藏好大人服用的药品、烟酒、化妆品及化学制剂等，不要将这些东西当玩具给宝宝玩。

玩具可以作为宝宝认知和学习的入门，有助于宝宝思维发展。应该让宝宝玩一些有创意性或可以培养主体性的玩具。不要购买只有一种用途，只适合一个年龄阶段的玩具。玩具不必讲究价值，追求高档，不要随意购买流行玩具，应当先考虑玩具对你的宝宝是否有益处。有时日常生活中的简单物品也可以充当玩具，这些替代物也能促进宝宝思维能力和想象力的发生和发展。对宝宝来说，最重要的是玩，而不是玩具数量的增加，尤其是小宝宝，即使给了他玩具，他也不知道怎样玩。因此，重要的是家长要做一个有心人，引导宝宝利用好各种玩具。

06 玩具是宝宝第一本“教科书”

玩具是宝宝的天使，不仅给宝宝带来欢乐，增加宝宝的生活情趣，还可以增长知识、启迪智慧、开拓能力、陶冶情操和性格，培养文明行为和良好习惯，有助于培养宝宝健康的个性。宝宝可以通过玩具和游戏来了解和探索世界，通过玩具来认识事物的特性。同时，玩弄玩具还能使他们意识到自我与物体的关系，加深对自己行为与其结果的认识。在与玩具相处的世界里，宝宝完全主宰一切，从而培养信心，得到满足。玩具是重要的教育工具，是宝宝的第一本“教科书”。父母针对宝宝的个性特点，有目的地选择玩具，对宝宝个性的健康发展会有积极作用。

如果你的宝宝比较好动，坐立不安，你可以选择一些静态性的智力玩具，像积木和插塑玩具，让宝宝能较长时间地集中注意力，学会控制物体，并进而能控制自己的行动，使好动的个性有所修正；如果你的宝宝沉默寡言，性格孤僻，你可以选择动态玩具，如惯性玩具和声控玩具，让宝宝在追逐汽车、飞机、小动物的过程中，产生愉快和自信的感觉，逐渐形成活泼、开朗的个性；如果你的宝宝粗枝大叶，性情急躁，你可以选择些制作性玩具，如泥模玩具，让宝宝在制作过程中，认识事物之间的关系，养成学习的习惯；如果你的宝宝不合群，不愿和别人交往，你可以选择参与性玩具或让宝宝参加集体游戏，使宝宝逐渐了解自己和他人之间的关系。教导宝宝与别人交换玩具或借玩具给其他小朋友玩，宝宝玩厌了某种玩具，可以建议他把玩具送给别人。

父母常把玩具随便地丢在一个桶里，久而久之，这桶玩具就被当成了废物，因为宝宝不清楚桶里都有什么玩具。玩具最好按种类存放，放在宝宝容易取拿的地方。如果某种玩具已经玩了几个月，可暂时收起，过一阵子再拿出来，让宝宝觉得有新鲜感。游戏结束后，父母要督促宝宝把玩具收拾整理好，以养成良好的行为习惯。在收拾整理玩具中，同样要求宝宝用最快的速度和最合理的排列来完成管理任务，这对宝宝良好学习习惯的形成有直接的作用。

玩具并非越多越好，越昂贵越好，玩具的品质比玩具的数量多少更重要。太多的玩具使宝宝体会不到“得来不易”的道理，也感受不到新鲜和惊奇，更不懂得珍惜。当还没有想出一件玩具的正确玩法时，另一件玩具又出现在眼前，宝宝当然没有思考的机会了。5~6岁的宝宝已学会了思索，即使没有玩具，也能自己思考去找寻游戏的方法。因此，宝宝逐渐长大之后，几乎不再需要玩具。不少父母看了电视广告或听了直销人员的推荐，就买下昂贵玩具，以为宝宝会喜欢，但宝宝可能不领情。有些父母希望宝宝多玩些传统益智玩具，比如积木、拼图或者是可以组合的玩具，但有些宝宝喜欢比较流行或复杂的玩具。其实，传统或流行玩具都可以满足小孩的好奇心。只有了解自己宝宝的特点和爱好，才能挑选适合宝宝的玩具。精明的消费者不仅懂得省钱，而且买来既益智，又令宝宝雀跃万分才是好玩具。有些家长看不到普通玩具的作用，“舍顽石求美玉”地去给宝宝买一些“高精尖”且“高价位”的玩具。殊不知，“顽石”也有其不可替代的作用，沙子和泥巴往往是宝宝最喜爱的玩具，也最能启发宝宝的自由的创造力。

“宝宝是游戏的天才”。对婴幼儿来说，身边的各种东西都可以成为他们的玩具，如纸片、布头、小瓶子、石头、泥巴、沙子等。过去的宝宝，他们的童年大多缺乏玩具，但他们亦能将身边的简单物体变为玩具，并发明花样多多的有趣游戏。父母也可以使用非专门玩具，如塑料制品、纽扣、橡皮泥、绳子等，让宝宝自由游戏，在游戏中引导宝宝掌握这些材料的特征和使用这些材料的基本技能。在此基础上，引导宝宝对手中的材料进行整体组合，并逐步过渡到有主题、有情节的组合，以发展宝宝的独创能力。有关实践已经证明，非专门玩具对宝宝健康个性的发展会有意想不到的促进作用。尊重宝宝身心发展的规律，正确利用玩具的特有功能，就一定能引导好宝宝个性的健康发展。

07 玩儿中学数字

“数”是一个颇为抽象的概念。过去人们普遍认为，只有当宝宝长到5岁左右才开始理解数量。但现今的研究者认为，甚至新生的宝宝对于数量变化也有某种程度的识别能力。5个月的宝宝已知道两个物体组合的集合是不同于三个物体组合的集合的；8个月的宝宝便能感知物体的大小和多少，会拿一个大苹果而舍弃小苹果；宝宝在2岁前就开始说一些数字，喜欢竖起手指表示自己的年龄，如1岁的宝宝会伸出一个手指，2岁的宝宝会用食指和中指两个手指表示 2 岁了；3岁以后便能很清楚地说出自己的年龄，不再需要配合手指来表示了。

2岁的宝宝就能口头上从“1”数到“10”，也可能漏掉其中的某个数字，如1、2、3、5、6、8、10。他们只是背诵数字的名称，就像背儿歌一样，对于数字和数量之间的关系几乎没有什么了解。他并不确切地知道“5”的含义是什么，不会从五块糖果中拿出三块，也不懂得“5比6小，4比5大”。把各种数字和数量的概念整合起来需要时间和经验。只有当宝宝明白了某个数字所代表的实际数量时，才是真正学会了数字。宝宝模仿他人数数的过程就是学习数字这类符号的过程。3岁的幼儿数数的能力已经有较大提高，对于数字和数量两者间关系的理解速度也大大加快。他们一旦掌握了这两者间的联系，便能迅速地将其应用到他们所知道的所有的数字中。

与语言能力的迅速发展相比较，2～3岁的小儿在数学方面的进展较慢，因为对数学的理解要牵扯到各类概念。他们对数量的了解仅限于小规模的，如知道3块糖和2块糖在数量上是不同的，意识到物体在大小上是有差异的，但还不知道如何确切地将它们分级。宝宝必须在生活和游戏中逐渐理解和学习数学，在玩中识数字。如宝宝在玩积木时，可从中理解数量、体积、大小、分类、排列，学到了更多的有关数字的知识。这个年龄段的宝宝本来就对数字、排序和识别各种模型感兴趣，如果让宝宝在游戏中接受这些数学的基础概念，并觉得学习这些概念非常有趣，将来宝宝学习数学、几何、代数等学科，也会感到轻松有趣。

让宝宝理解数量需要具备一些相关的经历。这些经历很容易在日常生活中获得。只要利用机会让宝宝数一些他感兴趣的东西，确定一些实物的名称，便能让他有一个良好的开端。妈妈可以通过许多小事来帮助宝宝理解数字，首先教会宝宝认识自己有几只眼睛、几只耳朵、几只手，每只手有几个手指头；给宝宝吃水果时可以这样告诉他，妈妈给你拿一个苹果、两根香蕉，让宝宝数数这一串香蕉上有几根香蕉；给宝宝喂饭时，可以对宝宝说：“宝宝吃水饺，这是第一个，这是第二个，这是第三个……好，已经吃到第八个了，真是太棒了！”吃饭时让宝宝帮着拿碗筷，可以问问他，“爸爸、妈妈和宝宝加在一起有几个人吃饭？要拿几个勺子，几根筷子？”当和宝宝玩拍皮球的游戏时，要教给宝宝数一下、两下、三下、四下……妈妈拍了10下，宝宝拍了5下，再来一次比一比，看谁拍得次数多；带宝宝上街时，可让宝宝数数看，这一条街上有多少电话亭、有几个停车站，这样除了加强对数字的理解外，还可以培养宝宝的观察力、记忆力；带宝宝到超市购物，让宝宝看价格栏中的数字，帮助理解数字和金钱的关系；把一个橘子分成几瓣、一个蛋糕切成几块，教宝宝1/2、1/4、1/6、1/8的概念；日常生活中让他们记住自己的地址和电话号码，设定闹钟的时间或准备好餐桌都是宝宝数数和与数字打交道的机会。

教宝宝寻找单、双数。家长先叫宝宝找找自己身体的器官哪些是双数、哪些是单数（如眼睛、耳朵、手、脚是双数；头、鼻子、嘴巴是单数）；再叫宝宝找找身上的穿戴中哪些是单数、哪些是双数（如袜子、鞋子、手套等是双数、帽子、围巾、腰带等是单数）；也可以叫宝宝说一说家中哪些物品是单数，哪些是双数，巩固对单双数的认识；让宝宝操作练习，家长将写有1～10倍的若干数卡放在一起，叫宝宝按单、双数把数卡分别排成两排；报出一个数，让宝宝立即回答是单数还是双数；教宝宝学习倒数，可以使宝宝从相反的方向掌握自然数的顺序，发展宝宝的逆向思维，有利于宝宝学习加减运算。

宝宝的数学能力不是天生的，来源于那些与数学有关概念的接触和实践。只要你在生活中用心去寻找，就会发现与数字、数量有关的事物几乎是无处不在。他们从每天的经历中学习长度、质量、时间、温度、钱币和更多的东西。通过手工操作和游戏，宝宝们扩大了对数学的真正理解。大人应该认识到，按次序分类和排放物体的游戏实际上是宝宝在数学上的早期经验。无论什么活动，只有“寓教于乐”的方法才能激起宝宝们观察数字和比较数量的欲望，使宝宝对数字、数量或分类物体、排序等引起兴趣，只有“玩中学数字”才能取得良好的学习效果。

08 分类能力的培养

现代认知心理学家认为：分类的能力是衡量智力的一个重要标志。宝宝掌握分类对于他们以后学会推理、辩论以及形成数概念具有非常重要的作用。因此，为了培养宝宝的思维能力，首先应该让他们学会正确分类。

让宝宝学会配对。把一只苹果与另一只苹果放在一起，把一只梨与另一只梨放在一起，洋娃娃配洋娃娃，这些都属配对。一个士兵发一支枪，一个小朋友分一块糖，也是配对。家长可以为宝宝找到许多配对的材料。

让宝宝学会分组。你可以准备一些不同大小、不同颜色的球，如有大的红球、大的黄球，又有小的红球、小的黄球，把他们混在一起让宝宝分组。通常，宝宝在分组时往往标准不统一，有时按颜色分，不一会儿又按大小分，结果往往是混乱的。这时你可教给他们，怎样按一个统一的标准进行分类。在只按颜色的分类中，大小红球为一类，大小黄球为另一类；而在以大小为标准的分类中，大的红球与黄球为一类，小的红球与黄球为另一类。通过这些练习，宝宝能学会“一样”与“不一样”、“相同”与“不相同”、“像”与“不像”等关系。当宝宝学会这种简单的分类后，就可以提高难度，如加入大的白球和小的白球，增加分类对象的数量，也可以要他们按大小、颜色两个标准同时分类。

你甚至还可以准备不同形状、不同大小、不同颜色的纸板（如大小三角形、正方形、圆形、分别有红、黄、绿色等），或用纸板制成各种各样的动物、植物模型，如树木、花草、瓜果、蔬菜等，玩时将图片杂乱地摆开，让幼儿根据你的命题，进行归类训练。例如，可让宝宝分别帮助蔬菜、瓜果、几何图形站队，让宝宝进行更复杂的分类游戏，看谁排的又对又快，这样不但训练了幼儿的思维条理的灵活性，又锻炼了他们思维的敏捷性。

3～4岁的宝宝可让他们分辨哪些东西属于蔬菜、哪些属于水果；什么衣物是戴在身上，什么是穿在身上的；学前宝宝可以问问他们哪些动物是卵生的，哪些属于哺乳类的？绿色的蔬菜有哪些，红色的水果有哪些？总之，分类练习可以采用多种形式进行，也可以利用各种图片、画册、实物、玩具、游戏等训练宝宝的分类能力和思维能力。在分类中，你可以鼓励宝宝大声讲出自己的分类标准，使他们意识到什么样的分类才是合理的。

对宝宝的分类能力训练可以贯穿在生活中的每个方面，可经常对宝宝提出在日常生活中遇到的、涉及的分类问题，如帽子、手套、口罩有什么相同的地方？电视机、电脑、电话属于哪一类？空气和水为什么对人都很重要？诸如此类的问题，可让宝宝学会思考和分辨，学会认真观察事物，增加思维的敏捷性，同时在生活中增长很多知识和技能。

09 让宝宝学会自己玩

让宝宝学会自己玩，既可以让大人有一点空余时间去干自己的事，也可锻炼宝宝的专注能力，学会独立地思考问题和解决问题。

大人可在房间的某个地方专门为宝宝摆一张小椅子和一张小桌子，在桌子上摆放一些宝宝喜欢的玩具，如各种积木、玩具娃娃、卡片以及瓶子盒子等，大人在忙家务或其他事情时就可让宝宝单独玩一会玩具。开始时应事先告诉宝宝："妈妈要洗宝宝的衣服，你一个人坐在这儿玩玩具。"然后大人干自己的活，但不要让宝宝离开自己的视线，以免发生危险，必要时和他说几句鼓励和表扬之类的话，也可放放音乐，以鼓励宝宝独自玩耍。一般宝宝很喜欢有自由活动的时间和空间，他会自己搭积木、看卡片、同布娃娃说话、喂娃娃吃饭、哄娃娃睡觉，或者打开瓶盖往瓶子里装东西等。渐渐地大人可以暂时离开宝宝的视线，但要让宝宝听到大人做事的声音或者让宝宝知道大人就在附近，让他有一种安全感，但要注意大人离开宝宝的时间要慢慢延长。如果宝宝自己玩的时间长了要提醒他上厕所，一般宝宝自己玩的时间可由5分钟渐渐延长到半小时。

宝宝在玩玩具做游戏时，家长尽量不要手把手去教，也不要急于帮助他，鼓励宝宝自己想办法去探索。在不断探索的过程中，会发现解决问题的好办法，体会到成功的喜悦，这对宝宝今后积极地探索世界大有好处。例如，把一个干净的小口塑料瓶装几颗小糖丸，在旁边放一个勺子，然后对宝宝说："宝宝快把瓶子里的糖拿出来"，看他用什么办法将瓶中糖丸取出来。家长千万不能说："把瓶子里的糖倒出来"。宝宝开始可能会用手去抓，当手塞不进去时，也可能会用旁边的小勺塞进瓶子里去掏，经过多种方法努力后，宝宝最终会学会把瓶子倒过来从而倒出糖丸。这是一个了不起的进步。经过自己的努力取得了成功，宝宝学会自己去想办法、动脑筋，这对培养其独立性和探索精神非常有帮助。

随着宝宝渐渐长大，玩的花样也多起来。大人可利用一些形象玩具如玩具娃娃、各种生活用品玩具、各种动物玩具等，通过游戏的形式让宝宝学习语言，认识外界事物，发展具体形象思维、记忆力和观察力。如大人可利用玩具娃娃及各种生活用品玩具和宝宝一起玩一些生活模仿的游戏，最好选择抱着适宜、样式简单、能随意穿脱衣服的中型娃娃，让宝宝给娃娃喂饭、洗脸、哄娃娃睡觉，学习娃娃衣服、五官的名称，可以帮娃娃选择小床、小椅子、小碗等生活用品，了解这些生活用品的名称和用途，发展认识能力，增加词汇量。

婴幼儿一般比较喜欢形象逼真，有艺术特征的动物玩具，可从中学习动物的名称和特点，动物叫声及有关动物的儿歌。可用这类玩具做一些游戏，如“什么动物不见了？”大人可选择几种动物让宝宝认识，然后用布把这些玩具盖上，趁宝宝不注意时，大人偷偷拿掉一个玩具，再掀开布，让宝宝说出哪种动物不见了。“布袋游戏”是在布袋中装几种动物玩具，大人从中拿出一个，或让宝宝自己摸出一个，说出动物名称，学动物叫声，或用积木搭动物园等。

1岁以后宝宝的活动场所主要是地上，这个时期球是宝宝最好的玩具。大人与宝宝相互扔球、捡球、接球、滚球、踢球等，还可让宝宝与其他小朋友一起玩球，促进宝宝行走、跑、滚、扔、投掷、弯腰捡拾等基本动作的发展，使宝宝上、下肢肌肉得到锻炼，动作更加灵活协调，培养宝宝的注意力、观察力。几个小孩一起玩球，可通过集体游戏，建立良好的关系，培养相互合作的意识。各种套叠玩具、穿绳玩具、积木、积塑等，有助于锻炼宝宝小肌肉和手指的灵活性、准确性，培养注意力和观察力。套叠玩具有套塔、套碗、套环等。穿绳玩具包括木珠和塑料珠等。玩这些玩具时，可先给宝宝做示范，然后让宝宝学会自己玩，家长可在旁边作指导。

在玩的时候，大人要边玩边讲，教宝宝学会理解事物之间的关系，并教会他与大人合作。玩完后和大人一起把玩具收拾好，这样既锻炼了宝宝的动手能力，又培养了宝宝的社会适应能力，并从小养成良好的习惯。

10 让宝宝什么都“试一试”

许多年轻父母希望自己的宝宝能成材，很早教他们背唐诗、认字，以为这就是早教。实际上，这是一种简单化的“早教”，而且在这个年龄阶段作用不大。因为2～3岁的宝宝长久的记忆还未发展，长大后都会遗忘。婴幼儿的思维特点带有很大的直觉行动性和具体形象性，单纯的死记硬背并不能有效地促进宝宝的智能发展。宝宝只有通过对物体的直观感知和直接操作才能使枯燥的知识转化为自身的智慧。因此，要让宝宝变得聪明，就应放开手脚让宝宝亲自去试一试。我们不可小看3岁的宝宝。3岁以前的宝宝已经历了许多事情。这些经历将会成为他们教育的基础。这也就是我们常讲的非智力因素的开发，如求知欲、想象力、毅力、观察能力，等等。这些对一个人今后的影响非常重要。

幼儿的好奇心特别强，什么东西都要摸一摸、动一动。他们会想：“为什么电话会说话，是不是里面有个小人？”“小鱼在水里能游，小鸡是不是也能放到水里去呀！”“小汽车为什么会动，我要拆开看看。”家长对宝宝因好奇引发的破坏行为不应简单粗暴地制止，而应对宝宝的好奇心予以肯定和鼓励，同时给予他们正面的解释和教育。鼓励宝宝多想、多问，自己寻找答案。家长可以让宝宝做一些小制作，在实际操作中一方面可以锻炼宝宝的手眼协调能力，锻炼手部肌肉的发展，另一方面发展思维和创造能力。

家长扼杀宝宝想象力和创造力的做法常常发生在日常生活中的许多小事上，如当宝宝要拆开自己的玩具的包装盒时，家长常常会一把夺过来，训斥宝宝“怎么这么调皮，拆坏了怎么办？”当宝宝拿剪刀剪纸或拿笔在桌子上“涂鸦”时，也会厉声制止：“快放下，把手弄破了怎么办？”“怎么能到处乱画，你看把家里画得乱七八糟的！”总之，许多家长对宝宝什么事都想试一试的做法感到不安，怕他们弄脏手、脸、衣服，怕他们发生意外，怕他们打破东西，总之是不放心、不理解。这种态度不宜于启发宝宝的想象力、创造力、动手能力。比如，宝宝喜欢穿着大人的鞋到处走来走去，喜欢玩水、玩泥巴、玩沙子，这些活动看似没有意义，实际上对宝宝的大脑刺激和感觉训练有重要的作用，还能给宝宝带来非常快乐的体验。

父母希望自己的宝宝聪明伶俐，这就要利用一些零碎的时间来启发宝宝的求知欲。宝宝的思维常常是具体而形象的，不容易理解比较抽象的事物。在宝宝对某一事物产生兴趣时，父母就应该抓住时机，启发他们仔细观察，并且适当地讲解一些有关知识。如果父母能利用生活中的经历积极参加与引导，可帮助宝宝在3岁以前就开始获得对问题的理解力。例如，给宝宝洗澡时，可鼓励宝宝用各种不同的容器盛水，比较装水的多少来体会容器的大小；也可让宝宝将纸船、肥皂盒、装满了水的瓶子放在水中，有的可以浮在水面，有的沉入水底。从这些“试一试”的游戏中进行物质重量的理解，父母也可更多地了解自己宝宝的思维。宝宝拆弄玩具时，不要责备，因为在“顽皮”的举动中，往往可能是创造力的表现。幼儿创造的欲望刚刚开始萌芽，需要家长、教师去发现、引导。如完全按大人要求的模式做，则会抑制宝宝“试一试”的创新精神。

11 环境要适宜，但不必太复杂

父母都有这样的经验，当周围环境中缺乏宝宝可探索的东西时，宝宝就会来磨大人；当周围环境比较丰富，宝宝能够找到自己感兴趣的东西时，就能够兴致勃勃地投入，专注探究，乐在其中了。这里所说的丰富不仅指物质的丰富，也包括精神上的丰富，特别是宝宝的玩伴。宝宝不仅能够从玩伴那里学到探索世界的新方法，而且还能够学会与人交往的技能。

淘气、顽皮、好奇、好问是宝宝最典型的天性。宝宝生理发展的特点决定了心理活动的特点。但是，父母通常用高智能化的玩具来限制宝宝玩泥沙，以避免弄脏了小手和漂亮的衣服；他们让宝宝成天待在家里不能外出，怕宝宝在探索中遇到危险；大人为宝宝准备好高级的玩具，一大摞图书和光盘，以为这比回答宝宝的问题和讲故事更省事、更权威。玩泥沙的乐趣只有宝宝才能体会得到，当宝宝在院子里或沙滩上随心所欲地挖洞、挖沟、注水、堆沙，尽情发挥自己的想象力，随意构造自己心中世界的时候，还有什么令他们如此陶醉呢！宝宝们不是绅士，他们不会掩饰自己的好恶，更不会像大人那样附庸风雅。只要他喜欢玩沙子，就说明他能从中找到乐趣，家长又何必横加干预呢？

环境要丰富，但不要太复杂。过于复杂的环境会使宝宝产生焦虑、挫折感，甚至产生攻击行为。例如，宝宝不会玩一个复杂的玩具时，会干脆往地上摔；当宝宝看一本难懂的画册时，会很快扔到一边；当宝宝穿一件纽扣很多的衣服时，不久就会讨厌这件衣服，不再去穿它；宝宝对一个价格不菲的电动玩具，可能只新鲜一会就弃之一旁了。而对一个小玻璃瓶、一块花布头、一片树叶、一根木棍、一块橡皮泥、一个气球会反复探究，很投入地玩，珍爱无比。因此，宝宝的生活环境不要太复杂、太讲究。家长不要以价格、质量、外观、品牌等成人的概念给宝宝选择玩具，凡是宝宝喜欢的就是最适合的、最好的。

宝宝自己能做什么，不仅取决于他们的成熟程度，而且取决于他们生活中的各种东西对他们的适宜程度。因此，幼儿生活的环境中必须适合宝宝的发育和心理特点才好。许多东西都要按照宝宝的特点布置，让宝宝穿容易穿的服装，容易掌握的玩具，便于他们取放东西的架子或钩子，以及他们日常生活中十分合适的设施。如宝宝的毛巾、杯子要放在宝宝够得着的地方；宝宝的玩具、画册应该便于他的取放；宝宝的衣服要简洁，容易穿脱；宝宝周围的东西不要太杂乱，要保证安全。这样宝宝可以自由地去探索、尝试，并学习独立自主地处理问题，在成功的经验中感受自己的力量，增强自信，增长智慧，有利于很早培养宝宝照料自己的责任感。

2岁的宝宝智力正在发生着飞跃，能够玩“假装游戏”，画粗线条的画，敏感地感受到别人的情感，语言能力也会从1～2个词的简单句子发展到复杂的句子。他能调整自己的行为，理解抽象的概念。他们开始明白数字代表数量，开始理解大与小、多与少的区别。所以，父母可以有效地采用一些让人兴奋的活动，如通过触摸和操纵玩具及工具理解物体的属性、形状、性质等；通过认字母、学数字、涂鸦、颜色辨认等发展宝宝的想象力，培养思维能力。他们可以为宝宝们携种智慧的种子，使他们成为善于思考，有好奇心，有鉴赏力和创造才能的人。

宝宝从3岁起，好奇心日益增强，“为什么”会越来越多。他们总是希望了解更多的事情，由于幼儿的能力有限，世界又极其丰富多彩，在许多事情上，成人的指导和解释是必不可少的。这正是我们激发宝宝求知欲的基本条件。但是宝宝的行为更多的受情绪的影响，一旦遇到困难，容易退缩，难以有计划、有目的地控制自己的认知目标。这时候，成人如何指导，直接关系到宝宝获取知识的质量。

在日常生活中，成人对宝宝的启迪往往只注重“教”与“学”。其实，启迪宝宝更多地要依赖宝宝的自主、独立的活动。应鼓励宝宝“爱动脑筋”，设置情景和宝宝一起探索，引导宝宝在活动中发现问题、寻找答案，让宝宝在自主的状态下动手、动脑，在“动”中有所思、有所得。宝宝在活动中会有新的发现，逐步扩大对社会的认识。但是，由于幼儿知识经验的限制以及注意思维能力、控制力等多方面因素的影响，宝宝在自主性活动中还存在一些认知上的困难，必须及时加以引导。特别要创造条件让宝宝与同龄伙伴一起玩耍，宝宝会获得更多的乐趣。

12 教育就是生活

目前，国外幼儿教育发展的新趋势之一，就是在教育目的上倡导“教育就是生活”。认为教育的目的是为了促进人的发展，人的发展是幼儿教育的归宿。幼儿生活包括幼儿的个人生活、幼儿园生活和社会生活。幼儿的个人生活充满了发展的契机，且是生动的、感性的，同时也是对幼儿进行自我教育、自我提升的过程；幼儿的教育重点不是科学，不是文学、数学、地理和历史本身，而是宝宝本身的社会生活。

幼儿的生活是一个需要幼儿付出多种努力的过程，更是一个需要幼儿多种感官参与的过程；是幼儿动手、动脑、动口、动身的过程，是一个不断发现问题、解决问题的过程。生活是一种实践，一种参与，也是一种体验。幼儿的学习必须建立在兴趣的基础上、需要的基础上。他们急于想了解什么或解决什么，遇到新奇的现象、困惑的问题时，他们才会自主地学习。凡是幼儿所喜欢、感兴趣的时候，他们就会调动全部的智慧和积极性去探索、去发现、去尝试，并有效地去同化外面的世界建立自己的认知结构。

幼儿的学习在很多情况下发生在日常活动中。当宝宝在海边嬉戏时，他不仅感受到海浪的冲击，海滩细沙的柔软，而且还可能看到天空的蔚蓝，螃蟹从泥沙里爬出来。宝宝们在海滩边与小伙伴一起堆沙子、筑“城堡”、捉小鱼、拾海带，在这种看似寻常的活动中，宝宝们心中充满了愉悦，并使他们学到了许多书本上没有的知识。只有在海边玩耍，宝宝才真正懂得了什么叫海洋、什么是天空，体会到了大海的宽广和深邃，陶冶宝宝的心境。

当大人带宝宝到植物园去玩时，宝宝们看到许多花草树木、昆虫飞蝶，他们会发现许多过去只有在图画书中看到的东西，会提出许多奇异的问题。他们看到各种各样的花朵，分辨出什么是红色、黄色、紫色、粉色，他们在用彩笔“涂鸦”“作画”时，小脑子里会反映出花草的色彩斑斓。在大人的讲述中，他们懂得了哪些是害虫、哪些是益鸟，习得了许多经验，学到了许多知识。他们感受自然界的一草一木，领略和体会到大自然的美丽和奥妙。这就是生活中的教育和渗透，这是在屋子里、教室中看不到的，这是在父母单纯地说教中，老师在课堂的讲解中体验不到、学习不到的。

许多家长一提到“教育”，就先想到让宝宝识字、认数、背诗、学画、练琴，让小小的宝宝一个接一个地参加各种培训班，期望把宝宝培养成一个“全才”、“天才”、“奇才”。尽管科学家提出：婴幼儿具有无限发展的可能性和潜能。但不等于说，婴幼儿可以成为一个“完人”。由于受时空的制约，受自身条件的局限，受内外环境的影响，他们不可能学习所有的知识，不可能获得所有的经验，不可能掌握所有的技能。他们只能在多种“可能性”中作出一定的选择和取舍。

当我们要求宝宝学习各种能力、习得各种经验、掌握各种知识的同时，他们往往也失去了与同伴嬉笑玩耍，与家人亲切交流，感受大自然的美好的机会，也就失去了童年的许多快乐时光。幼儿最好的成长环境是宽松的、愉悦的、丰富多彩而没有负担和压力的。因此，成人对幼儿的教育不要居高临下的“倾泻”、“灌输”，而是不失时机地引导、启发，要宝宝们在生活中去体验、学习，在游戏中与宝宝共同探索事物，共同分享快乐。“教育就是生活”，教育原本就在宝宝的生活之中，教育原本就是宝宝生活世界的一部分。

13 宝宝贪玩多聪慧

玩耍是宝宝学会观察、认识、理解、说话和活动的最佳“途径”，能促进宝宝的大脑智力开发。科学实践证明，2～5岁的宝宝中，爱玩耍的宝宝大脑细胞突触数量要比不玩耍宝宝多30%。因为在玩耍的过程中，宝宝要完成几十种与大脑和思维活动有关联的动作，例如，掌握平衡、协调心理活动、处理问题等。通过玩耍，宝宝能增进识别物体的能力，提高语言表达能力和思维想象能力、创造力，还能消除心理压力和恐惧感等。

国外的一位动物心理学家在实验室里选择了一批遗传素质一致的老鼠，把它们任意分成三组。第一组的三只老鼠被关在铁笼子里一起喂养，此为“标准环境”；第二组老鼠被单个隔离起来，只身处在三面不透明的笼子里，光线昏暗，几乎没有刺激，这叫做“贫乏环境”；第三组十几只老鼠一起被关在一只大而宽敞，光线充足、设备齐全的笼子里，内有秋千、滑梯、木梯、小桥及各种“玩具”，此所谓“丰富环境”。经过几个月后，“丰富环境”的老鼠最“贪玩”，“贫乏环境”的老鼠最“老实”。将老鼠的大脑摘出解剖分析，发现三组老鼠在大脑皮层厚度、脑皮层蛋白质含量、脑皮层与大脑的比重、脑细胞的大小、神经纤维的多少、突触的数量、神经胶质细胞的数量以及与智力有关的脑化学物质等方面存在着明显的差异，“丰富环境”组的老鼠优势最为显著。

实验表明，环境越丰富，玩耍得越充分，大脑的发育就越好。对于宝宝来说也是一样。玩，有助于宝宝智力发展，也有助于许多非智力因素的发展。健康的玩耍可以放松身心，有效的调节情绪，使宝宝紧张的情绪得以缓解甚至消除；宝宝们之间愉快地玩耍有益于他们自然合群，友好交往，保持正常心态；健康有益的玩耍即充分提高了宝宝的体能素质，又使他们在心灵上得到净化；宝宝们之间的玩耍使他们获得了互相表达情感、爱心的机会；和同伴们一起玩耍，极大地丰富了他们的精神生活，完善了宝宝的个性，发展了相应的社交能力；玩耍也是宝宝们认识社会、感悟社会的重要途径；更重要的是，玩耍可以满足宝宝们的欲望，同时也能激发他们的求知欲、好奇心和探索精神，激发宝宝的心智和创造力。

爱玩的宝宝有许多优点，聪明、伶俐、乐观、愉快、朝气蓬勃、有幽默感、乐于与人交往、富于幻想、勇敢大胆、具有强烈的自我发展倾向。所以，幼儿的早期教育只能是在玩中学，切莫只学不玩或多学少玩，这就违背了幼儿教育学和幼儿行为科学的规律。

有些父母片面理解“寓教于乐”，认为宝宝在玩耍中也应吸收知识，凡事都要把“教育”的目的硬塞进去，非但不现实，也违背了宝宝的天性。只要无害，应允许宝宝进行纯粹的玩耍。“无心插柳柳成荫”往往貌似无益的玩耍恰恰最寓教育于游戏之中。宝宝在玩的过程中，在亲情活动和生活游戏中能学到的知识浩如烟海。只要宝宝喜欢、玩得有趣，什么知识都可以潜移默化、逐步积累得到。但知识的掌握不是一次完成的，不能要求宝宝学什么就一步到位，一次消化。不必过早地将宝宝捆绑在书桌前，让他们像小学生一样认字识数、练琴，等等。根据他们无意注意和无意识记忆的优势特点，要不断地变换教育手段方式，使他们在玩耍中，不知不觉掌握知识，发展智力。总之，有益的玩就是学，有趣的学就是玩。在激发兴趣的基础上，不分学科、不讲系统、不顾深浅、不求甚解的学习更能培养出身体健康、智力超群、性格卓越的宝宝来。

宝宝的身体发育需要营养，宝宝的精神成长也需要“喂养”。引导宝宝健康地玩，便是一种最好的精神“喂养”。玩耍是宝宝学习做人做事的重要活动。缺少玩的宝宝，肯定比别的宝宝少学许多东西，也肯定会比别的孩子少了许多快乐。对于学龄前宝宝的贪玩，做家长的千万不要制止和干预，而要善意地引导。哪怕是一件玩乐的事情，只要有始有终地做好，对宝宝也是有百利而无一弊的。

14 让宝宝在游戏中成长

婴幼儿期的主要活动方式是游戏，他们除了吃和睡之外，差不多其他的时间都在游戏。游戏在宝宝成长的过程中扮演了很重要的角色。对宝宝来说，游戏是学习，游戏是劳动，游戏是重要的教育方式。许多书本上的知识运用到游戏中去，宝宝接受起来会更容易。学龄前期的宝宝主要是通过玩游戏获得发展的。早期教育就应该“从娱乐和游戏开始”。

宝宝们的游戏往往在活动中进行。宝宝参与游戏时通过跑、跳、攀、爬，可以促进运动器官的发育，进一步增强体能和身体的协调能力。宝宝的游戏大多是集体进行的，宝宝在其中扮演某种角色，学习游戏规则。通过游戏，使宝宝能掌握一些行为准则，体验到集体的责任感，进而发展纪律性、自制力，学会与人合作及交往，形成相应的、最初的道德观。

良好的游戏可以促进宝宝的智力发育。游戏是一种媒介，宝宝可以在做游戏的过程中，发挥想象力、创造力，实现自己的想法，发展控制自我意识。游戏激发了宝宝的创造力，宝宝在游戏中是最富有想象力的。他们怀着极大的热情创造着属于自己的世界，完全不受现实的限制。如“角色扮演”，几个宝宝聚在一起扮演“爸爸”和“妈妈”或“老师”和“学生”，使宝宝对于人际关系有了初步的认识；“模拟式游戏”可充分发挥宝宝的想象力，如一把普通的板凳，在游戏中却用途广大，“过家家”时拿它当桌子用，搭房子时又充当了墙壁，过河时当船用，开火车时它又变成了车头。宝宝在游戏情感的推动下，凭借想象把一个物体变换出许多新奇的用途，这种创造性和想象力是十分可贵的。宝宝在游戏中，即可展开想象的翅膀，又能真实地体验和表达人们生活中的感情和关系，认识周围的事物，使思维得到全面的发展。只有在游戏中，他们才能挣脱大人的种种限制，真正利用自己的头脑去思考。

人的心灵美、行为美是从小培养起来的。在幼年时期，健康的游戏是铸造宝宝美好情操的重要途径。宝宝是用饱满的情感去认知万物的，游戏可以培养宝宝善良的心灵和丰富的情感。宝宝在游戏中，不仅把万物看成是有生命的东西，而且还把自己纯真的爱灌注于其中。在游戏中，宝宝体验着高兴、快乐、悲伤、愤怒等人类复杂的情感，从而分辨着善与恶、美与丑，游戏陶冶着宝宝美好的情操。随着各种游戏活动的开展，宝宝的感情渐渐丰富起来。这种丰富而纯真的情感，恰是塑造成年后博大、宽容、成熟心理素质的必备条件。

游戏也是宝宝审美需要的一种独特表现，许多审美活动都可以利用游戏在宝宝期学习。如音乐游戏有音乐、有表演、有舞蹈，可以使宝宝从小懂得节奏美、旋律美、舞姿美。搭积木游戏可以让宝宝们认识到建筑的造型美、对称美、色彩美、布局美等。在游戏中可以丰富知识，宝宝们在兴高采烈的游戏中受到了美的熏陶。

爱游戏是宝宝的天性。对小宝宝来说，最高兴的莫过于玩游戏了。游戏是宝宝幸福的源泉。游戏对学龄前宝宝的发展具有其他教育手段所不能代替的、重要的价值。但有的家长对此缺乏认识，加之望子成龙，一味迫使宝宝去学他们毫无兴趣的“知识”、“技能”，剥夺了宝宝游戏的权利，压抑了宝宝的天性，这对宝宝的发展是十分不利的。聪明的父母应把幼儿的游戏当成大人的工作一样重视，鼓励宝宝多参与各种各样的游戏，以便观察和随时辅导宝宝，亲子游戏即是加强和培养亲子情感的最好途径。“寓教于乐”让宝宝从游戏中学习，因为游戏是起于快乐终于智慧的学习。

15 父母不要过分干涉宝宝玩乐

一个人即使拥有再好的想象力、创造力、表现力，却没有良好的注意力，则其他能力就会无法有效地发挥。因此父母必须培养宝宝的注意力，因为一个人的学习和吸取任何知识都是在精力特别集中的时候收获最大。可惜的是，父母反而经常是这种能力的主要破坏者。许多父母在陪伴宝宝玩耍时，常过分热心地参与其中，反而造成“监视”和“破坏”宝宝注意力的反效果。

游戏可以锻炼宝宝的注意力、创造力、想象力等，可平日里父母的很多做法往往好心办了坏事，不仅不利于提升宝宝能力的发展，还带来很多不利的影响。那么在宝宝玩游戏或者专心做自己喜欢的事情时，父母应该注意些什么呢？

不要强行打断宝宝正感兴趣的游戏

当宝宝正在专心致志地玩游戏时，父母粗暴地打断他。有时我们会发现宝宝静静地蹲在路边，很认真地观察某些东西，十分入迷。也许他正在观看蚂蚁搬运食物，也许他看到了一棵不起眼的小草或小树叶。遇到这种情景大多数家长刚开始时会停下来等候，但很快就变得不耐烦了：“看够了没有，这有什么好看的，赶快走吧！”有的家长甚至一把将宝宝拽走。

这样的场景相信在不少家庭里出现过，或许父母这样做都有自己的理由。养成有规律的生活习惯固然重要，但从宝宝的认知能力发展角度来看，最好不要突然打断他正感兴趣的游戏或事情。如此，才能培养自发性的学习态度。其实，当宝宝玩得兴高采烈的时候，再好的劝告也只是耳旁风，相反还会破坏宝宝的注意力。

用成人的思维去衡量宝宝的兴趣是不对的。如果不能做自己想做的事情，宝宝就会失去游戏的兴趣，破坏宝宝的注意力。长此下去，宝宝难以养成高度的专注力。父母可以试着跟宝宝商量，比如再玩10分钟我们该走了。这样给他留出时间和心理上的过度，效果要比强行打断好得多。

怎么玩让宝宝来做主

父母该由宝宝选择游戏的内容和方式，自己只需要做好一个看护者和跟随者，在适当的时机给予暗示即可，其他部分则由宝宝自己来思考、发现、摸索。假若过于干涉宝宝的游戏方法，时刻都想指指点点，只会限制他的思考范围，失去玩耍的乐趣。

建议父母更不要因为怕宝宝弄得一身脏而阻止宝宝戏水、玩沙、和泥、堆雪等游戏，宝宝们往往从这类游戏中感受到无尽的欢乐，他们会乐此不疲。其实，这类看似无聊的玩耍可使宝宝了解物体的性能，感受它们变化，在玩的过程中既培养了宝宝注意力，又能充分发挥宝宝的想象力和创造力。父母也不要嫌宝宝动作太慢而动手代劳。只要他想做，就耐心地让他试着去做，在尝试中给予适当的协助。如果失败了，鼓励他再来一次。

不要按图索意地指导宝宝去玩

有些父母买来新玩具，总喜欢按说明书，不厌其烦地指导宝宝去玩。其实，这是不必要的，因为宝宝不喜欢固定不变的规则，他们往往愿意按照自己的方式去玩。宝宝有自己的思考方式，宝宝的思维具有很强的弹性，范围较成人广泛得多，充满了幻想，常有匪夷所思的构想。因此，玩具的玩法不必拘泥于固定的形式，如一套积木，可以搭建各种各样的房子，也可以组成各种各样的小动物；一套插塑玩具，可以拼插出多种汽车模型，也可以拼装出许多飞机造型。只要宝宝愿意摆弄，尽量让他自己去玩。也许由宝宝自己完成的“作品”，在外观上比不上说明书上的图形，但宝宝能借此充分发挥自己的想象力和创造力，这不比按图索意地去玩更有意义吗？在自由自在地玩耍中，小脑子里会飞出许多美妙的构想。父母应该鼓励和满足宝宝不经意中的创造，让宝宝的心灵自由地飞翔。

对宝宝的作品多鼓励少指责

宝宝正在兴致勃勃地画一个长颈鹿，妈妈走过来看了一眼，指着画面说：“这是长颈鹿吗，脖子这么短，像个马一样。”“你的颜色涂的太难看了！”这类不经意的干涉和指责，会如同一桶凉水，把宝宝刚刚燃起的“创造欲”一下子扑灭了。幼儿在画画的过程中会逐渐地学会绘画的比例，合理的颜色搭配，但这些都必须达到一定的年龄段才能做到，父母不要过分地催促、挑剔。否则，会破坏宝宝的兴趣，打击他的自信心，令他们感到自己很无能，这是最“得不偿失”的做法。

16 开发右脑——早期教育的枢纽

人脑的左半球主管逻辑思维，而右半球则主管形象思维，其中右半球与人的创造力密切相关。通过右脑的开发，使宝宝两部分大脑全面、和谐地发展，是培养宝宝创造力的重要任务之一。

心理学家建议，应有意识地训练宝宝使用左手、左脚。如果宝宝左侧肢体使用频繁、活动灵活，就会促使右脑发达，从而使左右脑的功能都能得到有效的开发利用。多引导宝宝这样锻炼，宝宝就有望更加聪明。家长可采取以下方法训练。

指尖刺激法：家长可以训练宝宝用左手把积木图案摆出来；要求宝宝把火柴一根一根摆进火柴盒内，只能用左手，不准用右手；让宝宝练习弹琴就是很好的指尖运动，特别是钢琴、风琴、电子琴等需左右手并用的最为适合，因为手指运动能激活皮层中相应的神经细胞，从而达到开发智力的目的。

体育锻炼法：适度的体育锻炼不仅能促进血液循环和组织的新陈代谢，而且还能开发右脑的潜在功能，活跃形象思维。要求宝宝在拍皮球时双手交替进行；跳皮筋要求宝宝用左脚跳，不可用右脚跳；每天跳半小时的健身操，试用左手打乒乓球、羽毛球等；做操时有意识地让左手、左脚多重复几个动作，以刺激右脑。

借助外语开发右脑：研究发现，宝宝学会两三种语言跟学会一种语言一样容易，因为当宝宝只学会一种语言时，仅需大脑左半球参与。如果同时学习几种语言，就会“启用”大脑右半球。

音乐可以开发右脑：父母应该让宝宝学习音乐，还可以在宝宝从事其他活动时创造一个音乐背景。音乐由右脑感知，左脑并不因此受到影响，仍可独立工作，使宝宝在不知不觉中右脑得到了锻炼。

当然，最有效的、最方便的方法是在日常生活中经常有意识地使用左侧肢体，如左手握物、左手操作、左脚站立等。但是，右利手的宝宝大脑神经活动已形成其相应的动力定型，若人为地改为左利手，势必会导致大脑神经活动的紊乱，导致宝宝精神紧张，起到反作用。

Chapter 10 第十章

面对宝宝的“逆反心理”，你怎么办

MIANDUI BAOBAO DE NIFANXINLI NI ZENMEBAN

- 宝宝为什么爱发脾气
- 如何面对宝宝“坏脾气”
- 善待宝宝的“逆反心理”
- 对任性的宝宝说“不”
- 不要刻意培养“听话的乖宝宝”
- 你是具有“宝宝化智能”的父母吗

01 妥善对待宝宝的哭泣

哭是宝宝发泄自己情感的一种形式。有的家长担心宝宝哭会上火，对宝宝百依百顺，滋长了宝宝的任性；有的家长干脆厉声呵斥或打骂，试图使宝宝终止哭泣，但宝宝的情感不能宣泄和表达，会造成心理上更多的伤害。幼儿的哭闹常常使年轻的父母感到十分棘手，对宝宝的哭闹即不能听之任之，又不能过分地管。怎样掌握合适的分寸呢？可以从幼儿哭泣常见的表现形式来分析。

胆怯的哭：宝宝因为胆怯或害怕而不由自主地哭，大人应给予正面的安抚，使之停止哭泣。如宝宝走路摔倒，不小心碰到桌椅，如情况不严重，应鼓励宝宝自己站起来，不必赶忙又抱又哄，甚至于嫁祸于绊倒宝宝的桌椅板凳，这样只会强化宝宝的胆怯心理，使其变得缺乏自信和不愿承担责任。过多的呵护，会造成宝宝遇到类似情景时更多、更严重的哭泣。

任性的哭：有的宝宝抓住家长溺爱心理，用哭来威胁家长以达到满足自己要求的目的。对宝宝这种任性的哭泣，不要姑息迁就，对宝宝的无理要求做父母的坚决不能妥协让步，否则容易使宝宝混淆是非。家长随意的妥协，会使宝宝变本加厉地以哭闹来要挟父母以满足其无理的要求。一般情况下应该给宝宝简单明了地讲清道理，使宝宝明白任性是不对的。如果强迫宝宝执行大人的命令，可能会引起更剧烈的哭闹和反抗心理。如果不奏效，就给予“冷处理”，任其哭闹、不哄不管，持续一段时间，宝宝意识到用哭闹威胁父母行不通，自然会停止哭闹。也可以用转移注意力的方法，如提出一个宝宝特别感兴趣的问题，带他到一个喜欢去的地方去玩，给他一个新鲜的玩具等，让宝宝在不知不觉中停止哭泣。

宣泄的哭：当宝宝遇到不顺心的事，如宝宝心爱的彩色气球突然爆裂了，积木搭起的高楼倒塌了，被小朋友推倒了等，任何在成人看来微不足道的小事都可能引起宝宝的哭泣。婴幼儿的心理与成人有极大的差别，他们往往把玩具拟人化，会把气球或积木当成自己亲近的朋友，投入极大的感情，当心爱之物遭到破坏时会感到十分伤心。婴幼儿的语言表达能力受限，当不能充分表达自己的意图或感情时，就会用哭来宣泄。家长应该充分理解宝宝的心情，允许宝宝哭泣，把内心的委屈都发泄出来，倾听宝宝的心声，并给予及时的安慰，如搂抱宝宝，帮助他整理好玩具。宝宝的情绪容易转移，用其他的物品转移宝宝的注意力也是常用且有效的方法。

哭是宝宝表达情感和体验的一种方式。宝宝都会有各种各样的情感表现，他们有时会用哭来表达自己的消极情绪。但是，如果他们把哭当做解决问题的唯一手段，遇到困难就哭，并在心理上对哭产生依赖的话，会对宝宝心理产生不良的影响。首先，经常处于消极情绪状态的宝宝，他们的身体各器官都会受到抑制，影响正常发育。其次，哭不利于宝宝形成积极有效的人际交往方式。如果和别的小朋友在玩游戏时不知道怎么和别人商量，遇到困难就会哭的话，长大后也很难学会和别人交往、和他人友好相处。这种交往方式会发展成为退缩的个性或以极端的行为解决现实冲突，无法适应现代生活的节奏。最后，宝宝经常处于消极的情绪状态，也会影响到父母的情绪，使他们产生自责和无力感。

小人儿也会“反抗”

当宝宝长到2～3岁的时候，无论什么事情都要用“不”来反抗，许多事情要自己来做，很难“对付”，与其他小朋友玩耍也易发生争吵。好多家长开始抱怨：“宝宝越大越淘气，越不听话”“这么小的宝宝，越不让他干的事，越是偏要干，真拿他没有办法。”原来在父母眼里的乖宝宝，突然之间变得和自己“对着干”，“任性十足”，令家长不可思议。

其实，宝宝这个阶段表现出来的反抗、任性，正是他独立意识日趋形成的表现。自发性就是自己思考、自己行动的能力。自发性的顺利发育是培育宝宝创造性的前提。受到父母过度保护、过度干涉的宝宝，其自发性发育迟缓，往往被培养成

“老实的好宝宝”。

2岁多的宝宝已不爱在妈妈的怀里呆着。他们不满足于窄小的空间和天地，喜欢到处乱跑、四出乱动，去探索未知的世界。而家长却觉得宝宝太小，需要保护和照顾，总是跟在宝宝后面大声呼叫：“别乱跑，别乱动！”或给予各种帮助，而宝宝却难以忍受大人的管教和约束，极力想摆脱大人的监护。走路时，不要妈妈领着；上楼梯时，摇摇摆摆也不让爸爸扶着；吃饭时非要自己动手，尽管他搞得到处都是饭粒和菜汤，吃不进多少，也不让大人喂；衣服、鞋子穿反了，也不让家长纠正过来。凡此种种，让大人哭笑不得，奈何不得！

宝宝有意创造自己“心的世界”，即他开始有自己的想法。但是他的“心的世界”尚未像成人世界一样适合现在社会的规范，但他总想表现出来。这就是所谓的“意欲”和“反抗”。宝宝希望通过自己做事情展现自己的能力，获得一种成功的喜悦和大人的赞誉。此阶段宝宝“想自己来做”的愿望很强烈，大人应好好爱护这一热情。如果大人不了解宝宝的这种“意欲”，而处处对宝宝说“不可以这样，不可以那样”干涉宝宝的行动，宝宝心里的欲望得不到满足，他们会变得情绪焦虑，性情暴躁，哭闹、吵嚷、生气、反抗。这样的宝宝长大后也绝不会成为有民主、自主、独立意识的人，有鲜明个性的人。

随着宝宝自我意识的不断增强，宝宝开始理解“我的”概念。你会发现宝宝对于认为属于自己的东西有很强的占有欲，包括一块糖果、一只杯子或一个小凳子。如果得不到会非常生气，甚至撒泼打滚。对宝宝来说，自己占有是一个很重要的新概念，此类行为不应被视为自私自利，因为1岁多的宝宝还不懂得分享和谦让。对于过度霸占东西心理严重的宝宝，对付他们的一个小窍门就是让他们自己作出选择：“你要这个红颜色的杯子，还是要那个黄色的杯子。”“你要坐这个小凳子，还是要坐小椅子。”“你不再哭闹，才能给你吃巧克力糖。”如此这般，可以缓解宝宝的反抗情绪。

父母一定要了解这样一个事实：宝宝并不是存心反抗，因为这样小的宝宝还不懂得忍让和克制。宝宝这时的“反抗”，并不意味着不依恋父母、疏远父母，也不能仅仅用淘气来解释。这是宝宝自发性、独立性萌芽的表现，是一种“积极的反抗行为”。我们在日常生活中不要处处约束、管制宝宝，不要讲不能如何如何，而要给宝宝讲清应该如何如何。如果在这一时期父母过分压制宝宝的反抗心，会使他们的判断力无法成长。对这个年龄段的宝宝出现的反抗现象，成人应给予支持和理解，让宝宝感到“我的独立是被承认的”，并创造条件让宝宝“自己的事情自己做”，从小培养宝宝的自我意识和独立生活能力。爱护和培养宝宝“自己来做”的热情，应该成为家长育儿的基本方针之一。

03 “可怕”的2岁

过了1岁半以后，宝宝就进入了所谓“第一反抗期”。过去老实听话的宝宝，逐渐开始变得任性，经常说“不要”。这在父母看来，很难管理他。

“反抗”一词包含有“抵抗”的意思。宝宝并不是毫无道理地抵抗，其实他们是在坚持自己的主张。如果这些主张得以实现，对于宝宝“自我”的确立非常重要。 如果仔细观察这种状态下宝宝的举动就可以明白，这是宝宝有了自我主张的表现。例如，想要自己穿鞋、想要自己用筷子、想要自己洗碗，等等，大都是坚持自己的主张。但是语言表达能力还相当贫乏的两岁宝宝只会说“不要”和“自己做”，很难将自己的想法准确地传达给父母，而被误以为是在“反抗”、“任性”。 其实，这个时期的反抗表现，是宝宝自我发展的必经阶段。爸爸妈妈们应该正确地看待这一现象，尽量放手让宝宝自己动手尝试做各种事物。这样不仅满足这一时期宝宝心理上的需求，同时还可以提高宝宝各个方面的能力。

人们在形容与宝宝有关的东西时，通常用到的词都是“可爱”，即便是喜欢破坏的宝宝，也会被家长善意地称作“顽皮”、“淘气”。然而在英国，人们却用

“可怕”来形容两岁的宝宝。如今，“Terrible twos”（可怕的两岁）更是已经成为英文中一个固定的说法。之所以说这个年龄的宝宝可怕，是因为他们在这时开始表现出与过去不同的特征，非常难缠，喜欢作对，万事都有叛逆倾向。

2岁之前，宝宝处于生理快速成长期，学习吃喝拉撒，爬坐立走，听音说话，要求基本都能跟家长的意愿合拍。2岁以后，宝宝的自我意识开始萌发，具有独立做出选择的冲动。然而，限于他们不能像大人一样用语言表达，只能把喜、怒、哀、乐写在脸上。他们经常会反抗大人的决定：天冷了不肯增加衣服，下雨天要往外跑，为看动画片不去吃饭，家里有许多小汽车还要闹着买……在宝宝“闹独立”的过程中，你会遇到以下种种情况：赌气时拒绝父母的要求，和大人唱反调；不理睬父母，不要父母搂抱；不待在父母身边，从父母身边跑开。

宝宝在2岁左右表现出的“反抗精神”是他们必经的发育阶段。家长需要做的是正确疏导，而不是施以“管教”。首先，家长要明白，宝宝在2岁时特别需要父母的情感支持，因此父母不要强制要求宝宝“不准干什么”和“必须干什么”，而是要给他们一些选择机会。比如，给宝宝吃水果，不要简单地命令他们吃苹果，而是将香蕉、苹果、橘子、猕猴桃等多种水果摆在宝宝面前，让他们自行选择。其次，可以和宝宝平等地进行“条件”交换。如果宝宝在大风天非要出门，但又不想戴帽子，此时家长就可以这样跟宝宝说：“妈妈都答应带你出门了，你是不是也该答应我们戴上帽子啊？”给予宝宝尊重，也教会他们尊重别人，可谓一举两得。最后，家长要学会让步，如果宝宝的行为与父母意愿不一致，但宝宝也不会因此而遭遇危险时，最好让宝宝自己做主，父母没必要强加干涉。

让宝宝用语言表达要求，但不能纵容他的不良习惯。如果你遇到宝宝在超市里大吵大闹地要蛋糕，不要因为周围人的目光让他得逞。你可以把他带出来，用平静的语气告诉他：“因为你的表现很差，所以妈妈不能给你买蛋糕。如果你想吃蛋糕应该对妈妈说。”慢慢地宝宝就学会用语言表达自己的想法。

独立是宝宝成长过程中重要的一步，但父母不要忘记，2岁左右的宝宝还太小，不知道行为的后果，不能预见可能发生的危险。因此，他们会做出一些可能会产生危险后果的行为。因此，要特别保护好宝宝的安全。在宝宝疲惫和饥饿的时候，就该让他们休息或者吃一些平常喜欢的零食，有助于缓解紧张的情绪，而不是教他学习新东西或做事情。周围环境的变换也会让宝宝紧张，反抗心理加重。比如，到一个陌生的环境或当宝宝生病时，通常他们的情绪很低落，容易和父母对着干，这时父母应理解宝宝，不妨多宽容他们一些。

许多妈妈们当听到宝宝对自己说“不”的时候会兴奋地跳起来。因为，她们认为这是宝宝成长中的一个标志（2岁左右），说明自己的宝宝是健康成长的。而宝宝唯唯诺诺、百依百顺并不是好现象，长大以后他可能会成为“问题”少年，用制造麻烦代替说“不”。

父母一定要记住：反抗行为是宝宝成长过程中的必经阶段，只有通过父母的帮助，宝宝才能顺利度过反抗期。

04 宝宝为什么爱发脾气

王教授：你好，我家宝宝快2岁了，天生急性子火爆脾气，一哭就撕心裂肺的。最近，一不满足他的要求就赖地上哭闹打滚，甚至用脑袋撞地板。小家伙之前都是老人家在带，都心疼他哭，要什么就满足什么。最近开始自己带，每次发脾气我都冷处理，但最终都不会自己哭停的。爱发脾气的宝宝要如何调教呀？

我的答复：发脾气从发展学上来说是“合理”的，是成长中的一部分，没有（或很少有）宝宝没有发过脾气的。大人都会任性、乱发脾气，何况是小宝宝。发脾气的程度和先天的气质也有关系。这就是为什么有的宝宝发起脾气来比别的宝宝大的缘故了。

从心理学的角度来看，宝宝发脾气是种心理需求的表现。婴幼儿随着生理、心理的发育，开始逐渐接触更多的事物。他们对这些事物正确与否的认识，不可能像成人那样进行理性的分析再做出行动的决定，都凭着自己的情绪与兴趣来参与，尽管有些事物往往是对他不宜、不利，或者是有害的。因此，当宝宝遇到挫折或是不舒服的时候，很自然地就通过发脾气来表达，比如，摔东西或是拉妈妈的头发。但是，这样的行为只是偶尔出现，并不能作为宝宝常有的一种习惯。

发脾气高峰在宝宝2～3岁，这和他们的自我意识初步形成和语言表达能力有限有关。这一年龄段的宝宝易冲动，自制力差，对挫折的容忍程度是有限的。宝宝有自己的主张，又不能很好地表达。同时，这个年龄宝宝的父母又要开始规范他们的行为，在这个时期父母和宝宝很容易陷入冲突。一般这种现象会延续到4～5岁，以后会好一些。宝宝发脾气并不说明他们“坏”。他们正在做着他们这个年龄要做的事。

脾气发作不仅对宝宝的情绪和生理状态有较坏的影响，而且也使家长狼狈不堪，感到很棘手。怎样制止宝宝哭闹、发脾气呢？一定要根据发脾气的原因“对症下药”，方能奏效。细数宝宝发脾气的6大原因：

过分溺爱：父母如果溺爱宝宝，任其为所欲为，有求必应，宝宝就会通过发脾气以实现自己的愿望。这种放纵失教的情形，会养成他们的暴躁性格，稍不如意便大哭大闹。

由于不被理解而发脾气：3岁以上的宝宝已经有了自己的思想，对某一件事也有了自己的看法，家长一定要给宝宝提供充分表达内心想法的机会。如果宝宝饶有兴致地向家长讲述某件事时，可妈妈却毫不理会，照旧干自己的事情，宝宝就会发脾气以示心中的不满。

遭受挫折：挫折感也是宝宝发脾气、哭闹的主要原因之一。2岁的宝宝“自我”成长得很快，有一种强烈的想自立、想“掌握”事情的愿望，却常常被大人或自己有限的能力所阻碍。这时宝宝会对自己感到沮丧，对家长的阻碍感到愤怒，因此要发泄。

模仿成人：有些大人遇事很容易大发雷霆。若父母或周围的人遇事不冷静、行动粗暴、容易发怒，宝宝会模仿他们。许多父母会在宝宝身上看见自己行为习惯的影子。

身体劳累：导致身体疲累的原因可能是睡眠不足、疲劳过度等。2～3岁的宝宝可能已经不睡午觉了，但是体力仍不足以支持过久，而身体疲累会令人容易发怒。若宝宝湿了尿布，肚子饿了或身体虚弱等，都可能令他们发怒。

健康问题：身体不适、生病了都会影响控制能力。宝宝遇到一些不如意的事情，亦容易失去自制能力。还有在生病期间，宝宝会受到特别地关照，一旦病好了，特殊待遇取消了，但他还没有适应过来，宝宝便会发脾气。

05 如何面对宝宝“坏脾气”

心理学家发现，宝宝出生后3个月就有愤怒的情绪。此后，如果经常有使宝宝生气的刺激行为出现时，就很容易让他学会以愤怒方式来换取权利或满足需求的行为。宝宝虽小，同样也有物质和精神上的需求，并由此产生许多愿望。因为宝宝对自己情绪的控制能力比较差，语言表达能力有限，所以宝宝常常不知该如何表达和释放自己的情绪。他们时不时地发“小脾气”是常见的事情，有时不需要特别地加以“控制”。家长采取视而不见的冷处理办法，宝宝的脾气可能很快就烟消云散，正所谓来得快、去得也快。这时若加以“控制”不一定对宝宝有什么好处。只要宝宝的脾气不是太过火，对别人不造成损害，可以随便由他。这样宝宝就会发现，发脾气并没有什么好玩之处，其脾气可能就会越来越小，最后也许就很少发脾气了。

许多年轻的父母觉得宝宝的脾气越来越坏，简直到了无法容忍的地步，为了纠正宝宝的坏脾气，经常粗暴地打断或阻止宝宝表达自己的愤怒与不快，甚至大打出手。这都是错误的。因为宝宝也需要适当地发泄自己的愤怒和不快，以维护自身的情绪平衡。所以，父母首先应当学会接纳宝宝的愤怒，容忍宝宝的不满，让宝宝适当地宣泄自己的不快，在性格上得到均衡的发展。这与毫无原则的溺爱是两码事。让宝宝学习控制情绪，首先应尽量做到使宝宝在合理范围内有充分表达情绪的权利，因为孩子能够充分地、合理地表达自己的情绪，正是宝宝心理发育基本健康的标志。

人们发脾气时所选择的对象，多是能够接受或忍受我们的“疾言厉色”的人。这种对象的选择有时是潜意识的，因为在他们面前有安全感，我们才敢发脾气，才敢失态，以释放紧张不安的情绪，宣泄内心的矛盾冲突。宝宝清楚地知道父母爱他们，所以他们才敢跟父母耍性子。只要父母认真地加以关注，静静地倾听他们的心声，他们就能够充分释放出内心的紧张、不安和沮丧，摆脱孤立无助的惶恐，继而恢复自信心。宝宝发脾气之后会逐渐冷静下来，恢复合作精神，更容易接受父母的建议。所以，我们不应认为宝宝发脾气是“麻烦”，而应当看到发脾气是他们心理康复的必然过程，也是心理发育成熟过程中的正常反应。

一般而言，刺激宝宝的因素很多，如游戏时的争执、欲望受挫、行动干扰、被人打骂及父母间激烈的争吵等。肚子饿、太疲倦等平常的事情，有时也会成为幼儿发脾气的原因。宝宝发脾气时要找真正原因，是否物质要求没有得到满足，还是宝宝心中的想法、困惑、不满和委屈没有得到及时的抚慰。如果父母缺乏一套管教方法，过于心软，就会被爱发脾气的宝宝搞得团团转。宝宝发脾气的时候，最忌悔的就是大人先是犹豫不决，后来禁不起幼儿的哭闹，终于屈服的作风。如此，宝宝会认为当父母说“不行”时，只要发脾气就可以获得自己所要的东西，发脾气作为他的武器。

宝宝发脾气时父母不必过于理会他，以免增强其非理性行为。父母应保持最大限度的克制，避免自身情绪波动。对宝宝发脾气时的种种表现，要有充分的思想准备。避免被宝宝的言行所激怒，不要针锋相对地予以回击或以"武力镇压"，以免得到负面的效果。父母可以找个安静的地方回避，直到情绪平稳，能够冷静地面对发脾气的宝宝，但切忌将宝宝单独关在家中。也可以让宝宝独自发泄情绪。如果宝宝的情绪发泄没有得到预期的注意时，自然会慢慢削弱其行为，而放弃此种毫无意义的发泄方式。当宝宝心中有非理性的要求或情绪出现时，父母最好能教给宝宝表达愤怒的方式，协助其正常的发泄，以大声说话、运动、唱歌、跳舞等方式转移注意力。让宝宝认识到，只有在不伤害他人的情况下，适当地发泄自己的不满才是被允许的。

宝宝发脾气的时候，父母认真地关注、冷静地倾听就能够带给宝宝安全感。如果宝宝压抑着自己，不断抽泣，浑身发抖，可以轻轻地把他搂在怀里，握住他的手，轻拍后背和抚摸头发，和蔼安详地凝神望着宝宝，让宝宝感受到父母是他们最信得过、最能依靠的人。帮助宝宝排除内心的不安、紧张和焦虑。如果宝宝双手乱舞、跺脚蹦跳、出言不逊，可以冷处理，认真冷静地倾听他们诉说心中的不满甚至愤怒，不要过多地进行干预，更不要针锋相对地给以回击。如果宝宝有伤害自己或家人以及毁物行为时，一定要及时制止，同时注意保护宝宝和自己。

然而，有一些家长与教师，由于不理解宝宝的心理特点，往往把宝宝的宣泄行为视为"有意破坏"，因而严加训斥与制止，迫使宝宝强行克制已经发作的脾气，勒令其把哭声"憋"回去。这样做既不公道，又不科学。宝宝慑于大人的训斥，表面上是不声不响了，但怨气却憋在心里，加重了紧张焦虑。长期如此，宝宝得不到宣泄的机会，不仅不利于心理健康，而且会严重影响神经功能。所以，在不伤害他人与适度的前提下，家长不妨让宝宝使使性子、发发脾气。须知宝宝们"发脾气"，究其实质来说是释放积压在胸中的怨气，是一种必要的自我心理调节。

有些父母也许会担心这样做是不是在纵容宝宝？其实，同我们一样，宝宝发脾气时头脑发热，注意力完全被激动的情绪所左右，什么也听不进去。此时，如果我们强迫他们接受劝告或建议，其结果适得其反，倒不如待宝宝渐渐平静，此时我们给予的劝告和建议才更容易被接受。

处理宝宝“脾气不佳”问题，除了事后的措施，也应做好事前的预防。如让宝宝各自拥有心爱的玩具，如此可以减少宝宝因争夺玩具而产生冲突的机会；避免不必要的约束、矛盾的要求或指定一些宝宝不能胜任的工作；在确保没有危险的情况下，允许宝宝自由活动，大人不要过度地去干涉；让宝宝有充分的空间、足够的睡眠以及规律的生活；提供温暖、和谐的生活环境，使宝宝能在一个充满爱的环境中成长。

06 应对宝宝发脾气的妙招

当宝宝发脾气躺在地上大哭大闹时，许多家长多是连哄带骗，有的百般迁就，有的暴怒之下打一顿了事。宝宝发脾气的原因很多，随着他们的成长，因素也越来越复杂。家长要了解这些原因，冷静分析，正确处理。

表达爱心，温和处理

千万保持冷静，发火的父母会使宝宝更加恼火。记住，你面对的只是一个宝宝。你可以发泄怒气，但是不要针对自己的宝宝，毕竟宝宝的自我控制能力较差。

温柔、温和地和宝宝讲话，对他安静下来有好处。如果宝宝在叫嚷，注意简化自己的用语，不要讲大道理，而是平静地和宝宝说话。

靠近宝宝，抱他爱他。身体上的亲密能达到很好的安慰效果，可以使气氛缓和下来。让宝宝坐在你的大腿上，或者亲密地坐在宝宝身边帮他平静下来。

如果宝宝因为生病而发脾气，此时你应该对他表示同情，可以找出平时他喜欢的玩具让他玩。因为这时他发脾气不是无理取闹。

当宝宝表现出一点控制自己的能力时，你要有针对性地表扬。比如，本来他发脾气时要扔东西，这回虽然发了脾气，但没有扔东西，应该表扬他。

不予理会，冷静处理

有时候宝宝会存心想试探你而故意哭闹，此时你要坚持不予理睬的方法。他看看没有指望控制你了，会逐渐安静下来，停止哭闹。

宝宝因为得不到某一样东西而大发脾气时，千万不要为了让他安静而把东西给他。如果一发脾气就能得到想要的东西，以后他就会更随心所欲地乱发脾气。

如果你忍受不了他的哭叫声时，可以到别的地方去做声音更大的活动。例如，吸地板、使用吹风机、洗衣机。不要理会宝宝的哭闹，要让他明白，叫喊没有用，只有好好说话，你才会注意听。

不要在他发脾气的时候和他理论，他一定听不进去。宝宝发脾气时最需要的是得到他人的理解和包容。在宝宝的情绪得到了安慰后讲道理，比一遇到问题就说教，效果要好得多。

适当隔离、方法灵活

心平气和地把宝宝抱到安静且安全的地方，告诉他不再哭闹时才可以回来。等他不哭闹时放他出来，并用最简单的道理和他谈谈刚才的事。万一宝宝再度哭闹，仍旧采取隔离政策。

如果宝宝在购物场所里大哭大闹，不要说“如果你不起来，我就把你扔在这里自己回家”，而是平静地把他带出来或带上车。等他哭过之后，再继续把刚才的事做完，不要让宝宝觉得发脾气可以阻止你采购。

当宝宝由于某种要求未能满足而大发脾气时，家长不要采取强硬态度，非要把宝宝制服。这样就如火上加油。家长应该态度冷静，方法灵活，有时要适当给宝宝留点面子，找个台阶，让他自己下。

转移注意，忘却哭闹

音乐有镇定的功效，放点音乐可以吸引宝宝的注意力，使哭闹停止。

可以忽然提出一个新的事情，要宝宝和你一块儿去干，他会忘记发脾气的事。

在宝宝耳边轻声说些有趣的事，或者开始讲故事，宝宝很可能会为了听故事而停止哭泣。

如果你感觉到宝宝的情绪越来越紧张，让宝宝玩个有意思的游戏、读本书或者只是把宝宝带到户外。

除了以上策略之外，家长还要特别注意自身的言行，因为家长的言行是宝宝行为的一面镜子。

一旦宝宝发脾气，家人要采取一致的态度，否则他就会更加哭闹不止。当宝宝无理取闹时，千万不要“有人唱红脸，有人扮黑脸”，一个人训宝宝，另一个去哄宝宝甚至讨好宝宝，更不要当着宝宝争论。宝宝最会“欺软怕硬”。

对待宝宝发脾气绝对不要采取“以暴制暴”的方法。有的父母把问题看得很简单，解决方法也简单，一个字“打”。其实，打的结果更坏，宝宝或是表面屈服于棍棒，或是越闹越凶，甚至对父母产生敌视心理。

家长切记自己不要经常发脾气。为了培养宝宝良好的性格，家长一定要以身作则，为宝宝创设一个良好的家庭环境氛围，让宝宝保持积极情感，尽量控制不良情绪的爆发。

07 面对“反抗”宝宝，家长要“对症下药”

面对宝宝的反抗，父母不能一味地去反对和制止。只有正确了解宝宝反抗背后的原因，才能“对症下药”。要知道父母的处理方式是否正确会直接影响到宝宝的成长。所以，面对“反抗”宝宝，家长也需要“三思而后行”。

理解宝宝、尊重宝宝：宝宝开始喜欢跟父母说“不”的时候就是他们建立自我和自尊的第一步。宝宝这么做的目的无非是为了要求和大人一样的平等地位。此时，父母对宝宝的行动不要轻易加以干涉，要以平等的姿态来征询宝宝的意见，给宝宝留有选择的余地。这样做会让宝宝觉得你们尊重他，维护了他的自尊，也就不会轻易跟你说反话了。

对宝宝提出的要求要合情合理：对于宝宝必须做而且完全能够做到的事，父母应该严格要求；而对于那些不必要做且宝宝不愿意去做的事不要强行要求他们。在宝宝玩得开心的时候，父母千万别打扰他们的兴致。要是宝宝确实做得不对，父母在制止他们时，要适当地“放宝宝们一马”。这么做也许会给大人带来一些麻烦，但相对于宝宝人格健康发展的回报来说，这点让步是非常值得的。

满足其好奇心和合理要求：对于宝宝的好奇心，父母们应该给予支持，千万不要对宝宝过度保护或是包办代替，这样会使宝宝失去很多自我探索的机会，也会引起他们的抵触心理。对于宝宝的能力，父母要给予充分的相信和肯定。当宝宝遇到自己能力范围可以解决的困难，父母要尽量放手让宝宝自己去做，这样宝宝在体会成功的快乐同时，也能减少和父母的对抗。

同时满足宝宝独立与渴望保护的需求：宝宝之所以表现出顽强的“反抗性”，其根本原因是想独立。表面上看起来是在与父母作对，但宝宝的内心仍然需要父母的情感支持和适时的鼓励。在放手让宝宝独立做一件事时，父母可以首先判断一下他能多大程度上完成这件事和可能遇到的问题，然后在没有人身危险的前提下，让宝宝自己去做。如果宝宝正准备做的事情可能危害到健康，父母必须果断地制止，并用其他没有危险性的活动来代替。让宝宝在享受独立感的同时也感受到父母对她们的关爱，这样也会减少宝宝的反抗情绪。

与宝宝有足够的交流：当父母看到自己的宝宝由乖巧向淘气转变的时候，在心理上不应该有担忧和烦恼，这些都是宝宝成长的一个过程。但并不意味着父母可以不管不问。如果这样做的话，那么宝宝可真的要成为“坏宝宝”了。父母要给宝宝比以往更加多的宽容、关爱以及交流，耐心倾听宝宝内心的想法，了解宝宝的需要，问问宝宝是怎么想的。

08 善待宝宝的“逆反心理”

由于3～4岁的幼儿自我意识的发展，他们有越来越大的主观能动性，对成人的指挥和安排表现出更大的选择性，因此常常表现出任性，不听话，你叫他这样，他非要“闹独立”。这种现象在心理学上称为“逆反心理”，不必奇怪。

如果父母对待宝宝的教育方式上不当，可能加剧逆反心理。作为家长，总是千方百计教育宝宝，希望宝宝变得温顺、听话，成为人见人爱的“乖宝宝”。但有些宝宝爱反抗，不听家长的话，常被大人误认是叛逆。其实，反抗是宝宝的一种心理表现。它虽然对宝宝有不利的一面，但也有许多正面效应：反抗心理强的宝宝，在不顺心的时候敢于发泄不满的情绪，这样不会让不愉快的事情长期留在心中；他们不会有畏缩心理、压抑心理，他们以“反抗”的形式保持心理平衡，因此也能起到维持身心健康的作用。

不要过分要求宝宝服从，压制他们潜在的创造力。不要总认为听话的宝宝才是好宝宝。爱反抗的宝宝，他们脑子里往往有一些常人没有想到的奇异念头，只要适当加以正确的指导和培育，是很有发展前途的。这种宝宝有85%成长为意志坚强、具有判断力的年轻人；而反抗性弱的宝宝，仅有24%的人能依照自己的意志行事；过分服从的宝宝，常常缺乏创造性。

不许反抗，是对宝宝的天性的扼杀。2～5岁正是宝宝的自我启蒙期，他们开始动脑筋考虑问题及观察事物，可由此培养出独立思考和决定的能力。若在此时压抑宝宝的反抗，反而阻碍了宝宝思想的自由发挥和自发性的形成。宝宝产生反抗心理，是其天性的自然流露，反映了幼儿自我意识强、好胜心强、勇敢、有冲劲。反抗心理包含有许多积极的心理。因此，父母要善于发现反抗心理中的创造性和开拓意识，加以合理引导。好的一面予以鼓励，不好的一面，循循善诱，切不可一味压制，扼杀了宝宝的天性。

宝宝的逆反心理是宝宝教育弊端的曝光。在对待宝宝的教育方式、方法上，不少家长存在着一些问题。如有些父母不了解宝宝的年龄特点和身心发展水平，提出过高的要求，使宝宝感到负担过重；还有些父母为宝宝过早定向，强制宝宝长时间地从事专业训练；有的父母喜欢整天对宝宝唠唠叨叨，这个要这么做，那个要那么做，这种“敲木鱼”式的教育最终导致宝宝厌烦而产生逆反心理；也有的父母脾气暴躁，不时打骂宝宝，等等。另有一部分家长一切以宝宝为中心，对宝宝百依百顺，包办宝宝所有的事情。宝宝产生反抗心理，可以说正是上述这些弊端造成的。教育的方式和手段违背了宝宝的天性，自然会引起宝宝的抵触和反抗心理。可见，宝宝反抗心理的形成是“事出有因”的，在一定程度上敦促家长在教育方式和方法上作出改进。当然，经常与家长老师作对，无理取闹的宝宝也不能听之任之，但也不宜强行打骂教训宝宝，应该找出宝宝反抗的根源，并不厌其烦，耐心教导。

不少家长在遇到宝宝“顶嘴”或“讲歪理”时，常常大发雷霆，并给予严厉地训斥及制止。他们不懂得这是宝宝有健全思维的表现，也是培养宝宝明辨是非、学会与父母沟通的好时机。如常常予以制止的话，无疑在破坏他们健全的智能发展，抹杀他们表现自我的意愿。因为宝宝的“歪理”是以自己的理由来看事物的表现。父母应该超脱自己的角色，用客观的角度观察宝宝的叛逆问题，也要审视自己的态度，放弃自己不当的方式，以不同的角度对待宝宝，做有限度的迁就。急躁的家长要保持冷静，才能使宝宝冷静下来，便于沟通。只有进入宝宝的内心世界，才能相处得更融洽，宝宝的反抗行为自然就会减少。父母应经常有意引导宝宝发表独特见解，引导他们建立个人的思维和观念，不受传统的束缚，发展宝宝的想象力和判断力。

很多时候，对宝宝的管教是要经常改变方式的。当不满意宝宝的某种行为时，必须很具体地说出，其他的批判是多余的。要说出自己的感觉，而不是直接指责批评宝宝。不要没头没脑无谓地批评和推测，让宝宝的自尊心受到伤害，使宝宝失去信心。特别对稍大一点的宝宝，不要太直接和武断，要站在宝宝的角度多多思考，用关切的语言和宝宝交流，宝宝才能感受到家长的出发点是为了关心自己。做妈妈的，终究是要建立某些权威，要求宝宝做合理的事情、应该做的事情，而不能一味迁就。作出要求时，一定要注意掌握好语气，并简单明了地说明理由。妈妈如果用温和的态度管教和指导，便会大大增强教育的效果，并且还能提高宝宝通过积极的方式表达自己的想法和能力。否则，父母如使用负面的管教方式或利用强权施教的话，更会加重宝宝的反抗心理。宝宝有少许的叛逆是成长阶段必经的过程，大人不必大惊小怪，应该像从前一样关怀他、对待他。到了一定的阶段，这种叛逆行为将自动消失。

09 对任性的宝宝说“不”

3～6岁的宝宝特别容易任性和无理取闹，主要是由于这个年龄段的宝宝缺乏理智和自我控制能力，不懂得社会行为准则和道德规范，对是非利害观念还分不清。宝宝任性最重要的原因是由于家长的教育方式不当造成的。家长最初的无条件妥协是造成宝宝任性的主要原因。有些家长总觉得宝宝还小，怕他受委屈，所以对宝宝要求不严格；有些家长双方教育方式不一致，使宝宝有空隙可乘；有些家长对宝宝的态度宽严无度，一时松，一时紧，使宝宝无章可寻；对宝宝的不良行为，有些父母喜欢反复说教，这种叨唠的说教使宝宝容易形成一种“心理惰性”，而管教一旦不再成为刺激，教育效果便随之下降或消失。

现在的宝宝都习惯于听好话、被赏识，家长对宝宝有求必应，不能说“不好”、“不行”，如果不立即答应他的要求就很不高兴，甚至会哭闹不止。从

3～4岁便应该对宝宝逐渐进行“行为规范教育”了。因为宝宝的大脑发育已能达到凭自己的判断懂得言语中的“不行”是指“不能做这种事”的意思。4岁以后幼儿逐渐开始有了自控能力，而且已经懂得简单事物的道理时，父母应该利用这种能力进行家教，学会对任性的宝宝说“不”。

一般来说，宝宝的无理取闹或任性都是发生在家长不能满足其某种要求时。百依百顺或武力解决只会使宝宝的脾气越来越坏。如果宝宝做错了事或提出不合理的要求时，不要对宝宝讲太多的大道理，也避免使用商议的口气或疑问句，最好不要说“不要做这事，好吗？”、“怎么能这么做？”、“说几遍才能记住？”等等。对宝宝提出要求时，应使用内容明确的、简单的语句来陈述，对宝宝讲一大堆道理，宝宝根本听不进去。其实3～4岁的宝宝已经初步懂得了为什么会挨批评的原因。所以，认为不行的时候就毫不犹豫地进行“不行”的教育。例如，当宝宝在饭前要吃零食，或在商店里吵闹着要一种贵重的、对他并不适合的玩具时，家长如果果断地对他说：“不行。”宝宝还是会听的；宝宝无缘无故地哭闹着不肯去幼儿园，家长就要“硬着心肠”送他进园，不要没完没了地好言相劝，甚至几步一回头，放不下心。这时候妈妈绝对不能妥协，应横下心来坚持自己的原则，采取置之不理的办法或假装毅然决然地走开。宝宝知道用这种手段达不到目的时，就不会再故伎重演了。对幼儿适时用“不行”这句话，能避免宝宝任性，使宝宝学会自我思考、自我控制。

当宝宝任性时，切不可采用粗暴、简单的热处理。一方面不要被他牵着鼻子跑，另一方面要注意观察他的动态，学会使用某些具体有效的办法分散他的注意力。不要当着其他小朋友或全家人的面大声呵斥宝宝，以免挫伤他的自尊心。不妨对他说：“你嗓子也哑了，先去喝口水吧。”或是“你脸上这么脏，先去洗洗干净。”让他逐渐冷静下来。当你看到宝宝有不愉快的情绪时，绝对不能对他说：“看，你又发脾气了！”这样等于从另一方面提醒他：你现在可以哭闹了。有心的家长还可以采取主动，注意“防患于未然”，尽量避免一些促使宝宝发脾气的客观因素产生，对于宝宝的合理要求要尽量满足，凡事力求事先讲清道理，即使一时做不到也要向宝宝解释清楚，尽可能不要出现“短兵相接”的局面。

任性是极具渗透力的，会蔓延到宝宝的各种行为中去，如吃饭、睡觉、看电视、玩耍等。一旦实现愿望遇到阻力，宝宝就会拿出“任性”的杀手锏。“任性”的实质是“以自我为中心”。有些家长认为在小事上对宝宝妥协没什么。其实，任何习惯都是从小事培养起来的。家长对宝宝从小就要进行自我控制能力的培养。家长对宝宝的行为和要求要有一定的原则，要用“要”与“不要”、“好”与“不好”、“可以”与“不行”加以肯定或否定，不能含糊，更不能随意变动，培养宝宝良好的行为，及时矫正不良行为习惯。这样才能使宝宝养成服从一定的行为规范的好习惯。拒绝宝宝的一些不合理要求，实际上是爱宝宝的表现。适当的惩戒，对宝宝适时的说“不”，是对宝宝成长过程中必要的挫折教育，对于培养宝宝的自控能力，增长社会适应能力是非常必要的。

10 矫正幼儿的攻击行为

攻击行为是指因为欲望得不到满足，采取有害他人、毁坏物品的行为。宝宝的攻击行为一般在3～6岁出现第一个高峰，10～11岁出现第二个高峰。总体来说，攻击方式可分暴力攻击和语言攻击两大类，男孩以暴力攻击居多，女孩以语言攻击居多。攻击性质可分为硬攻击和软攻击，硬攻击是指公开的破坏、挑战，主动地进攻，外向性的宝宝和男宝宝多采用这种方法。软攻击是用哭哭啼啼、磨磨蹭蹭、软缠硬磨等手段来让家长就范，内向型的女孩多采用这种方式。攻击行为有着明显的性别差异，一般男孩的攻击性比女孩更突出，男孩受到攻击后会急切地去报复对方，如果任其发展到成年，这种攻击行为就可能转化为犯罪行为。一位心理学家说，语言能力有限的宝宝减轻压力的唯一方式就是激怒或欺负他的伙伴。从小攻击性强的宝宝，如果不注意克服和制止，长大后较难适应社会。因此，当宝宝经常出现攻击性较强的行为时，家长切不可掉以轻心。

多数幼儿的心理状态有点像大闹天宫的孙悟空，善恶不分、强者为尊。他们只是感觉到能攻击他人，能干涉、指挥别人，能引起别人的重视和注意就是展现自我存在的方式。成年人往往把这种宝宝看作是多动症、调皮捣蛋、破坏行为、不听话的坏宝宝。其实，宝宝的攻击和破坏行为从某种角度上来看是一种合乎逻辑的、有积极意义的行动，说明宝宝的自我意识在成长。幼儿通过攻击行为来证明自己的力量，同时引起家长的注意。所以，宝宝的行为常常是家长无意中引导出来的，小伙伴之间的模仿和鼓励也是助长其攻击行为的一个原因。攻击性强的宝宝往往受到其他宝宝的“敬佩”，软弱的宝宝会跟在他屁股后面当“小尾巴”，自然助长了他的强者意识。

攻击行为的形成有遗传因素。此外，家庭因素和环境因素是至关重要的。攻击性行为形成的关键期是婴幼儿阶段。这期间年轻的父母不仅千方百计地满足宝宝的各种需要，而且食物也优先供应宝宝，甚至不让宝宝与他人分享，这样容易导致宝宝占有欲旺盛。家长的娇宠放纵极易导致宝宝为所欲为，稍不如意就以“攻击”的手段来发泄不满情绪，甚至发展到以攻击他人为乐趣的地步。一个宝宝经常遭到父母打骂，很容易产生抵触情绪，这种情绪一旦“转嫁”到别人身上，就会逐渐形成攻击行为。如宝宝经常看渲染暴力的影视片，玩暴力电子游戏，也会导致攻击心理的加强。如何避免攻击行为的形成呢？

要创造一个不利于攻击行为的环境：与成人相比，宝宝的行为更容易受环境影响。实践证明，生活在一个亲和力强、充满爱心的家庭里，宝宝的攻击行为会明显减少。父母应为宝宝提供一个健康向上的生活环境，不让宝宝接近有攻击倾向的环境，也不要在宝宝面前讲有攻击色彩的话语。

要对宝宝的攻击行为进行冷处理：适当地制止是可行的，但不要叨叨唠唠，更不要乱扣帽子。因为，这样会妨碍宝宝自我意识的发展，而且成人的过分关注反而会强化他的攻击、破坏行为。当宝宝作出攻击行为后，应表示冷漠，让其自己反省，而不要呵斥、打骂。冷处理如能与亲善行为相配合，效果更好。

采用“转移注意法”：对有攻击行为的独生子女给予较多的关注，在日常生活中多用一些有趣的事来转移其注意力。这样，可以达到“根治”的目的。在宝宝情绪紧张或怒气冲冲时，可以带他去跑步、打球或进行棋类活动。培养文化兴趣，绘画、音乐是陶冶性情的最佳途径。总之，对有攻击性行为的幼儿，我们应更多地强调温和的教育，特别是要注意在平时培养他们的爱心和善良的品格，因为这类幼儿的成长中所缺乏的恰恰就是这些。可以让宝宝通过参与献爱心活动和饲养小动物，培养爱怜之心，才能铲除宝宝攻击行为产生的土壤。

11 不要刻意培养“听话的乖宝宝”

大多数中国父母都希望自己的宝宝听话。他们认为这样的宝宝好带，能省去许多麻烦。有些父母对宝宝表现出的反抗行为很反感，而对那些唯命是从的宝宝甚是喜欢。

当然，宝宝有时不按父母的要求去做，不听从父母的指挥是正常现象。心理学家认为，3岁的宝宝不反抗，就不是正常宝宝。宝宝到了5～6岁，他们的反抗行为也是很明显的。何况现在的宝宝生活在信息丰富的社会，每天都可以吸收到许多信息，对人对事都有自己的想法。如果父母过早地用成人的标准去要求宝宝，是不符合宝宝的身心发展规律的，而且容易扼杀宝宝的天性，使宝宝从小失去宝宝最珍贵的创造性人格，这会给父母留下难以弥补的悔恨。

“乖宝宝”真正成为社会精英、业界尖子的不多，他们大多在一般劳动岗位上工作。当然，并不是说“不听话”的宝宝就一定聪明，出尖子。宝宝的“听话”应更多体现在生活规矩、行为道德上，而宝宝天性好动，鬼主意多，父母应做出正确的引导，用于在学习和对待事情上。这些父母应以身作则。当宝宝出鬼主意时，父母可以与宝宝一起挖掘更多的乐趣，引导他们应用在实际生活上。

有一位幼儿教育专家到国外看到一个幼儿用蓝色笔画了一个大苹果，老师走过来说：“嗯，画得好！”宝宝高兴极了。这时中国专家问教师：“他用蓝色画苹果，你怎么不纠正？”教师说：“我为什么要纠正呢？也许他以后真的能培育出蓝色的苹果呢！”

外国教师或家长这样容忍宝宝“不听话”是有道理的。它可以保护宝宝的想象力，激发宝宝的创造力。允许宝宝“不听话”指的主要是思维上的“不听话”。宝宝们看到的世界是独特的，他们的想象力是很丰富的。如果我们用成人的思维方式对他们粗暴地干涉，就会扼杀他们的想象力和创造力。聪明的父母适时适当地给宝宝不听话度的“自由”，就是对他们创造思维、创造欲望的保护。

12 你是具有“宝宝化智能”的父母吗

现今的许多父母在育儿过程中常常遇到诸多困惑不解的问题：宝宝吃饱了，为什么还大哭不止？8个月的宝宝为什么见到生人就哭？1岁的宝宝为什么不能同小伙伴友好地玩儿？为什么2岁的宝贝儿子不喜欢给他买的“高档玩具”，而专爱玩水，摆弄沙子、泥巴？3岁的女儿为什么还常常喊“妈妈抱抱”？4岁的宝宝为什么开始“撒谎”？5岁的宝宝为何还怕黑？6岁的宝宝夜间惊醒哭喊是何缘由？类似的例子不一而举。

其实静下心来，读些宝宝心理的书籍也许会找到答案。更重要的是作为父母，是否同时具备两种身份——即是家长，也是宝宝；两种视觉——成人的、宝宝的；两种心态——成熟的、童稚的；也就是说，父母应该具备的“宝宝化智能”。

所谓“宝宝化智能”就是父母站在宝宝的视角思考问题的能力。父母通常是最了解宝宝的人，同时也最不了解宝宝的人。因为看事物的视角完全不同，父母很容易站在自己的角度对宝宝的行为横加干涉，严重压抑宝宝的好奇心，挫伤宝宝探索事物奥秘的积极性。因此，建议父母要尽量多给宝宝一些表达自己想法的机会。如果宝宝因语言能力有限尚无法清楚地表达自己，父母要学会站在宝宝的高度去感受他眼中的世界，以便更好地了解宝宝的需求。学会像宝宝一样观察与思考。同时要尽量多陪宝宝玩耍，提高自己的“宝宝化智能”，挖掘宝宝行为方式的内在动力，在了解宝宝的基础上更好地帮助宝宝成长。

要了解宝宝，就得跟他一起玩。跟他一起玩，才能明白他的感受、他的喜好，也才能获得他的信任。很多时候宝宝之所以跟父母对着干，其实是因为不了解宝宝，缺乏宝宝化智能，所以才不理解宝宝“不可理喻”的行为。

Chapter 11 第十一章

培养宝宝健康心理策略

PEIYANG BAOBAO JIANKANG XINLI CELUE

- 好奇和探索是宝宝的“学习引擎”
- 宝宝为何这么“没有规矩”
- 给宝宝一点淘气的自由
- 宝宝撒谎并非都是错
- 怎样看待顽皮的宝宝
- 巧妙回答宝宝的为什么

01 对宝宝少用禁止语

宝宝1岁左右已经学会爬，并逐渐学会站立和行走，家长会发现宝宝的好奇心也在逐步增强，他对身边的任何东西都有着极大的兴趣。当宝宝开始爬行的时候，凡是可以够得着的东西，都要拿过来，能拧的拧，能撕的撕，还要放到嘴里尝一尝。而且宝宝总是在不断地寻找淘气的对象，并以此为乐去做。如他会把餐巾纸一张一张的抽出来，把书撕坏，按电视机的按钮。有的宝宝对电话里的声音感兴趣，常常牵拉电话线。有的宝宝对墙上的电源插孔感兴趣，常用小手指去捅……这些行动不仅给父母添乱，有时还给宝宝带来危险，家长越是阻拦，他越要去试。其实宝宝喜欢探索的精神应该受到鼓励。他不停地触摸各种东西，不断地尝试新事物。在这个过程中，宝宝懂得了事物的因果关系，也促进了记忆的发展，但宝宝的好奇心也可能给他们带来一些伤害。因此，家长应正确对待宝宝的好奇心，正面教宝宝认知事物，多鼓励，尽量避免使用禁止语。

有些父母经常无意识地用“不要……”、“不……”这种语言对宝宝说话。比如“不要拿剪刀，太危险！”、“不要到处跑。”、“不要撕纸。”等。他们还没有意识到，宝宝已步入了主动探索外部世界，并在探索中逐渐形成概念，发展思维，掌握技能的时期。过分限制宝宝的行为，只会扼杀宝宝纯真的天性，剥夺他们求知的热情，会使他失去许多学习的机会。自己想做的事情总是遭到阻拦，宝宝的性格会变得具有反抗性且脾气很大。

调查显示，亚洲的父母通常每天对宝宝说数百个“不”（如，不要动、不要戳、不要跑、不要哭、不要调皮，等等）。这些父母也希望自己的宝宝有探索精神，但是这些不绝于耳的“不、不、不、不”会切断宝宝对周围环境的认知，甚至会使宝宝变得呆头呆脑。在这个应该获得大量刺激的重要时期里，“不行”、“不能”这样的话，比任何东西更能破坏宝宝的发展，很容易形成宝宝意识中的一部分，对宝宝产生长久的抑制作用。这类词的使用，应该仅仅限于宝宝的行为会给他自己带来危险，或者是会对他性格的形成产生不良的影响。如果想禁止宝宝做什么事，最好的办法是把他的注意力引向其他的玩具或游戏。

一个安全又可以让宝宝自由活动的空间是很重要的。当宝宝想用剪刀时，父母应该一边教他，一边在旁边看护；对于有危险的事情，可给予适当的负面刺激，如宝宝不知深浅去动热水瓶时，家长用略加夸张的表情和肢体动作告诫宝宝；最大限度地减少不安全因素，将刀剪、热水瓶、药品、化学制剂、消毒剂、农药等物放在宝宝不容易触摸到的地方，把容易引起宝宝误服的东西锁起来。在保证宝宝安全的基础上，尽量少用禁止语，让宝宝在动手操作过程中学习观察和思考本领，发展他的认知能力。

探索是宝宝的天性

宝宝生来就有一种学习和探究的欲望。他的好奇心驱使他一次又一次地尝试，每一件事直到试过为止。宝宝是个主动探索者，只有在他有意识地做出行动来反复观察事情的发生过程，才能理解事件的起因和结果。因此宝宝喜欢自己动手做事，并在做的过程中寻找答案。

在寻找答案的过程中，宝宝会把所有新的信息都储藏在大脑中。家长们经常会发现，当宝宝学会走路后，他就想自己处理事情。这时他们的玩耍不是随意的，而是获得信息、发展智力的过程。当宝宝大脑中储存的信息越多，他将来的智力水平也就可能越高。宝宝过去的经历将有助于他在学习时去应用新的技能。如果家长没有充分利用宝宝喜欢探索的特点，在他玩耍时限制过多，那么宝宝就不会从游戏中得到足够的刺激，从而丧失学习的兴趣。

年幼的宝宝注意力通常有限，但并不意味着大脑一次只能学习少量东西，而是因为事物的新鲜感已经逐渐消退，宝宝需要新的刺激。宝宝的大脑通常需要不断地得到新的信息，如果你能满足宝宝对新刺激的不断需求，宝宝将会很高兴，并能学得更多。所以家长要给宝宝创造丰富多彩的环境和条件，充分满足宝宝的探索欲望。只要是安全的、没有危险的事物，不要限制和阻止宝宝在游戏和玩耍中进行的活动，甚至是调皮捣蛋的行为。

03 让宝宝在探索中成长

许多家长抱怨8～10个月的宝宝特别喜欢破坏东西。给她买的新娃娃，不是把头发拽下来，就是把眼睛抠掉，搞得“体无完肤”；买的画册，经常撕得“面目全非”，不得不买价格比较贵的撕不坏的画册……宝宝为什么这样子呢？

大量研究表明，宝宝一出生就是对环境的积极探索者，有相当惊人的反应和学习能力。宝宝从出生之日起，就逐渐形成了一系列的条件反射，对外界刺激产生反应，了解事物，学习生活，从而使自己的感官、动作、认识能力、语言和思维能力不断发展。

8～10月的宝宝正是运动能力和好奇心很强的时期，由于能够爬行和学步，接触外界事物的能力明显增强，对任何物体都会伸手去抓，并放到嘴里品尝。他们正经历着重要的早期探索时期。

让宝宝最大限度地接近他所生活的区域，这是发展他的好奇心的一种自然而有效的方法。不要嫌弃宝宝的“破坏行为”，不要怕宝宝把收拾好的东西搞得乱七八糟，一个小小的“探索家”把屋子搞得杂乱无章，就像人需要呼吸一样是理所应当的，这是宝宝发育良好的表现。

处在主动探索期的宝宝，简直是一名小小工程师。他常常用自己的小手反复操作，“检验”各种物品的性质与用途。你可以给宝宝大量的废旧报纸让宝宝尽情地撕个够；给他准备带孔的纸盒让他去抠孔洞，而不必给他买贵重的玩具或图书。你要为宝宝准备一个“百宝箱”，让他在干净的地上玩那些他特别感兴趣的小物品，提供各种各样直径大于3厘米的（防止吞咽下去）、可以摆弄、具有关联作用的小东西，如可以推进推出的火柴盒、能旋转的瓶和盖、由大到小的系列套盒、可以开关的微型手电、锁与钥匙、掉在地上能发出清脆悦耳的声音的乒乓球，等等。让他进行“操作学习”，使他从敲打、扔摔、开合、拼拆、塞摸、拿起放下、扶直推倒等直接的操作与观察活动中，了解物品的属性，形成特定的概念，如颜色、形状、软硬、厚薄、大小、粗细、轻重、冷热、里外、上下、前后、左右等。

宝宝在玩耍时会不厌其烦地把它们一样样拿出来，又一件件放进去，或把一个东西反复地打开、合上而乐此疲。有时他可能故意滚动一个小球，然后再把它捡回来。如果宝宝玩得开心，他会对你放声大笑；如遇到某些困难，他会发出求救的声音。此时，大人应该对宝宝及时做出反应，要了解宝宝的兴趣和遇到的问题，向他提供所需要的帮助。然后，向他提供稍稍高于他目前能力的问题情境，让他从这种探索中认识弹跳、滚动、声响、合拢与分开、打开与合上、放进去拿出来，套上去取下来等物体的属性与概念。

宝宝就是这样在玩耍和“破坏”中学到各种各样的知识，不仅这样增长着智慧，而且在探究心理方面得到充分的满足，从而增长了积极投身于各种尝试的热情。宝宝的早期经历以及为以后学习而做的准备将直接关系到他的情感状态。尽可能为你的宝宝创造探索世界的机会，这将使他最终成为一个更快乐、更富有好奇心的宝宝。

04 好奇和探索是宝宝的“学习引擎”

宝宝如何认识他所处的世界到现在还是一个谜。人们常常认为新生儿是无能的、被动的个体。直到现在有些学者还认为，宝宝从初生到2个月还不具备社交、认知的能力，也没有这些需求。他们认为新生儿只有一些基本的生理活动出现，例如，睡与醒、白天与黑夜、吃饱了或饿了就哭闹，等等。这些专家甚至称这段时期为正常的孤独期，认为宝宝的心理需求只是针对一些感官刺激。例如味觉，触觉而做出的反应。

现代科学研究证明：新生儿从出生之日起就具有主动探索外部世界的潜在能力，而且还具有相当“惊人”的反应和学习能力。

宝宝的学习潜力是很大的，关键在于我们不能忽视宝宝日常表现出来的一些反应，而要及时地积极地作出应答，以避免无意中限制宝宝潜在能力的发展。从宝宝一出生开始，你就要将他当作是一个独特的个体，要有技巧地带领他认识这个缤纷的世界，鼓励宝宝的探索精神，启发想象力，减少他的挫折感，并满足他的情感需求。例如，你用亲切温柔的声音对宝宝说话、唱歌或轻轻地拍拍他，就可以帮助过度亢奋的宝宝安静下来。

父母和宝宝的感情互动，可以协助他更好地接收外来的各种信息，刺激宝宝脑部神经的连结，形成复杂的神经网络，使大脑更聪明。所以，科学育儿的关键不是“要选择哪些玩具或书籍让我的宝宝变得聪明一点？”家长应该了解的是“我该如何和宝宝互动，以激发宝宝对缤纷世界的热情与好奇，强烈地探索欲望”等。因为好奇和探索才是宝宝发展认知能力最好的学习引擎。

05 宝宝为何这么“没有规矩”

都说1岁左右的宝宝最让人头疼。自从他们学会走路，能和你对话后，他们就变得“无组织无纪律”了。不是昨天咬了小朋友，就是今天把自己的勺子扔到马桶里；不是今天把家里所有能够到的东西翻腾出来丢在地上，就是明天把鱼缸里的鱼抓出来摔死……甚至你都无法预测他明天又会出现什么让人头疼的行为。这个时候你应该注意：该教他学点规矩了。

宝宝的理解能力和语言能力相对薄弱：对岁宝宝来说，和飞速发展的认知能力相比，他对事物的理解能力仿佛一直停滞不前。所以，想让他用这些可怜的理解力去领会一条条规矩（哪怕是非常简单明白的）是很困难的。而且这时的宝宝还不具备预测别人想法的能力。

宝宝在一岁半以前，虽然能说一些最基本的语言，能听懂一些简单的对话。但是仅凭这点语言还不能让他与别人正常交流。不会说话，不会表达，只能听懂部分语言，这些都是宝宝学规矩的障碍。

宝宝还没有时间感和空间感：想让这个年龄的宝宝理解时间的概念是件公认的难事。也许你告诉他“停下来”，他还能理解。但是如果你对他说“等一会儿”，那就太为难他了。你必须先要让他知道“一会儿”究竟是什么概念。如果你命令他：把抽屉里的东西放到里面去，他对“里面”这个空间词汇并没有领悟，就不会把翻腾出的物品放进去。你要示范给他看才行。宝宝所能理解的概念只是你有没有及时满足他的愿望，也就是说，他想要一个玩具你能及时满足他，他可能会按照你制定的规矩好好坐在那玩儿，一旦你没能按他的要求做，他便会大哭大闹。

顽童心理在作怪：有时候宝宝喜欢破坏规矩，只是想和你开个玩笑，看看你吃惊甚至愤怒的表情。比如，宝宝刚刚学会按电视开关的时候，他会对此事很感兴趣，会一直反复的开、关电视。如果你在这个时候表情严肃地要求他停下来，可能会适得其反。因为他已经从你的态度中得到一个新的游戏：只要我去触摸电视，爸爸脸上就会出现好玩的表情，还会和我说话（即使你说的是个“不”，我也喜欢）。

06 1岁多的宝宝怎样立规矩

研究表明，12～16个月的宝宝可以通过观察爸爸妈妈对待人、事、物的态度，逐渐理解什么是对，什么是错，什么是好，什么是坏。2岁的宝宝就可以感受到其他人的情感及表情的变化。如果宝宝出现咬人、打人等“没规矩的行为”时，你就可以给他讲浅显的道理，教他咬人是不对的，被咬到的人会很疼、很难受，甚至可以让他亲身体验一下。

教宝宝学规矩之前，先要确认宝宝是否理解你所讲的规矩内容。就像你教他唱歌一样，要先给他解释歌词的意思。这样他才能记得深刻。这个过程很漫长，需要你付出加倍地耐心和理解，等待他发出“我明白了”的信号。

教这么小的宝宝懂规矩有意义吗？答案是肯定的。就像你教宝宝说话一样，可能他不会马上就学会，但他会把这些语言信息一点点积累下来。所以，你也应该开始教1岁多的宝宝懂规矩，学会避免危险，学会如何与别人相处。教宝贝学规矩的有效方法：

不要只在旁边说，要演示给宝宝看：简单的一句话往往不能让宝宝理解其中的含义，所以最好加上你的表情和肢体语言，让你的演示变得更生动、更容易接受。比如，当你对宝宝说“不要动电源插座”时，语调不要太严厉，稍带严肃就可以，再加上点微怒的面部表情及夸张的动作，宝宝能从你的声音和表情上看出：他做的事是不对的。相反，如果你表现得过于愤怒，声音太尖锐，还连带一串的批评，那宝宝也会给你回复同样的反应，坚决和你对着干。你们的学规矩课堂，就会变成战场。

反复多次的重复：不要以为只告诉宝宝一次“这是不对的”，他就会铭记在心。如果你指出宝宝一次错误，而对其他几次视而不见，那宝宝心里必定会感到疑惑：上次妈妈批评我，这次为什么不说我了？我么这做究竟是对还是不对？然后为了解决这个疑惑，他会尝试再做一次。所以给宝宝重复“规矩课程”，这样他才能温故知新。

做个好榜样：宝宝经常会从你的行为中学习哪些该做，哪些不该做。这就意味着，你的行为一定要是好行为。比如，多使用“请”，不要动不动就发怒，要学会等待。你也可以主动向宝宝显示你的好行为。比如，“你看，妈妈把报纸分给爸爸看，我们很喜欢一起分享。”、“妈妈吃饭的碗里没有剩下饭粒，吃得多干净啊！”

安全的探索空间：专家提醒我们，你不能期望一个1岁多的宝宝懂得所有规矩，在教育的时候一定要把握好尺度，给宝宝一个安全的探索空间。比如，宝宝会本能地把拿得的东西放到嘴里，这是他认识事物的一种独特的方式。这时候你应该避免一些像发卡、硬币，容易导致宝宝吞入窒息的东西出现在他能够到的地方。把尖锐的工具收藏好，把电源等可能引起危险的地方处理好。

选好时机：让1岁左右的宝宝整天保持旺盛的精力是不太可能的。一旦宝宝感到疲劳、饥饿或心情不好，就很容易发脾气。这时你就不要再坚持让他学规矩，给他一点“课间休息”时间。另外，对宝宝来说，太多的规矩会让他反感。最好能挑出一些比较重要的教给他。比如，不可以咬人，电源不能动，抢人东西是不对的。不过这也要根据宝宝的具体情况定，如果你觉得他的某种行为实在让你无法忍受，当然可以把这种规矩放在首位了。

别忽视宝宝的创造性：要引起注意的是，宝宝的行为不全是不合理的，有时候是他创造性的表现。只要他不伤害到自己和别人，还是要保护宝宝的创造性。当你发现他会用橱柜里的瓶瓶罐罐敲打出自己的节奏时，何不同他一起享受其中的乐趣呢。

宝宝的行为大多数是有意义的，如果我们不能理解，但这种行为对宝宝不构成危险的话，我们就应该保护宝宝，让他继续这个行为。你所要做的就是为他创造一个丰富的生活和学习环境，清醒认识他所处的发育阶段，帮助他在学习过程中循序渐进，取得进步。

07 不要阻止宝宝淘气

1～2岁的宝宝体能发展迅速，有能力到处跑、到处走动，还喜欢碰碰这个、摸摸那个，表现得很淘气。宝宝淘气好还是不淘气好？这是一个比较复杂的问题。淘气不淘气不是评价宝宝好坏的唯一标准，可目前不少家长评判宝宝好坏只看听话不听话。为了宝宝的安全，父母往往是一发现宝宝的淘气行为，就马上予以制止，可是越是制止越引起他的好奇。

为什么宝宝会这样做？其原因就是他们拥有强烈的好奇心。在大人看来司空见惯的东西，在宝宝眼里却是每一样都充满了吸引力，他想一个一个的弄清楚。这种淘气是建立在探索欲望上的行动，并不是坏事。父母应珍惜宝宝的好奇心，宽容宝宝一时的破坏行为，给宝宝提供宽松、安全、合理的环境，鼓励宝宝参与各种尝试，支持宝宝积极主动地去探索事物的奥秘，并在这一过程中促进心智的发展。

淘气是宝宝的天性，家长不仅不应阻止，而且还应很好地爱护它、培养它。淘气的宝宝总不满足肤浅的答案，总爱刨根问底，爱挑刺，这实际上是一种逆向思维、发散思维，这是发明创造最需要的一种思维。淘气的宝宝胆大、敢闯、敢干，接触面广，这对扩大知识面，发展个性都有好处。未来社会需要思维独特、有个性的人才，应该给宝宝一点淘气的自由，千万别把他们束缚得死死的。宝宝心理学家将淘气称做“建立在探索欲望上的行动”，淘气对宝宝自发性的成长起着很大的促进作用。

然而，很多不懂这个道理的父母把淘气看作一件坏事，常常加以阻止，甚至打骂宝宝。可是淘气并不是被打骂之后能立即停止的。宝宝的理解是有限的，他只感到这是一个制止自己的举动，并不能理解大人的用心，于是宝宝会变得畏缩、恐惧，在成长的过程中产生了不必要的心理障碍。父母如果反复给予严厉地制止或责骂，宝宝会逐渐放弃淘气，变成一个老实听话的“乖宝宝”，其结果必然压抑了宝宝的本。当这种“乖宝宝”进入青春期后，由于自我的萌发，他们对长期受压抑的情绪不堪忍受，可能出现更严重的反抗性，甚至会患身心性疾病。因此，做父母的应该明白，用鼓励和赞扬来塑造宝宝的品行，会比说威胁性、抑制性的话更有效，对宝宝今后人格的发展会产生积极的影响。

宝宝最淘气的年龄在3岁左右。所以，父母即使感到不方便也要忍耐到宝宝3岁以后。宝宝的淘气不会永远持续下去，当宝宝通过淘气使探索欲望得到满足后，便不会继续如此淘气了。父母不要过多斥责宝宝，而是让他按着这个规律发展。宝宝因淘气将父母的重要东西损坏时该怎么办呢？其实宝宝完全不懂什么是重要的，什么是不重要的。好奇心强的宝宝，即使对他说“不要去摆弄”，他也照旧淘气不误。所以，重要的是父母要加强管理，把这些东西放在宝宝看不到、拿不着的地方。只要是没有什么危险，应尽可能地对宝宝的活动少加限制，容许宝宝淘气，等待他自己从淘气中“毕业”。对于年幼的宝宝，家长要做的是防范淘气带来的危险，可以用转移注意力的方法，使宝宝避开那些有危险的活动，把可能有危险或不宜摆弄的东西放到宝宝够不到的地方。在保证安全的前提下创造条件，让宝宝淘气的天性得到尽兴的发挥。即使是淘气地玩耍，对培养宝宝的自发性和意志也都很重要。

08 给宝宝一点淘气的自由

当听到淘气这个词的时候，相当一部分父母会条件反射性地出现这样的反应：淘气——令人头疼——赶快制止。

当宝宝开始爬行的时候，淘气就开始出现了，凡是手可以够得着的东西，他都要拿过来，能拧的拧，能撕的撕，还要放到嘴里尝一尝。而且宝宝总是在不断地寻找淘气的对象，并以此为乐。如他会把餐巾纸一张一张地抽出来，把花掐断，把鱼缸的小鱼捞出来，把书撕坏，玩电插销，按电视机的按钮……真是数不胜数。这些行动不仅给父母添乱，有时还给宝宝带来危险，所以，父母往往是一发现宝宝的淘气行为，就马上予以制止。

为什么宝宝会这样做？其原因就是他们拥有好奇心。在大人看来司空见惯的东西，在宝宝眼里却是每一样都充满了吸引力，他想一个一个的弄清楚。这种淘气是建立在探索欲望上的行动，并不是坏事。感官和动作探索是形成早期学习和思维过程的基础。宝宝通过活动不但更能灵活的支配自己的四肢，而且有益于对周围事物的认识、注意力的集中，以及思维能力和解决问题能力的提高。同时，活动给宝宝带来欢乐。如果大人总是不许宝宝乱跑、乱动，让宝宝终日坐在小床或小车里，他们不但不快乐，而且智能发育也会受到影响。因此，家长不仅不应阻止宝宝淘气，而且还应很好引导和培养这种行为。

宝宝的内心世界是很自我的，潜意识里总是想以他的行动改变周围的一切，特别喜欢以自己的行为引起家长的关注。他的调皮能让你假装生气发怒，他会很高兴，因为你在注意他了，这样会强化他的行为。所以，只要宝宝的行为没有危险和很严重的破坏性，大可不必斥责或生气，装作看不到，冷处理可能更好些。对2岁的宝宝讲道理，基本上是“对牛弹琴”。

宝宝的淘气大多是建立在探索欲望上的行动，并不是坏事。本人不提倡培养老实听话的“乖宝宝”，成人不自觉地压抑和阻止宝宝淘气，会影响宝宝的自发性和健康人格的形成。惩罚宝宝是家教中的下下策，只有在多次教育和劝告后依然屡次犯错时才可以适当为之。当然，太淘气也不行，也不利于宝宝成长。我们提倡的是给宝宝一点淘气度，而不是放任自流。对淘气的宝宝要给以引导，把他们的精力引导到正确的方向上去，决不能让他们变得无法无天。

09 如何应对“淘气包”宝宝

和2～3岁的宝宝一起生活就像和“天使与魔鬼的化身”共舞，宝宝要是天真可爱起来真的是让人爱不释手，要是淘气起来，真的可以气死人，怎么说他都不听，反正就是越不想让他干什么他就非要干什么，真是把家长气的够呛。家有小淘气，有时候让家长很是哭笑不得，更有时候很是头疼。如果你的宝宝是个“淘气包”，那么在宝宝1～3岁这几年就需要你特别用心。家长一定要根据宝宝的情况来选择合适的方法，才能更好地应对宝宝过度淘气的行为。

宝宝调皮是好奇心的外在体现。被大人所称的淘气，从宝宝能够爬着移动身体时就出现了。宝宝爬到之处都显现了他的好奇心，他会把能看到的、能接触到的东西放入嘴里。他把废纸篓弄翻，把里面的东西扔得到处都是，甚至放进嘴里，使父母不得不发出“不行”、“不要这样做”之类的斥责。这种斥责通常是父母在宝宝“干坏事”时使用的教育方法。其实，宝宝弄翻纸篓是一种探索，当他通过多次探索大体上了解纸篓的秘密后，就会对其失去兴趣。此时，如果父母一边说着“把它们送回去”，一边和宝宝把散的东西放进废纸篓时，宝宝往往会乐于参加。

保持冷静才能处理好问题，如果大发雷霆，甚至说他“你这个不懂事的宝宝”只能影响他的健康成长。而且这会让宝宝只专注于你的激动情绪，却不知道你要表达什么。用简短的语言告诉宝宝为什么做错及其后果。注意，这个后果不是惩罚，是事情的直接后果。宝宝越小，语言越少，让宝宝能明白，如“我们不在墙上画画，应该画在纸上”。宝宝乱发脾气可能因为饥饿，看似不堪的涂鸦可能源于某个神话故事的启发……发现原因后，你就会更加理解宝宝的行为，从而帮助他们改善。

所有的宝宝在无法预期将要发生什么时，都会变得焦虑和淘气，但是大多数淘气的宝宝只有把事情弄清楚，他无端发脾气的情况才会好转。如果你带宝宝到游乐场去玩，到了该离开时候，宝宝却躺在地上号啕大哭，这很可能是因为他不确定接下来会发生什么事情。你可以详细地告诉他，你们要先去开车，然后回家找爸爸一起吃晚饭，今天的晚饭是他喜欢吃的西红柿炒鸡蛋和米饭，也许他就会乖乖地配合你离开。

3岁前的女宝宝常常对妈妈的化妆品很感兴趣，看到妈妈化妆时，自己也很想试一试，所以常常会把各种化妆品往自己脸上抹。对此，妈妈最好不要斥责她，因为宝宝并不知道化妆品的价格，她只是一种模仿行为，而不是故意破坏和浪费。只有清楚地告诉宝宝这些瓶瓶罐罐是做什么用的，或给宝宝一个很小的瓶子，装上宝宝护肤品，让她自己学习使用，一般就不会再出现这类“淘气”的行为了。

3～4岁的男孩正值调皮的时候，在玩耍的过程中往往非常淘气，如宝宝喜欢把雨后的水围堵起来，穿着雨鞋和泥玩；或者在院子里挖个小洞，把泥捏成各种玩意儿；或者把水引进沙池，做各种想象丰富的游戏。淘气是宝宝自发性和意志的一种外在表现，允许宝宝淘气才能使其意志变得坚强。淘气的宝宝会生机勃勃地做游戏，而老实的宝宝却只能呆呆地打发时间，因为他不明白该干什么才好。宝宝淘气点是好事，做为父母应该经常为宝宝淘气时的奇思妙想喝彩。

10 宝宝不会故意做坏事

幼儿的好奇心和求知欲很强，什么都要问个明白探个究竟，这里摸摸那里碰碰，有时电插座、煤气开关也是他们探究的对象，一点儿不懂其危险性。有时好好的玩具也要拆开来看看，甚至会损坏贵重的家用电器。破坏玩具是宝宝学习的过程，家长不必让宝宝规规矩矩，应使宝宝有一定的应变力。指导宝宝如何“破坏”玩具，不仅满足了他们的好奇心，还能有效地训练他们的头脑。如果以有规律的拆除法，教导宝宝重新组合的技术，效果会更好。有的幼儿虐待小动物或昆虫，是由于强烈的好奇心或是一种“智力”的学习，而不是性情残暴或心理异常。

仔细观察可以发现，“破坏”几乎是每个宝宝的天性。这是因为宝宝尚未建立成熟的思维，并不知道各种规则，只知道兴致所至为所欲为。如果凡事用成人的标准要求他们，无疑会剥夺许多童真。比如，一味强调玩具的贵重不要玩坏了，宝宝玩起来就畏首畏尾、提心吊胆；要求他们不要把新衣服弄脏了，宝宝就不敢进行许多活动，而孤立于其他宝宝之外；不让宝宝撕纸、剪纸、涂鸦，宝宝就无法体验创造的喜悦。总之，宝宝的破坏行为并非是故意地作恶，实际上是一种天性，是一种表现欲望，是一种有意义的行动。

宝宝偶然也会“故意”破坏家中的物品，此时通常是宝宝碰到挫折、委屈或愤怒时，他们试图以这种方式倾泻心中的不快。这是因为宝宝的不成熟，没有学习到更妥当的处理方式，他们是身不由已的。他们的破坏行为，有时只是寻求大人更多的体贴与关注。即使宝宝已经出现了破坏性行为，也不要用“责备”这种传统的劣招，而是陪他清理现场，边清理边聊天，表示你的关心，同时可以弄清宝宝的问题症结所在，帮他解决困惑。

宝宝损坏了东西就一味训斥，极容易造成宝宝拘谨、呆板、犹豫、循规蹈矩、患得患失的性格，缺少应有的魄力和创造力。家长要在破坏的表象之下，仔细区别是无意识地恶作剧还是有目的地思考，并善加引导。要给宝宝“破坏”的空间和机会，让他们在“破坏”中学会观察、发现、思维、创新。

6～7岁以前的宝宝思维还有一个特点，就是不能站在客观的角度上考虑问题，这叫做“自我中心”。许多宝宝只知道“我要”“我有”，而不能站在客观的立场上看问题。比如，一个宝宝告诉大人：“我有个哥哥。”当再问他：“你哥哥有弟弟吗？”他就说：“没有。”还有的家长看到宝宝犯错误后，虽然提醒了他多次，可他却屡教不改。其实，这往往是由于宝宝看不到自己给别人造成的后果之严重，所以，总犯同样的错误。这主要是由于宝宝的生活经验太少，接触的事物少，对事物之间的关系等没有足够的认识，抽象概括能力差。这种状态在6～7岁后一般就会改变，进入稳定阶段。但如果宝宝没有足够的生活经验和认知的发展水平，那么他的“自我中心”的思维方式不会改变。

人的任何行为都有“趋利避害”的特点。比如，宝宝说谎许多时候是为了避免受到家长的训斥或打骂；一个宝宝表现出好斗，只因为要表达对外界的不满，要他人对他表示关注与尊重；一个向来比较听话的宝宝突然变得烦躁、哭闹，情绪低落，只因为妈妈表现出对小弟弟的偏爱，他的变化不过是在请求妈妈给她同样的爱。

“善教人者知人心”要了解、理解、尊重幼儿，努力做到“了解先于教育”，并注意给宝宝创造宽松的精神环境和自由、自主的游戏天地。应尊重幼儿心理发育的规律，掌握幼儿心理学知识，改进自己对幼儿的教育方式和态度。家长要相信“宝宝是不会故意做坏事的”，必须学会进一步了解宝宝，把握宝宝“过错行为”中的成长需求，对宝宝所谓的“坏事”要作客观地分析，对宝宝表示理解，才能与宝宝沟通，才能更好地因势利导。

11 宝宝撒谎并非都是错

说谎常常被成人认为是不太光彩的行为（除了善意的谎言之外）。对于宝宝说谎，家长更会感到诚惶诚恐，怕宝宝学坏了。心理专家做过很多深入地研究，结果表明，宝宝在 2 ~ 3 岁时就会讲完整的谎言了。听到这个结论，家长往往会感到很震惊。其实，父母不必对此大惊小怪——“说谎”是宝宝心理发育中的常见现象。

解析宝宝爱撒谎的6大原因

3 岁的男孩凯凯在家里跑动时不小心碰倒桌子，碰坏了妈妈刚刚买来的精致茶具中的 2 个杯子。妈妈回来后当然“龙颜大怒”，质问凯凯怎么回事。凯凯胆怯地说：“猫咪刚才从桌子上蹦过去，碰坏了杯子。”妈妈明知凯凯在撒谎，更是气不打一处来，朝凯凯的小屁股狠狠地揍了几下。

害怕受到惩罚：2~3岁的宝宝已经有了一些基本的是非判断。当他们发现自己做错事时，会本能地害怕随之而来的惩罚，特别是已经有过做错事被训斥、惩罚的经验。

建议：此时妈妈不要为了让宝宝说真话而一个劲地盘问，那样只会使宝宝把谎话编得越来越圆。为宝宝创造一种说真话的宽松环境，告诉宝宝人都会犯错，应当勇敢地承认，下次注意了就行了。当宝宝主动说了实话后，首先要表扬宝宝的诚实，然后再妥善处理宝宝的错误。

星期天爸爸带悦悦到动物园。动物园可真好玩，狮子、河马、大象、犀牛……哎哟，看得悦悦眼花缭乱。咦？为什么动物和人长得不一样？为什么白天鹅长着丰满的羽毛和大大的翅膀？如果大象长了翅膀，它这么大块头就能带着我飞回家了。回到家后，悦悦自豪地告诉妈妈：“是大象带我飞回来的。”

想象和现实混淆：2～3岁左右的宝宝见闻逐渐广泛，感情丰富、语言能力逐渐发展，想象力也异常丰富。长着翅膀的大象、和房子一样大的冰箱，诸如此类天马行空的想象在这个年龄段的宝宝中极为常见。他们常常根据自己的愿望去幻想，以想象代替现实。但由于生活经验少，缺乏知识，再加上记忆的不准确，想象往往容易受情绪支配，对一些事物分辨不清，出现想象与现实的混淆，此时说谎只是把心中的愿望表达出来，这种行为与宝宝的品行无关。

建议：遇到这种情况，尽量采用鼓励性的语言。比如：“大象带你飞回来的，你太神气了！”来满足宝宝的幻想。接下来，帮助宝宝分清什么是幻想，什么是现实，并教会宝宝如何表达想象和愿望。

强强是个调皮好动的宝宝，看到一个小朋友带来的“机器猫”很好奇，一把抢过去自己先玩起来，那个小朋友哭哭啼啼地找老师告状。老师把强强叫到一边温柔地说：“抢小朋友东西是不对的，下次改了还是好宝宝。”咦？老师表扬我是好宝宝了，强强心里这个美啊！回到家马上把这个消息告诉了妈妈，而抢小朋友玩具的事情反而忘得一干二净了。

理解性心理错位：心理错觉让宝宝误读别人的话。2～3岁的宝宝认知发展处于前运算阶段，个体开始运用简单的语言符号从事思考，具有表象思维能力，但不能全面理解语言的含义。宝宝对客观事物的认识不足而产生了心理错觉，从而说出了与客观事实不符的话。就如同故事中的宝宝，把老师的客观评价当成了表扬，出现“撒谎”现象。

建议：不要打击宝宝的积极性。对于这类“说谎”现象，家长不能操之过急，应该帮助宝宝分析成人话语的真正含义，消除宝宝的模糊认识。

幼儿园里，老师让大家画一只大红苹果。“画好的小朋友请举手。”“我画好了！”康康第一个举起了手。老师笑眯眯地对他点点头。康康心里很美，我是小朋友中最棒的一个！可是没想到，老师还让他把画好的红苹果展示给大家。“糟糕！”其实康康根本就没画完，这可怎么办啊？

表现欲萌动：表现欲驱使宝宝说“大话”。幼儿期的宝宝表现欲很强烈，当宝宝学会一首新歌，画了一张自己满意的画，会搭一种新的积木样式或会玩一种新的游戏，就会高兴地向父母显示。表现欲能增强宝宝的自我意识和自我价值感，同时调动宝宝学习的积极性与主动性。宝宝在强烈的表现欲驱使下，会不自觉地说出一些不切实际的“大话”，这些“大话”往往被父母理解为说谎。

建议：父母首先要用鼓励宝宝巩固、发展他的表现欲和表现能力，提高其自信心与积极性。例如：“宝宝真棒，敢于说出自己的想法。”培养宝宝客观的自我认知。接下来对于宝宝给予客观的评价，逐渐培养宝宝对自我客观的认知。

王阿姨打电话约妈妈出去吃饭，妈妈说她生病了去不了。不对呀，妈妈没有生病啊。“妈妈，你哪生病了啊？”我话还没有说完，妈妈就伸出手指“嘘”让我别出声。一天晚上，邻居小朋友打电话让我出来玩，我就告诉她我生病了。妈妈说：“小宝宝不许说谎！”我没说谎啊，妈妈上次就是这样和阿姨说的啊。

受成人言行影响而撒谎：幼儿模仿能力很强，成人在社会交往中一句漫不经心的谎话都可能被宝宝模仿。如果父母经常当着宝宝的面说些小谎话，以后宝宝遇到类似的情况就会说谎。另一种情况是家长有时不经意说了的话由于各种原因未能兑现，宝宝就会觉得大人是在说谎，觉得以后遇见这种情况也可以说谎。

建议：父母要反思自己的言行，身教胜于言传。当父母告诉宝宝要说“实话”时，反思自己是否给宝宝树立了良好的榜样。在此基础上规范自己的言行。另外，许诺宝宝的事情就要认真履行，如果不能兑现要向宝宝说明理由，取得宝宝的理解。

妈妈总是当着我的面夸邻居家的小姐姐能唱会跳、长得漂亮，她从来不夸我，在妈妈眼里我这也不好、那也不好。今天幼儿园里老师教我们剪小红花，我偷偷地把一只小红花塞到了口袋里。回家后我告诉妈妈，今天我的表现好，老师奖励了我一只小红花。妈妈夸我真是个好宝宝，我心里美滋滋的。

为取悦父母而撒谎：有些家长对宝宝要求很高，如果宝宝表现得好就会很高兴，满足宝宝的一切要求。如果宝宝没有达到期望就会训斥宝宝，长此以往，宝宝为了取悦父母就会说谎。而父母如果不了解情况，让宝宝撒谎成功尝到了甜头，会强化宝宝的说谎行为。

建议：面对宝宝这样的说谎行为，家长要检查自己对宝宝要求是否过高，期望是否合理。适当的期望是宝宝进步的动力，但如果期望超出了宝宝的承受范围，就会让宝宝形成心理压力，导致不良行为的发生。

12 怎样看待顽皮的宝宝

宝宝们大都好玩、好动、好奇，这“三好”稍微突出一点，人们就称之为“顽皮”。尽管大人们也曾经顽皮过，但对顽皮的宝宝还是感到对他们的教育十分困难。有些宝宝喜欢捣乱，爱搞恶作；有些宝宝喜欢瞎掺和；还有的宝宝表现为打人、咬人攻击行为和软缠硬磨，等等。其实，宝宝的这种表现是有某种积极意义的，它是幼儿心理发育的一个过程和体现。这说明宝宝的自我意识和独立意识在成长。幼儿期是一个从完全依靠父母逐渐向独立自主过度的阶段，他们的智力和体能都在不断增长，他们喜欢到处去探索世界，体验周围的环境，尝试自己的能力。我怎样能证明我的存在和能力呢？唯一的办法是对周围事物施加影响。我把玩具弄坏了，把别的宝宝打哭了，我能不听大人话了，就证明了我自己的力量，证明了我的存在。

某幼儿园有一个4岁的男孩，曾多次把小女孩的裙子或裤子揪下来。女孩的家长气冲冲地找到老师，说这个男孩耍流氓，是坏宝宝，要老师及其家长严加训斥、管教。当老师问这个宝宝为什么这样做时，宝宝回答："我问妈妈，为什么男孩站着尿尿，而女孩蹲着？妈妈说，男孩、女孩尿尿的地方不一样。我想知道有什么不一样。"这个在成人眼中像个小流氓的男孩，他的行为仅仅是出于一种对事物的好奇心，如同他要拆开一个玩具，看一看里面有什么结构一样，绝非是什么品行不端。因为幼儿对事物本质的分辨能力比较差，他们还不能区分好与坏、善与恶、正确与错误、建设与破坏，这些都是成人的概念。他们只是用顽皮的行动来证明自己的力量和存在，用自己最简单的方式得到他们所需要的答案。

试图得到大人的表扬是宝宝调皮的一个动机。这些宝宝并非没有闪光点，也并非不求上进，而是由于他过于顽皮，即使做了好事，家长和老师看到的也是他顽劣的一面。面对顽皮的宝宝，大人是利用自己的威严，严厉制止宝宝的顽皮行为，让他们言听计从？还是因势利导，循循善诱，使宝宝的情绪得到充分的舒展，天性得到充分的发挥？答案当然是后者。但实际上，面对顽皮的宝宝，更多的家长采取的是斥责、批评、甚至打骂，他们想通过严厉的训斥和体罚制止宝宝的顽劣行为，其后果必然是泯灭了宝宝的天性，使宝宝失去了童真和自我，变成了有严重心理障碍的规规矩矩的"乖宝宝"。

很多心理学专家都指出，创造型的宝宝一般说来是不顺从、不驯服。其实，只要教育得法，引导有利，越是顽皮、具有独立意识的宝宝，将来越能成为有作为的人。无数事实已证明了这一点。顽皮的宝宝就像久经霜寒而迟开的花蕾，只要阳光充足、温度适宜、浇水适当，同样会绽放出绚丽的花朵。

13 建立良好的亲子关系

宝宝不是仅仅通过吃、喝、玩等进行感知学习，更重要的是通过以人际关系为背景的情感世界来学习的。这些人际交往的体验会直接影响到宝宝大脑的发育。在宝宝心理发育过程中，宝宝与父母或看护者之间的早期关系发挥着重要的作用。父母为宝宝所提供的各种经验，将在很大程度上决定了他们在情感和智力上如何面对世界。

作为亲子关系中的一方，父母必须和宝宝之间建立信任感。因为宝宝会敏锐地感受到自己及别人的情感状态。意识到在需要时就会有人关心自己，这是一种非常安全和舒适的感觉。父母的积极响应是帮助建立这种信任感的关键。“父母是宝宝最好的玩具”。与父母有很多时间共享的宝宝，在许多方面要胜过有大量玩具的宝宝。

宝宝与他人之间良好关系的建立，并非仅仅局限于提供食物、更换尿布之类的生理方面的需求，还需要情感方面的交流。许多专家都指出：宝宝和父母或看护者之间良好的关系，是幼儿时期良好人际关系的基础。良好的亲子关系是父母所能给予宝宝最珍贵的礼物之一。当宝宝从父母身上感到满足和安全，通过积极地回应宝宝的情感和生理需求，理解宝宝的个性，在宝宝需要安慰时给予他及时的温暖和抚慰，和宝宝共同玩耍、娱乐，可使宝宝的身心得到最好的舒展，情感得到最大的满足。

凡是能满足宝宝需要的任何人都可以使宝宝形成强烈的依恋。良好的宝宝护理对宝宝的成长有许多重要的、积极的影响。父母照顾宝宝的时间越长，宝宝与父母情感的联系就越密切。父母的感觉越敏锐，这种感情依恋的程度就越高。

14 与宝宝共玩、同乐

为人父母，每个人都想做一个好爸爸、好妈妈。其实，这并不是非常难的事，只要你成为宝宝的“知心的伙伴”或“玩伴”，你就会有意想不到的收获。许多父母下班后忙于干家务，空暇时间也多是埋首于报纸或花费大量的时间去看电视，他们不懂得与宝宝共处的必要性。如果他们能了解与宝宝游戏的重要性，也许就不会吝啬那短短的时间了。你可以痛快地和宝宝玩15分钟，然后说：“好了，爸爸要看报纸了。”如此远胜于一边翻阅报纸，一边却被宝宝哭闹地缠着要求陪他玩好得多。与宝宝共玩同乐，是父母给宝宝的深情关爱，是对宝宝的无限倾情。那么，怎样与宝宝共玩乐呢？

从宝宝的兴趣和爱好出发，选择宝宝喜欢的事情或游戏，特别是选择那些能促进宝宝认知能力，有益于宝宝身心健康发展的游戏去做，如堆雪人、捏泥人、过家家、拼插板、搭积木、捉迷藏、丢手绢等。这些游戏即锻炼了宝宝的动手能力，又培养了协作精神。在游戏中，宝宝充分发挥想象力和创造力；跑动的游戏使宝宝兴致勃勃，心情欢快舒畅。和宝宝融为一体，是极好的亲子沟通的途径。

和宝宝在一起玩，家长也要精神投入才能取得宝宝的信任并被宝宝接纳。家长要多动脑筋，变换花样，和宝宝做小制作，如叠手绢、剪纸、画沙画、给娃娃做新衣等，通过用心地剪、修、捻、贴、缝，变化出许多新的“作品”，可激发起宝宝更大的兴趣和创造力。孩子从家长的投入中也学到了“专注”、“创新”精神。

在与宝宝的共玩中，大人也可以“佯装弱者”，向宝宝学习。如在玩“老鹰捉小鸡”的游戏时，大人可充当“小鸡”，宝宝当“老鹰”。最后自然是“老鹰吃掉了小鸡”。这种游戏，无形中增加了宝宝的自信和与家长的亲近感，可大大激发宝宝的探索欲，也使亲子游戏充满了欢乐。

玩是宝宝的天性，家长可教宝宝边拍球、跳绳，边用母语或外语练习数数。下雨过后，宝宝最喜欢趟水玩。为满足宝宝的需要，妈妈可端来一盆水，用蜡纸或油纸折小船或用各种材质的小玩具同宝宝一起玩“沉浮”的游戏。宝宝在玩乐中获得知识效果最显著，特别是更小的宝宝，知识都是一点一滴在玩乐中获得的。家长要做启发宝宝智慧的有心人，善于因势利导，日积月累地使宝宝丰富知识，开启智力。

与宝宝玩耍的过程中，并不能一味地哄宝宝开心，而应适时地将一定的教育内容和思想观点渗透给宝宝，使他们在游戏、玩乐中，不知不觉地受到良好的教育，如语言表达能力、动手能力、认知能力、敏捷性、创造性。通过有趣的游戏，还可培养宝宝与人协作、谦让、忍耐、守纪律等良好品质。但是，父母与宝宝游戏的首要目的是让宝宝体验快乐和父母的爱。技能训练和知识的获得虽然很重要，但此时并不是第一位的。父母应记住，组织宝宝参加任何活动，都是为了让他们体验到童年的欢乐。

总之，父母与宝宝共玩有许多好处：父母与宝宝共同游戏时，宝宝会感到安全，他们会更愿意拓宽自己接触的世界；有父母在宝宝面前，他们可以放手做许多他们独自不能做和不敢做的活动；父母若关注他们，给他们帮助，共同分享欢乐，他们会表现出最大的快乐；与宝宝在一起玩耍，能促进宝宝模仿能力的培养，使宝宝不失时机地学到很多有益的东西，在玩耍中受到教育和启迪，并获得做事的经验；愉悦的状态最适宜于宝宝的智力开发，启发他们的想象，训练他们的思维能力，也增长了亲子之间的感情。家长不要强调工作忙、家务重等理由，每天抽出一定的时间与宝宝同玩耍，共欢乐，你会更加了解自己的宝宝，并且从中感受到真正的放松和快乐。

15 巧妙回答宝宝的为什么

进入学龄前的宝宝好奇心特别强，特别是4～5岁的宝宝，面对缤纷多彩、浩渺的大千世界感到非常新奇。在好奇心的驱使下，他们会缠着父母问这问那，他们的问题已经不仅仅局限于“这是什么”了，而是要问大量的“为什么”。只要他观察到的就要发问，如“太阳为什么白天才出来？”、“鸟儿为什么能飞到天上去？”、“鱼儿为什么离开水就会死？”，等等。这说明他们的观察能力在加强，他们在进行思考，这是宝宝求知欲及思维发展的标志。家长应鼓励宝宝的好奇、爱问的特点，耐心认真地倾听宝宝的提问。根据宝宝的理解能力，尽可能地用浅显易懂的语言，简要正确地解答他们提出的问题，使他们感到自己的提问得到家长的重视，并能够获得满意的答案。

年幼的宝宝总有问不完的为什么，他们需要更多的词汇来解释这个奥妙无穷的世界。时间一久，父母往往会对回答问题感到厌倦，因而敷衍他们，这样会伤害宝宝，失去他们的信任。宝宝的问题有时很难回答，甚至使人感到啼笑皆非，但这正是宝宝比较原始的认知需要，宝宝通过对这些事物的好奇而发问、探索，从而认识这个世界。例如，宝宝会问“为什么妈妈是女的，而爸爸是男的？”、“为什么金鱼老是在水里游，它不累吗，不饿吗？”这是宝宝善于观察事物、爱动脑筋的表现，也是宝宝获得知识的重要途径。对此，家长千万不要表现出“厌烦”或者“不耐心”。不能对宝宝的提问采取简单粗暴的态度，用“不知道”、“真烦人”、“等你长大了就知道了”等来敷衍宝宝，这样会挫伤宝宝的自尊心，压制他们的求知欲。长此以来，宝宝的观察和思考能力就会下降，他会处于机械、被动接受的状态，有时即使有问题也不敢提出来。

当宝宝问“这是什么”的时候，家长只需要说出这个物品的名称即可；回答“为什么”这类问题时，通常都需要解释事物的因果关系。提“为什么”也是宝宝获取更多抽象信息的最佳途径之一。家长应该抓住这一时机，在回答宝宝“为什么”的同时，应鼓励、指导宝宝细致地观察周围的事物，通过他们自己的探索、观察、思考找出答案，或同宝宝一起寻找答案。如果经启发后宝宝能自己解答的问题，则引导宝宝自己解答，家长再给予肯定或补充。并及时给宝宝表扬和鼓励，使宝宝认识到自己的能力、特点，进步得到家长的认可，增加他们的自尊心、自信心。这样才能鼓励宝宝善于观察、勤于思考，不断激发和促进宝宝的求知欲和自信心。

面对宝宝千奇百怪的问题，家长有时也不能正确地回答，这时也不要随意给宝宝乱解释一通。要知道这时宝宝得到的答案往往会给他留下长久或不可磨灭的印象。正确的方法是坦白地告诉宝宝自己也不知道，对待较难回答的问题，可以说：“我也正在考虑这个问题，想好了再告诉你好吗？”宝宝一般不会再继续追问下去。当然最好还是和宝宝一起查些资料，并带宝宝向其他人请教，以获得正确的答案。这样不但使宝宝得到圆满的答复，又教会其解决问题的方法，同时使宝宝认识到知识的重要性，还可使宝宝学习谦虚的态度。此外，对于那些比较简单的问题，可以用启发式的反问，让他自己思考、自己回答。如果宝宝回答不正确，要及时纠正；如果宝宝答不上来，要给宝宝适当地解释，这样可以培养他们爱动脑筋的习惯，锻炼他们的推理能力，同时还能在不知不觉中教给宝宝许多知识。

家长也可以用比喻、虚构的方法回答宝宝的“为什么”，因为太深的原理宝宝是听不懂的。这样不仅满足宝宝当时的需要，而且还有助于他们形成严密的逻辑思维和对世界正确的认识。由于宝宝词汇不足，知识有限，他们并不懂得比喻的意思，但可以立刻“译”成宝宝自己比喻的语言，这就给宝宝的思维增添了联想的色彩。宝宝在认识世界中，真实的理解和幻想的理解，正确的成分和歪曲的成分，是交织在一起的，宝宝的拟人现象，就是这种心理的反映。

家长在回答宝宝问题的时候，还可以把一些相关的生活常识、社会规范等教给他们，如不要乱摸电器插座，触电很危险；过马路要走人行道，看交通信号，红灯停、绿灯行；鱼儿离不开水，不要把小鱼从鱼缸里捞出来；水果上可能有细菌和农药，要洗干净了再吃，等等。这样可以随时教育宝宝，并达到增加生活知识，满足宝宝好奇心的目的。

通过正确回答他们的提问，可以培养宝宝爱动脑筋，善于观察思考的良好习惯，对调动他们的观察力、想象力、创造性，开发宝宝的智力有着非常重要的意义。

Chapter 12 第十二章

呵护宝宝心灵，讲究教育策略

HEHU BAOBAO XINLING JIANGJIU JIAOYU CELUE

- 不要着急，不要比较
- 奖励宝宝的方法
- 切莫“心罚”宝宝
- 让宝宝学会“自我管理”
- 掌握好“爱的尺度”
- 让宝宝离开“保护伞”

01 不要着急，不要比较

王教授：你好！我家宝宝15个月，周边的同样大或比他小的小朋友都会走路，但他还不会。另外，目前他只有4个牙齿，囟门也未长好，我的宝宝发育是否落后于别的宝宝？

我的答复：有这样一个实例——在桐桐3岁时，爸爸教她拍球，可是她无论如何都没办法连续拍到3个以上，失败次数多了，就失去了兴趣，想要跑开去玩别的，更加无法集中注意力拍好手里的球。最后爸爸很生气，桐桐却很无辜：为什么你要对我发脾气？后来这个问题的解决办法非常简单：到了4岁的时候，桐桐的身体协调性自然而然有了发展，球自然而然就拍得好了。

宝宝在不同的阶段上，会发展出不同的能力水平。如果对宝宝的要求超出了这一实际水准，就好像要普通成年人跑步有刘翔那么快、扣篮有姚明那么好一样强人所难。尤其是年幼的宝宝，有时候差几个月，身体和智力的发展就会有很大差别。了解了这一点，爸爸妈妈就不要太着急了。此外还要避免与其他宝宝作无谓的比较：隔壁邻居家的小男孩3岁就会拍球了……这是没有意义的，每个宝宝都有自己成长的节奏，有可能在这些方面比别的宝宝稍慢一点，而在另外一些方面稍快一点，都是正常的，要求宝宝样样事情不能落后于别人、都要跟别人一样或者比别人好，那可太想当然了。最后话说回来，即便宝宝一直都学不会拍球又有什么问题呢？宝宝的能力发展能够全面当然很好，可是要求他百分之百全面发展也同样是不切实际的。

许多家长总爱攀比，总希望自己的宝宝在各个方面都能当冠军——会说话要最早，要最先学会走路，个子要最高……这是毫无意义的。因为，每个宝宝都有不同的发育轨道，如同每一片树叶都不尽相同。让宝宝开心顺利地度过每一个成长的瞬间，你的宝宝自然就会变得优秀。

02 表扬宝宝的技巧

作为父母思考这样一个问题：你是在什么时候开始最关注宝宝发展的？是否在他最顽皮或犯错误的时候？如果“是”的话，你的宝宝将会继续顽皮下去！因为宝宝会明白，唯有他做错事的时候，父母才会注意自己，为了吸引父母的注意力，便不惜“以身试法”！所以在宝宝乖巧的时候，需要让他知道父母仍然非常关注他。许多父母以为宝宝听话、乖巧是应该的，所以便认为这样不需要称赞，久而久之，下一次他做对的时候，连怎样表扬也忘记了！宝宝都喜欢听到父母的赞赏，下一次他做对的时候，不要再吝啬对宝宝的表扬和赞赏了。

表扬是家长与幼儿园老师常用的一种鼓励宝宝的方法，用这种方法肯定宝宝的优点，使宝宝增强分辨是非的能力，并鼓励他不断上进。宝宝一切活动都希望得到家长和他人的认可，这样的承认和赞许对他们的进步是十分重要的。记住“舍不得赞美宝宝的人，往往会使宝宝的行为表现得无法让他赞美”。家长应善于发现宝宝的每一点进步和成绩，并及时用不同的形式加以肯定和表扬。但表扬宝宝要讲艺术、讲方法，如果方法不对会适得其反。

表扬不要过滥：宝宝做出值得表扬的事情才能给予表扬，这样才能给宝宝留下深刻印象。为了使表扬产生较好的教育效果，爸爸妈妈规范宝宝行为的过程中，应准确地把握表扬的尺度，表扬时爸爸妈妈的感情流露要“浓淡”适度。有些家长望子成龙心切，宝宝稍微有点进步就欣喜若狂，赞不绝口，久而久之，必然助长宝宝的自满情绪。还有的家长对宝宝总是恨铁不成钢，尽管已看到宝宝有很大进步，但为了防止宝宝骄傲，他们按捺住内心的喜悦，在语言、行动上无任何表示，经常这样必然会挫伤宝宝的进取心。

表扬的方式要“实虚”适度：对宝宝的评价应该是公正、准确的。但是，表扬作为教育宝宝的一种多功能手段，在具体运用中可以有一定的灵活性，即在坚持实事求是的前提下，允许有一点“虚”内容。这里的“虚”主要指的是两个方面：第一，是对事实的适度夸张。例如，宝宝纯粹是因为好玩，挥着扫帚在院中“扫地”，爸爸妈妈明知如此也不必道破，应及时表扬他爱劳动的行为。这种夸张有利无害，因为它既是对宝宝正确行为的肯定，又可以让宝宝知道，劳动是一种美德。第二，是对宝宝将来的期望。例如，宝宝的美术作业并不好，幼儿园每次作画宝宝总有自卑感。爸爸妈妈可以这样说：“你现在还没掌握方法，以后只要按老师要求认真去画，肯定会画得很好！”这种鼓励尽管超越现实，但对宝宝来讲是必不可少的，关键是要把握好表扬中“虚实”的程度。为此，在含有虚的内容表扬中，应该注意三点：一要有利于增进宝宝自信心；二要不脱离实际；三要给宝宝指明前进的方向。

表扬要具体：对宝宝的表扬要具体说出好在哪里，让他有所遵循和发扬。表扬得越具体，宝宝对哪些是好行为就越清楚。比如，“宝宝今天自己把玩具收拾起来，真能干！”、“妈妈今天很累，你能帮妈妈洗碗，妈妈可以休息一下了，真好！”。这样的赞扬不仅表示父母欣赏宝宝的努力尝试，使宝宝获得满足感，而且还鼓励宝宝继续努力，培养宝宝的责任感和关心别人的良好行为。要表扬宝宝，最好是提出他自己都没有感觉到的优点，这样才能提高他的自信心，使他在各个方面都能表现出优异的成绩。

表扬要及时：宝宝良好行为一经发生，要及时给予肯定，时间越早效果越好。否则，时间过长，宝宝对这个表扬不会留下什么印象，更不能强化好的行为。以表扬来说，3岁以下的宝宝多表扬一些可能问题不大，但3岁以上的宝宝由于他们自我意识较强，对成人的评价很敏感，有强烈要求表扬的愿望，所以要比较慎重。如果乱戴“高帽子”，使宝宝得不到正确的自我评价，相反认为表扬是应该的，不表扬就什么也不肯干，甚至会发生为了表扬而养成做假或讨好的行为。表扬主要应该表扬宝宝所做的努力，包括改正缺点，克服困难。表扬宝宝的成绩要实事求是，不要夸张，要让宝宝感到高兴而不自满。

进行100次1分钟的赞扬远比1次给予100分钟的赞扬对宝宝更需要，也更有实效。表扬宝宝最好不要夸他聪明，这会给宝宝一种错觉，以为什么事情凭借聪明就可以干好，从而养成以投机取巧代替勤奋努力的习惯。与其夸他聪明，不如表扬他努力。这样使宝宝捂出一个道理，不管多么难的事情，只要自己努力去做了就一定能做好。同样，在失败的时候，有的宝宝会把失败的原因归结为自己不够聪明，而有的宝宝却会认识到是由于自己不够努力。显然，后一种想法更有利于宝宝的成长。

03 奖励宝宝的方法

宝宝都是喜欢听好话的，喜欢被人称赞，而且从他人对自己的评价中认识自己。赞美有如宝宝的营养剂，只要父母嘴边常挂着一句由衷的赞美，便可使宝宝恢复信心更积极上进。学会夸奖宝宝并不难，关键是你有没有这种意识，能不能认识到它的重要性。夸奖是一种激励，激励比批评和强迫的效果要见效得多。但夸奖宝宝并不是一件易事，首先要夸得准。如果夸得不准，宝宝就会感到受了欺骗，认为大人在故意夸他，也就起不到激励作用。特别要注意不能夸错了，否则宝宝会把错的当对的，以后你想改过来都很难，因为他心目中的是非标准因你的错夸而混淆了。

很多父母为了鼓励宝宝好好表现，常常会采用物质奖励的办法。应该说，对宝宝实施奖励教育要比处罚更能使宝宝受到鼓舞，这也是理性教育的表现。一般来说奖励分为物质奖励和精神奖励，父母在奖励和表扬时要注意宝宝的年龄特点和性格特点，将二者巧妙配合、灵活运用。正确恰当地对宝宝进行表扬，要奖励，不要许愿。有时候一句话、一个吻、一个笑就是宝宝想得到的一份最珍贵的奖品。不要过分强调物质这一外在动力，应注意宝宝内在动机的培养。有些宝宝本来可以干好、也应该干好的事情，父母还要用奖励来刺激，反而会适得其反。

3岁以前的宝宝体验很少，他们对某些精神奖励方式缺乏体验，而更看重他们所熟悉的某些物质奖励。比如，好吃的糖果、点心、漂亮的衣服、玩具等。所以，对于这个年龄阶段的宝宝来说，父母应当多采用物质奖励的手段，来强化宝宝的好习惯和好行为。随着宝宝年龄的增长，可以慢慢过渡到以口头表扬、赞许、点头、微笑、注意或认可等精神奖励为主的阶段。对3～4岁宝宝的良好表现，就可以用给他讲一个有趣的故事、带他到户外或公园游玩、和他一起下棋做游戏等作为奖励。如果我们用物质来奖励宝宝们，就阻止了他们从贡献和参与中得到精神上的满足，将他们的注意力转到物质的享受。当我们努力去用奖励来赢取宝宝的合作时，宝宝真正的合作精神以及助人为乐的责任心正消失殆尽，这是很可怕的事情。少用实物奖励，更忌用贵重物品奖励。不滥用奖励，要让宝宝体会到只有经过努力，有了进步或表现很好，才能获得奖励。

根据宝宝的性格特点“因人施奖”，切忌千篇一律。对性格外向、活泼好动的宝宝不宜过多地奖励，防止滋长他的骄傲情绪和虚荣心；对性格内向、不多语、不好动的宝宝则应及时地予以表扬和奖励，以增强宝宝的自信心。当宝宝出于内在的兴趣或进取心而表现出好的行为时，家长若给予宝宝过多的表扬，反而会削弱宝宝的兴趣和上进心。比如，宝宝自己非常喜欢画画，他并不需要家长的表扬和物质奖励，而只要获得认可就足够了。如果宝宝画出很美的画，家长只要关注一下就行了，但如果家长说：“宝贝真棒，晚上给你做好吃的。”这样反而使宝宝厌烦：“我的努力和成就只是为了一顿美餐吗？”这样反而不利于宝宝成就感的培养。

父母在奖励宝宝时还要注意奖励的方向性和教育性。奖励宝宝一定要掌握好方向性问题，不宜单纯为了奖励而奖励。要让宝宝明白对他的奖励绝不是他做的事情的本身，而是奖励他做事情的态度。例如，对于宝宝的助人为乐的行为进行奖励，通过奖励要让宝宝知道怎样做人、做什么样的人。奖励的教育性是通过奖励使宝宝有光荣的感受，有幸福的体验，从而增强宝宝的自尊心和自信心。

中国著名儿童教育家和心理学家陈鹤琴先生说："无论什么人，受激励而改过是很容易的，受责罚而改过是比较难的。"我们对宝宝要以积极表扬鼓励为主，消极批评会使宝宝灰心丧气。表扬或批评都有是为了强化好的行为，鼓励宝宝养成良好的行为习惯，克服缺点。

04 批评宝宝的"策略"

宝宝一天天的长大了，也一天天地变得更有个性。有时他们会做出一些让人气恼的事，父母难免有控制不住情绪的时候，就对宝宝大发脾气，进行批评。虽然人们越来越反对家长对宝宝发脾气，但迄今为止，能做到不对宝宝发脾气的人大概是寥寥无几，特别是在你循循善诱以后，面对仍然我行我素的宝宝时，父母更抑制不住心中的怒气。 爸爸、妈妈偶尔对宝宝发脾气是正常的，但总结以往很多爸爸、妈妈的经验，在你想发脾气、批评宝宝之前，请注意以下提示。

搞清事实真相再批评：不要因为我们的粗心误会了宝宝。

不比较其他宝宝批评：注意保护宝宝的自尊心。

事发当时及时批评：让宝宝知道错在何处。

事态严重要严厉批评：以此为戒、杜绝再犯。

就事论事的批评：不要扩大化、不要翻老账。

不在吃饭前、吃饭时批评：批评的目的并不是为了不让宝宝吃饭。

不做全盘否定式的批评：不要使宝宝感到自己一无是处。

尽量个别批评：对自尊心强的宝宝这会更有效。

家人态度一致的批评：使宝宝建立明确的是非观念。

不带个人情绪的批评：既避免过分伤害宝宝，也避免过后你懊悔不已。

05 管教宝宝的方式

对宝宝的批评要讲究方式，避免大声训斥、责打、惩罚宝宝，更不要嘲讽你的宝宝。对于较小的宝宝，只要较严厉的语调就能收到效果。有时候，只要调整一下环境，宝宝就不至于惹是生非了。

管教宝宝的不当行为之前应先找出原因，一定要随时准备褒奖好的行为。管教宝宝必须及时，早上做错了事，不要等到晚上才处罚。这是管教最有效的方法。对宝宝说明规范要有耐心，即使需要一次又一次地提醒，也必须不厌烦。事先决定好管教宝宝的方法，并明明白白地告诉他，一旦真的遇上那种状况就必须执行。事先定好规章，到时候就没什么可商量的了。做不到的事就不要随口威胁宝宝，否则只会造成反效果。

采取相应的改进错误的措施：可用语言、态度表示对其错误行为的不满意；短时停止活动，让其坐在规定的椅子上，罚坐几十秒到几分钟；采取“隔离”措施，即找一个角落让他独自反省，或是让他收拾弄糟的东西；可用闹钟计时，规定时间一到处罚即停止，惩罚期间暂不要理他。

此外，可采取自然、合理的处罚方式：如果不睡午觉，就取消某种活动一次，如停看电视或停骑童车一次，让其体会犯错给自己带来的不利；玩具未能收拾好或故意搞得到处都是，就将玩具没收两个星期；如宝宝因不爱惜损坏了物品，可取消原定购物或娱乐计划；不好好吃饭，就不让吃巧克力豆等等。

宝宝到3岁，行为就会从本能变为冲动，而后变为欲望，最终具有明确的目的性。大概在2岁半的时候，情感因素参加了进来。不过，告诉这个年龄的宝宝你为什么要他们做这做那毫无用处，用行为准则约束宝宝去做正确的事情不太可能。因为他们还没有懂得做事情是有目的。3岁的宝宝还无法思考他做的事，即使你要求他尽力理解自己行为的动机也无能为力。因为他的智力还无法分辨对与错，推理能力来得相当迟——有的宝宝直到青春期才学会推理。而且他自身的愿望非常强烈。必须明白，宝宝并不是因为你才作出某些行为，他也不会因为你的意愿而改变行为，所以顽固地坚持纪律约束是不明智的。必要的、理智的“管教”，有时会使宝宝收敛他们的不良行为。

保持行为准则的简单性和连贯性非常重要。处罚宝宝某一行为之前，必须先警告他一下。宝宝实在过分胡闹时，告诉他：“我已经很生气了。如果我数到三，你还不听话，我一定会非常非常生气。” 在你决定说“不”之前暂停一会儿总是必要的。你必须确信宝宝已经领会你的意思，知道你是认真的，并且知道你在讲话之后总是期待他立刻作出某种行动。即使宝宝做错了事，仍然要提醒他、告诉他，他现在比小时候乖多了，他依旧是一个可爱的好宝宝。

06 惩罚宝宝的原则

宝宝是在探索中学习与成长的，“缺点”或“错误”伴随着宝宝成长的整个过程。成人往往根据自己的主观看法对待宝宝，因此要注意合理地运用奖励或惩罚，所选择的具体方式应具有意义。不论你想为宝宝做什么事，都应该尝试以他的角度为标准，努力理解宝宝的行为及为什么这样做的原因。只有真正爱护并充分理解宝宝，才能正确运用奖励与惩罚。

困扰家长的一个普遍问题就是，在宝宝教育中是否可以运用惩罚手段，运用的程度如何。绝大多数教育专家都同意如下的结论：“在独生子女教育中适当运用惩罚手段是必要的。”因为，对于一些任性的宝宝，光靠说服教育是很难奏效的。而如果对于他们的错误行为不闻不问、听之任之，无疑是对他们的放纵和怂恿，其结果是使其越来越任性而难以管束。为了宝宝形成良好的品格，当宝宝犯错误时，运用一定的手段加以惩罚是完全必要的。家长在运用惩罚手段的时候应该注意到如下原则。

态度要温和。要尊重宝宝的权利、独立的人格，不得伤害肉体和心理；不得使用贬低宝宝才干、人品或威胁打骂宝宝的言行；要调整好自我情绪，保持平和的心态，采用适度的语言和行动；不轻易使用刺激强度较大的方式，约束自己不得超过规定的极限，不轻易使用惩罚；最好引而不发，让宝宝在被实施惩罚前，自己中止不良行为。

惩罚要明理，让宝宝知道受罚的原因和应有的正确行为。说理要浅显具体，要就事论事，针对受罚行为，不要联系宝宝过去发生的行为算总账。家长在气头上往往将他以前犯的错误都翻出来，前后联系，越想越气，结果没有掌握好惩罚的力度，惩罚过度对宝宝形成伤害。要批评宝宝的不好行为而不要否定他本人，如批评宝宝抢别人玩具时，应该告诉他玩具是大家玩的，小朋友要友好相处等道理，不要简单地讲“你这宝宝怎么这么坏”。批评宝宝时，口气要严而不厉，不要引起宝宝的反感。

对于宝宝实施惩罚，应该体现及时性原则。发现宝宝犯了错误之后，及时进行惩罚，指出其错误所在及应该承担的后果。妈妈常对宝宝说的那句“爸爸回家后就有你瞧的啦！”的口头禅，并不适合实际情形。尤其是对小宝宝来说，因为没什么时间观念，等到他被惩罚时，早忘了惩罚的原因了。大一点的宝宝如犯了重大错误也需要立刻处罚，妈妈如果能立刻把父亲叫回家来，父亲在当场惩罚要比等他下班回家来再惩罚有效。

要把你的要求对宝宝讲清楚。假如你要求宝宝中午睡午觉，下午才带他到动物园去玩你就要对他讲清楚，让他记在心上。要言出必行，如果宝宝没有睡午觉，就坚决不能带他出去玩。假如你警告过宝宝当他犯某一种过错时要惩罚他，那么在他犯错后，你就一定要实行你惩罚的诺言。假如你不处罚，你以后便难以下达命令，你的惩罚也就失去了作用。在对宝宝实施惩罚时，家庭成员必须保持一致，如果父亲不让宝宝出来与小朋友一起玩，而妈妈却将宝宝放了出去，就会导致宝宝对于惩罚不以为意，收不到惩罚的效果，还会产生极大的负面效应。

所谓惩罚并不等于体罚。惩罚的手段是多种多样的，体罚只是其中最原始的、最无奈的一种，家长只有在万不得已的情况下，才能对于宝宝实施极其有限的体罚。实际上“打”能暂时让宝宝驯服，而不能从根本上解决任何问题，最终会扭曲宝宝的性格。打骂和威吓宝宝，一种可能是使宝宝形成心胸狭小、自卑、怯懦、不诚实的性格，还可能使宝宝变得非常暴躁，对打骂满不在乎，成为具有反抗意识、崇尚暴力、性格偏执的人。粗糙轻率的家庭管理作风是最贫乏、最无教育智慧者采用的方式。家长应学会用许多巧妙的方法，如智慧、技巧和幽默来鼓励宝宝，而不是使用棍棒教育。

07 体罚——烙在心灵的伤痕

“不打不成材”这是一些殴打宝宝家长的信条。他们望子成龙但苦于教子无方。他们缺乏自信心和自主精神。在他们眼里，宝宝是他们的私有财产，是恶劣情绪的发泄对象。他们没有意识到，宝宝是有自尊心、自爱心的一个独立的人，粗暴的打骂只会使宝宝从心理上远离父母，叛逆性增强，亲情减弱。幼时的生活，对一个人个性的形成有深刻的影响，亲子关系的根本原则也应该是平等沟通。

经常打宝宝，不仅使宝宝受皮肉之苦，更重要的是使宝宝心灵留下不可弥补的创伤。体罚和责骂可以说是最糟糕的惩罚方法，它的特点是处罚立即见效，也许很多家长都应用过。其实这种惩罚会产生很多“后遗症”，如造成心理创伤或为宝宝将来出现攻击行为提供榜样等；使宝宝缺乏热情，也缺乏对热情的感受力；培养宝宝怯懦、畏缩、胆小、怕事、孤独、自我否定等性格；使宝宝感到人与人之间的冷酷无情，可以用武力解决问题；殴打宝宝会掩盖过失的本质，让宝宝失去了体验过失的心境，严重伤害宝宝的心灵。

宝宝成长的过程，从某种意义上讲就是不断减少过失的过程。每个宝宝都有做错事的时候，这时他的心情会格外紧张、忧虑，害怕受到父母的责备。当宝宝有了过失后，家长不要老盯着过失造成的结果，而是要探寻一下产生过失的过程和原因，对宝宝宽容一些，以平和的心境对待。这样对宝宝的心理和精神发育是更加有利的。其实，宝宝能从小的过失中吸取许多有价值的教训，他可以从父母那里学到怎样区别哪些是令人不快、讨厌的过失，哪些是严重的大事，还能学到父母对待事情的态度和语言。父母是宝宝心中绝对的权威和信赖的对象，父母的体罚和难堪的批评会使宝宝丧失自信心，很容易形成自卑感。过分责备宝宝，只会导致宝宝遇事小心翼翼、缩手缩脚，总怕做错了，而愈怕却愈做错，愈做错则愈忧虑。因此，父母也可偶尔在宝宝面前犯犯错，使宝宝觉得父母也不是万能的，且有机会纠正父母的错误，进而发展他们的自信心。

在现实生活中有些父母的确经常指责宝宝。如宝宝不小心把一杯牛奶碰翻在桌子上，妈妈马上就大声叫嚷：“都这么大的人了，你总该知道怎样拿东西吧！叫你小心，小心!给你讲过多少次了，就是记不住！”爸爸也许会说：“连杯子都拿不住，笨手笨脚的，我看你呀，将来也不会有出息！”宝宝受到指责后自信心方面受到的损失，比那一杯牛奶的价值不知要大多少倍。宝宝做错了事，马上对他训斥是不合适的，如果要进行批评也应对事而不对人。

体罚和命令是思想交通的单行道。父母用权威来压服宝宝是一种不讲理的行为。宝宝会被迫地服从父母的命令，但并不一定理解，只是反射性地做被吩咐的事情。教育者与被教育者之间没有语言媒介，父母与宝宝之间毫无沟通的机会，这种不讲理的教育方法，只会使宝宝变得委曲求全和不会思考，使宝宝烙下心灵的伤痕，这是做父母的并不愿意看到，但更没有意识到的严重后果。

08 切莫“心罚”宝宝

随着物质生活水平和社会文明程度的提高，家庭教育越来越受到重视，家长体罚宝宝的现象（尤其在城市）是大大减少了，但还是经常会听到一些家长对“不争气”的子女出言训斥与嘲讽，这就是所谓的“心罚”。殊不知，这对于宝宝稚嫩的心灵有多大的伤害。一般来说，宝宝心理比较脆弱，其自尊心像“一朵玫瑰花上颤动欲坠的露珠那样”，对待它我们应“十分小心”。不管家长训斥与嘲讽的出发点多么善良，理由多么充足，但其教育效果必然适得其反。

对宝宝体罚不好，“心罚”更是不该。“哀莫大于心死”，家长用尖刻的语言讽刺、挖苦宝宝，表面上看比体罚“文明”，但它带给宝宝的伤害绝不会比体罚小，从某种程度上讲，可能还有过之而无不及。体罚伤害的是宝宝的身体，而“心罚”更多的是伤害宝宝的心灵。受“心罚”的宝宝自尊被摧毁，自信被打击，智慧被扼杀。

一个人最重要、最宝贵的东西就是自尊和自信，它们是一个人的精神支柱。这个支柱一旦被摧毁，人的精神世界就崩溃了。我们有些文化素养不高的家长，一旦发现宝宝出现不聪明的表现、某些愚笨的举止，便断言这宝宝没出息了！伴随着父母对宝宝的失望，父母之爱也随之骤然降温，责骂痛打随之而来。宝宝受伤的身体会很快康复，但受伤的心灵却可能一辈子也难以愈合。事实证明，良好的情绪和情感对提高智力水平和智力活动的效率有积极的意义。不少宝宝后来出现学习困难、行为问题、情绪障碍、品德不良，与他们在童年时期心灵遭受过严重的创伤有直接的关系。

父母是宝宝人生道路上的第一任老师，是宝宝在世界上最值得信赖的人。热爱宝宝是父母的天职。但怎样去爱，如何去教育，却大有讲究。任何情况下，家长都不应该用讽刺、挖苦的语言和方式去伤害宝宝，不应该心罚或变相心罚宝宝。如果那样做，则是家长的失职，是家庭教育的失败！

儿童心理教育专家认为，宝宝性格的养成是从小潜移默化培养出来的。在宝宝成长过程中，家长无疑起着极为重要的作用。经常行使带有惩罚性质的话语，会使宝宝养成自卑胆小的性格，甚至产生对立情绪。有些家长认为宝宝年龄小，没有自尊心、羞耻感，这就大错特错了！其实两三岁的幼儿也有自尊心，只不过宝宝的自尊表现形式不一样。作为家长，不应低估或忽视宝宝的自尊心，要知道，那些轻视、侮辱宝宝的话语是十分不利于宝宝发展的。因此，应尽快摒弃这种简单粗暴的教育方式，以诱导、亲切、善意的方式对待犯错误的宝宝，使宝宝的性格、人格在童年时期得以正常发展。

俗话说："良言入耳三冬暖，恶语伤人六月寒。"家教成功的父母是深悟"良言"妙用的。他们善于观察与揣摩子女的心态处境，然后选择时机有针对性地用"良言"抚摸他、温暖他、激励他。当宝宝沮丧时，适时说几句热情的话予以鼓励；当宝宝疑惑时，及时用柔和的语言给他提个醒；当宝宝自卑时，不忘记用他的"闪光点"燃起他的自信心；当宝宝痛苦时，尽量设身处地说些安慰的话。这样，宝宝蔫了的理想之花又会渐渐开放，垂落的人生之帆又会慢慢扯起。须知，"良言"是甜甜的、香香的、充满活力的，"良言"是清风，是春光，是青山绿水。但愿每位父母都养成使用与善用"良言"的习惯，讲究教育的艺术，莫再"心罚"宝宝！

09 不要对宝宝"心灵施虐"

良好的家庭环境可以让宝宝拥有一份健康的心灵。一个人的发展深受早期经验的影响。在正常情况下，最具影响力的早期经验肯定是宝宝的家庭环境和亲子关系。宝宝的心理发展是在抚育者的不断强化中形成的，特别是妈妈的情感态度对宝宝个性的导向作用是十分明显的。当妈妈因家庭、事业、感情、人际关系、育儿等方面的种种原因遇到麻烦或出现心理困惑时，妈妈的焦虑情绪、敌对情绪、抑郁情绪、各种躯体症状对子女的心理问题均有直接的影响。当妈妈缺乏科学的育儿方法和教育理念时，会有意、无意地对宝宝情感进行虐待。

情感虐待对宝宝的伤害是巨大的、长期的，甚至是一辈子的，会对宝宝造成沉重的心理灾难。情感虐待是针对心灵的施暴，外表看不出痕迹，是一种“无形杀手”，其表现形式也是多种多样的。

有的家长往往不考虑宝宝的需要，总是将自己的意愿强加于宝宝，强迫宝宝按自己的意志行事，样样必须听从父母的指示，不许越雷池一步；对幼儿的吃喝拉撒，以至玩玩具、交朋友的细枝末节都有规定，甚至包办代替，不给他们留任何发挥才干的机会，使宝宝极少体验到自己的决定、行为所带来的成功感；有些妈妈很少亲抱哭叫的宝宝，对宝宝的需求漠不关心，采取放任自流的态度；有的家长经常贬低宝宝的进步，盲目地拿别人宝宝的长处和自己宝宝的短处相比，责骂训斥，讽刺挖苦，使宝宝越来越自卑；有的父母性格暴躁，当宝宝有某种过失时经常采取粗暴甚至打骂的形式，使宝宝受到心灵的严重伤害。

其实，棍棒教育不仅不能使宝宝受到正面教育，而且会使他们直觉上以为自己力量弱小，久而久之形成自卑心理；有的家长对宝宝期望值过高，要求过严，过于苛求，父母总是指责幼儿这也不是、那也不行；在宝宝幼年生活中，难以体会成功的喜悦，会觉得一事无成，怀疑自己的能力，使宝宝心理上承受过多的压力等等。

苛求、虐待宝宝的人往往都有一定的性格偏差。现实生活中，幼儿的分辨和行为能力差，不可避免地犯一些所谓的“错误”。这些错误并不可怕，它在宝宝成长的过程中是很正常的。可怕的是，家长不能正确地认识和对幼儿进行引导，反而对宝宝的心灵施加各种各样的虐待。这种宝宝长大后往往表现自卑、怯懦，孤僻、缺乏自尊、自信。在这种环境下长大的宝宝，往往胆小怕事，缺乏独立性，很难适应复杂的社会环境。家长一定要给予足够的重视，要消除对宝宝的心灵虐待和伤害。家长要不断提高个人的个性修养和素质，学习科学育儿和宝宝心理问题常识，调理好自己的心情，从根本上提高自己的心理健康水平。要像珍视和保护自己的自尊心一样，珍视和爱护宝宝的自尊心，避免自己的言行给宝宝带来的各种伤害，让宝宝的心灵永远沐浴在家庭的温暖和父母的爱心之中。

10 家庭教育的“忌讳”

家庭教育中最忌无规矩和乱发指令。每个家庭必须有一套自己的规矩，什么时间吃饭、睡觉都要为子女安排好。据有关机构的一项调查发现，家长与子女在一起的时间，一般平均每半小时内会发出17个指示；而被认为有问题的宝宝，其家长的指示更是高达35个！由此可见，愈多指示会使宝宝愈反叛，有些小事其实可由子女自己决定。

教育宝宝最怕口径不一致和情绪化。首先家庭成员的教育观点要一致，并做到在教育方法上一致，不应有的批评，有的袒护；有的答应，有的拒绝；有的赞成，有的反对。妈妈说做完功课才可吃点心，但奶奶却怕孙子肚子饿了而给他吃蛋糕。这时宝宝就会有一个错觉，认为妈妈说的话可以不理。后果怎样？大家可想而知。有的父母在心情好的时候会特别优待子女；不高兴时，对子女的行为稍不满意就惹来一顿臭骂。宝宝的情绪会随着父母情绪而起落，如果父母的情绪不稳定，会令宝宝不安，情绪反应强烈，往往会哭闹得很厉害。父母若能拥有一致的态度来面对宝宝的反应，给予关心、支持、鼓励，并持续不断的坚持对宝宝的要求，则对宝宝施予的学习帮助也就会愈大。

教育宝宝，家长态度的一贯性也很重要。所谓一贯性并不是一味地严厉，也不是一经做出决定，不管什么情况下也要坚持。一贯性是指给宝宝提出更远的，但是明确的目标，订出日常生活的规则让宝宝遵守。在制定这些目标和规则时，必须考虑到宝宝的实际能力。宝宝要能够懂得这些要求的意义以及不遵守时可能带来的后果。一贯性最重要的是，家长对宝宝的违规行为要作出应有的反应，不能因当时自己的情绪不错就嘻嘻哈哈过去，也不能借口工作忙而不管不问。否则，使宝宝的行为失去标准和规范，行动起来变得无所适从，更可能放纵宝宝的不良行为习惯。无约束的自由和放纵不利于宝宝将来适应社会的要求。

家长在对幼儿教育中，一定要注意方式方法，讲究教育的效果。父母同宝宝交流过程中，应多提建议少命令。一忌唠唠叨叨。不要对宝宝三叮咛、四嘱咐，以至于让宝宝对家长正确的行为指导产生逆反心理，或是对幼儿的自信心产生影响，达不到教育的目的。二忌脾气急躁。对宝宝要有足够的耐心，不要用成人的心理衡量幼儿，不能因宝宝一时不能理解某个问题就训斥或责骂。这样易使宝宝形成对家长的“仇视”，把家长放在宝宝的对立面。三忌前后不一致。家长的观点不要自相矛盾，前后不一致，不然会让宝宝无所适从，产生是非标准的模糊。家长要学会运用家庭教育中的灵活性特点，对宝宝从情感入手，采取遇事施教、小处启发等方法。

要克服重智育轻德育的教育倾向。眼下越来越多的家长让宝宝参加诸如书法、美术、钢琴等兴趣班，以培养宝宝的智力发展。这些方面，只要宝宝有兴趣，家长应在注意防止对幼儿教育过分超前、低龄幼儿教育高龄化的前提下，适当开展，同时不能忽视对幼儿的品德培养。目前家庭多是独生子女，父母对宝宝情感的单向性输入，养成宝宝单向的爱、片面的爱，这种心理错位，容易促使幼儿在家中以“自我为中心”，导致幼儿没有集体意识和合作精神。如果不加以纠正，宝宝进入社会后就会产生交往困难。因此，父母教育宝宝不仅要注重智力投入，更要注意宝宝品德的培养，让宝宝学会爱和被爱。

要摆正宝宝在家庭中的位子，既要考虑宝宝年龄小的一面，又要考虑宝宝的性格独立的一面。从小培养宝宝参与家庭事务的能力，让他们有小主人的意识。家长不能因为宝宝小，安排生活、学习等不把他放在眼里，要么不理不睬，要么高压制服等，这些都会影响宝宝在成长过程中的心理健康。家长对宝宝的意见既要耐心倾听并满足合理愿望，不姑息、不迁就。不要无原则地迎合宝宝的要求，更不能包办代替宝宝做的事情，引导宝宝提高独立解决问题的能力，培养宝宝慷慨、诚信、细心、整洁的良好习惯，促进宝宝的社会化发展。

父母是宝宝精神世界的开拓者。父母对子女的教养态度，在宝宝性格形成中占有重要地位。一般来说，父母对宝宝既严格要求又尊重宝宝的意见，子女性格大都表现为亲切、直率、活泼、端庄，有独立精神，有活动能力，善于同大家协作共事；父母若对宝宝过分溺爱，事事满足要求，容易使子女养成任性、撒娇、利己、放肆等性格，并且自以为是，做事缺乏责任心，没有耐力；父母对宝宝冷淡，置之不理，子女多愿意寻找他人的爱护，力图招惹别人对自己的注意，有的甚至喜欢惹是生非，攻击和挖苦别人；父母对子女过分严厉，子女就会盲从、胆怯、冷酷；父母对子女态度忽冷忽热、反复无常、令人捉摸不定，子女容易变得情绪不稳定、遇事多猜疑、忧虑重重、缺乏判断力。

总之，家庭教育中存在许多“忌讳”。这些“忌讳”对宝宝的成长极为不利。家长要注意避开教育的“雷区”，使你对宝宝苦口婆心的教育取得更好的效果。

11 鼓励是教育的“法宝”

在我们的现实生活中，由于受传统宝宝观念的影响，成人往往会自觉或不自觉地更加关注宝宝的生理、安全的需要，而轻视甚至无视幼儿希望得到爱、尊重、信任等更迫切的需要，人为地为幼儿人格的和谐发展设置了障碍。

宝宝有一种需要被承认、需要被鼓励的心理。他们喜欢成功，喜欢得到大人的认可和赞扬。因此，家长应经常鼓励宝宝，宝宝通过不断地被鼓励和赞扬，自身的行为才能得到肯定，由肯定产生心理上的升华。鼓励是家庭教育的“法宝”。每个宝宝都需要不断地鼓励才能获得自信、勇气和上进心，就像植物必须每天浇水才能生存一样。

许多家长错误地认为宝宝需要的是教育，而教育更多体现的是训导和惩罚。鼓励是什么，怎样去鼓励宝宝，大人们并不关心，更不了解。许多家长经常不自觉地在行动和语言上表现出对宝宝的不满意，如："你怎么这么调皮！""赶快吃饭！干什么事总是磨磨蹭蹭的。""怎么搞得，刚换上的新衣服就弄脏了！" "这宝宝太笨了，教了几次也学不会。"当宝宝受好奇心驱使去做某件事时，如帮妈妈洗菜、打鸡蛋、擦桌子，大人们常常不自觉地给宝宝泼冷水："你洗的菜不干净，妈妈还得再洗一遍。""你别帮倒忙了，看把鸡蛋都打在地上了。"当宝宝尝试着自己做事时，妈妈会跟在后面大喊："你的脸没有洗干净，妈妈帮你再洗洗。""你的鞋带没系好，让妈妈重新帮你系牢它。"诸如此类，举不胜举。这些言行无疑使宝宝心中刚萌生的信心受到打击，也阻碍了宝宝尝试挖掘自我能力的意愿，同时也反映了家长对宝宝能力的不信任。成人的指点，使宝宝更感到自己的渺小和无能。大人的好意，失却了宝宝自己做事的热情，阻碍了可贵的自发性的发展，养成了凡事依赖父母去做的习惯。

在宝宝的行为中，家长往往看重的是结果，而不注重宝宝在其中付出的努力和过程。家长必须明白，"去做"和"做成功"是两码事，"失败"之时表示技巧不够熟练而不应该影响"去做"的价值。家长对宝宝不完美的勇气要给予不断地鼓励和培养，否则宝宝会随时产生挫折感，影响心智的发展。所有的宝宝都需要树立自信心和自尊心，因为积极的自我概念和情感能使他们更好地适应今天和未来的社会生活。

学会适时鼓励宝宝并不是一件容易的事情，每一个做家长的都要仔细地研究与思考，如何去鼓励宝宝，养成经常反思的习惯。自信程度是表现在他的行为中的。如果宝宝缺乏对自己能力的自信，对自己价值的信任，他不会通过积极参与和贡献来寻找自己的归属感。没有自信的宝宝会很轻易地放弃任何努力，表现出自己是无用的，而且有时还故意做出反其道而行之的事情。这样做的原因是他认为自己是无能的，不能做出任何有意义的贡献，是没有价值的，那么还不如做些恼人的具体事情起码能得到别人的注意。家长不问青红皂白，随意训斥或打骂宝宝，是最容易挫伤自尊心和自信心的。

鼓励是一个循序渐进的过程，这一过程的主要目的就是能让宝宝得到一种自我满足，即自尊感和成功感。鼓励宝宝最重要、最有效的方法是深入透彻地了解自己的宝宝。每一个宝宝都有不同的特点，这就决定了我们的方法也是不同的。这就需要我们的家长花时间去找到这种不同处。鼓励宝宝，树立他们的自信心，使宝宝对自己有正确的认识，而不是终日怀疑自己，怀疑自己的能力与别人的距离。

宝宝应多受鼓励，使他们的学习心境保持喜悦，这是适应宝宝年龄特点和遵循宝宝教育规律的。实践证明，一个人在愉快心境中学习，无论是感觉、知觉、还是记忆和思维，都会处于活动的最佳状态。鼓励能使记忆得到强化，鼓励还能增强宝宝的自信心。只有当宝宝看到自己的力量时，才会产生积极活动的欲望和情绪，才会主动地求知。及时、适当的鼓励，是对宝宝努力记忆的报偿。家长坚持正面教育和诱导，以表扬和鼓励为主的教导方法，是维持和发展宝宝浓郁的学习兴趣的根本原则。

在宝宝教养中，鼓励的重要性大于其他方面，因为缺乏鼓励是造成宝宝行为偏差的基本原因。每个宝宝都需要持续给予鼓励，就如同种子需要水一样。如果没有鼓励，宝宝无法成长及发展，也无法获得归属感。鼓励是一个持续的过程，它强调给予宝宝一种自我尊重及获得成就的感觉。事实证明，宝宝的自信心是刚刚出土的花蕾，经不住风吹雨打，只有鼓励才是培育自信心的沃土，是教育宝宝最好的“法宝”。

12 培养幼儿的主体意识

主体意识是指一个人对于自身自主性、能动性和创造性的认识，是情感和意志的结合体，是一种积极的信念，是一个人获得全面发展和追求幸福生活的原动力。没有主体意识和自理能力，宝宝是很难最终独立面对社会的。中国传统社会较为重视群体生活，家庭观念较重，相对来说，轻视宝宝的自主性和独立性的培养。西方社会注重个人权利，有强烈的主体意识，注重从小培养宝宝的独立生活能力。

幼儿的主体意识是在生活中逐渐形成并获得发展的。平等、民主的家庭气氛是幼儿主体意识萌发和发展的土壤。父母与幼儿之间建立平等的亲子关系，能使幼儿意识到自己是一个能动的、自由的主体，能帮助幼儿形成对人、对事的积极的认识和情感态度；在专制型家庭中，亲子之间是支配与从属的关系，幼儿往往比较被动、消极、依赖，主体性不强；而在一个溺爱型或放纵型家庭中，幼儿由于受到过多的呵护与迁就，得不到独立能力的锻炼和经受挫折的磨炼，难于树立真正的自信，因而也不利于主体意识的形成。

真正平等的亲子关系是父母即能满足幼儿的合理需求，也能让宝宝了解父母的愿望，是充分表达对幼儿的爱也要求幼儿对父母付出应有的关心和体贴，从而使幼儿真正意识到自己和成人一样，是一个平等的独立的“人”。家长不能因为宝宝小、需要成人照顾而把他看作是成人的附属品，要受成人的支配。宝宝也是一个完整的、独立的个体，应该允许他有自己的世界，有自己的空间，要接受宝宝对成人的合理建议，等等。

培养幼儿的主体意识首先要给宝宝决策的权利。决策是从选择开始的。许多父母常不放心让宝宝独自作决定，事事代劳，这样只会养成宝宝依赖的习惯。幼儿大概在2岁后依赖性减少，如果父母依然为他做各种事情，将会抑制宝宝自发性的发展。宝宝自2岁左右自我观念开始形成，独立自主的心理开始发展。宝宝意识到“自我”存在后，产生选择的要求。选择是多方面的，小到一件玩具、一件衣服，大到发展什么爱好、选择什么学校。让宝宝学会安排和管理自己的生活，允许宝宝做自己喜欢的事，让宝宝感到自己是主动的，感到父母尊重他，从而体验到自己的价值，从中感受到自由的快乐。

宝宝可以选择自己喜欢的衣服式样和颜色；宝宝可以选择自己喜欢的玩具，自己喜欢吃的水果、物品；选择穿什么衣服，买哪一本画书，和哪个小朋友玩；让宝宝自己决定到哪个地方玩玩具，以不妨碍他人为原则，玩过之后需自己将这些玩具都收拾好；当宝宝心情不好、情绪不佳时，有自己选择独处的自主权，这段时间内暂时不去打扰他。如果宝宝不愿意做决定，父母应对他们说："这是你自己的事，你自己决定吧，我相信你会处理好的。"以这种态度去支持和鼓励宝宝学习承担自己的责任。

让幼儿参与家庭问题的简单决策，如宝宝的房间如何布置，过节到奶奶家，还是到姥姥家等。让幼儿说说自己的想法，参与决策，不仅使家长更深入地了解宝宝的想法和需要，更重要的是这种参与使幼儿感受到自己是主动的、受重视的，从而体验到自己的价值。小小的自由对宝宝自身的成熟感及建立自尊心很有好处。但选择不是漫无边际的，而应该有一定的规则和限度，即规定好范围的有限选择。这就需要家长掌握好"尺度"，即不要包办代替，又不要无原则的过度满足他。

13 让宝宝学会"自我管理"

宝宝总有一天是要自立于社会的，如果能从小培养宝宝自己的事情自己做，自己的东西自己管，自己的生活自己安排的自我管理习惯，就能增强宝宝行动的独立性、目的性和计划性。这对于宝宝今后生活的幸福和成功无疑是有巨大的帮助的。宝宝的身上具有很大的潜能，教育的目的不仅是要让宝宝不断地积累知识，学习技能，培养能力，还要让宝宝有机会把自身的能量释放出来。家长应给宝宝创造机会释放潜能，而不要成为限制宝宝发挥能力的瓶颈和阻力。

自己穿衣：要想让宝宝自己在3～4岁之前完全学会穿脱衣服是不可能的，但自己穿衣、自己叠被、自我管理的意识却需要从小开始培养。2岁左右的宝宝已有自己穿脱衣服的独立意识，虽然费时很长，也穿不好，但还是要不厌其烦地鼓励宝宝慢慢实践。同时教给宝宝正确的穿脱衣服方法，否则依赖性一旦形成，宝宝会做的事也不愿自己动手。除了鼓励宝宝自己穿脱衣服，还可以通过言传身教使宝宝逐步具有冷了添衣，热了脱衣的意识。并可以教宝宝叠自己的小棉被，洗自己的小手绢、小袜子等等，培养宝宝自己的事情自己做的观念。

自己整理玩具物品：在自我管理中，玩具物品的收拾整理是非常重要的一环。家长可以为宝宝的玩具和物品准备一个专门的放置地方，让宝宝知道这些东西各有各的"家"，每次玩好用好都要送回“家”去。要让宝宝意识到收拾玩具是自己的事，父母只是帮忙而已。要尽可能地用游戏的方式吸引宝宝参与收拾整理，并坚持不懈、不断强化，最后形成习惯。

自己安排和负责自己的事务：这一点对于自我意识还没有形成的小宝宝来说确实勉为其难，但这意识却要在点滴的生活小事中及早播种、及早萌芽。每次抱宝宝出门玩，可以让宝宝想想带什么？几次提醒，宝宝便主动想起要戴好帽子或穿好外套。宝宝会表达、会思考以后，可让宝宝试着安排一下今天到哪里玩，准备做些什么，并帮助宝宝分析这样做的优劣和可能性。当宝宝要带东西出去而忘记带，或把带出去的东西忘在外面而生气发脾气时，父母千万不能自揽责任包办代替，而要让宝宝意识到自己想做的事自己应该安排好，并且学着负责到底。经常注意给宝宝这样的提醒、教育和帮助，宝宝便逐渐地有了这种“负责”的意识。

总而言之，早期的习惯培养就像一粒种子，绝不能等到要收获的季节才匆匆忙忙想到播种，而是要赶在生命的春天里就有意识、有计划地培土、撒种，并坚持不断地施肥、灌溉，才能使它及早地生根发芽，茁壮成长，并在人生成功之路上结出累累硕果。

14 怎样去爱宝宝

父母对子女的爱是发自内心的最美好的情感，是对宝宝极为良好的刺激。它能使大脑中枢神经的兴奋和抑制得到最佳平衡。宝宝在父母充满挚爱的抚育下，不仅在生理上的需求得到满足，而且在心理上享受到无比的温暖和安全感，这些都是宝宝身心健康的重要支柱。但宝宝所需要的爱，绝不是溺爱。有的家长认为宝宝小，总怕宝宝受“委屈”，遇事百依百顺，生活上多包办代替，这样会养成宝宝任性、自私、骄横等不良行为习惯和性格。家长的关爱是宝宝健康成长中需要的“维生素”，但家长应当牢记，宝宝需要正常剂量的“维生素”，缺它不可，过多无益。

很多人责备现在的宝宝生在福中不知福，殊不知宝宝们对幸福的错误理解往往是父母错误的教育观念和不恰当的教育方法造成的。父母们辛苦地为宝宝编织着“幸福生活”，而宝宝却唯有享用。其实，不给宝宝一定的磨难与痛苦，宝宝怎懂得幸福的涵义。现在的宝宝大多是独生子女，无论是学习、娱乐还是衣食住行的条件，都是父辈无法比拟的。可是，正因为得到的过于容易，宝宝也就觉得没什么稀奇，甚至不懂得珍惜。家长为宝宝请家教，宝宝却不领情；为宝宝买来可口食物和漂亮衣服，宝宝却随意丢弃，甚至随意糟蹋；父母为宝宝含辛茹苦，宝宝却认为理所应当。只爱宝宝，不培养他爱亲人、爱周围的人，宝宝的情感也不会健康发展。

过分照顾，不敢放手让宝宝独立活动，会使宝宝性格变得消极、依赖、缺乏责任感和忍耐力，出现难以适应集体生活，遇事优柔寡断，无主见的不良意志和品质；过于溺爱，易造成宝宝撒娇、放肆、神经质、以自我为中心等不良心理品质；过分冷漠，使宝宝得不到应有的爱抚和必要的引导，会变得喜欢惹是生非，行为易带有攻击性，有的出现感情冷漠，缺乏爱心；过分严厉，缺乏对宝宝的内心情感交流，会导致宝宝出现胆怯逃避或凶暴反抗两种极端，使宝宝养成为了自我保护而说谎、言行不一的坏习气；忽冷忽热、反复无常会造成宝宝情绪不稳定，多疑多虑，缺乏判断能力。总之，宝宝的心理性格的形成，父母的影响起着重要作用。父母应对子女爱而不娇，严格而民主，使宝宝养成热诚、活泼、端庄、独立、协作，善于与别人相处，社会适应力良好的性格。学校的教育可补偿家庭教育的不足，只要家庭、学校互相配合，师长言传自教，就会使宝宝身心健康正常发展。

爱宝宝就要在适当的范围内大胆地给他们自主权，对宝宝从小不要在生活上过多包办代替；鼓励宝宝自己动手做力所能及的事情，宝宝自己能做的事情，决不替他做；家长应有让宝宝吃点苦的意识，多让他们做一些力所能及的家务。家务劳动是宝宝最早形成的劳动观念，更是他们了解生活，长大以后参加社会劳动的准备和基础；对宝宝的要求不能有求必应，有时也得让他们尝尝“被拒绝”的滋味儿；应教育宝宝面对现实，让宝宝在体验成功的喜悦时，也体验到失败的痛苦；不要说教太多，有时宝宝做出一些违反常规的举动和事情时，不要急着按常规去纠正，因为这正是宝宝创造力和想象力的表现；当宝宝面对困难的时候，正是他开动脑筋思考的好机会，父母只需在适当的时机给予忠告或暗示，切不可在宝宝还未思考时，就骤然为他下结论并教他如何解决问题，太多的干预，使宝宝失去了动脑筋的意识；相信宝宝的能力，给他自由的空间和自己选择作决定的机会；要有意识地加以引导，鼓励他们大胆地实践，只有在实践的锻炼中宝宝的能力才能得到提高。

每个宝宝都是一本无字的“书”。这“书”能否成为一本“好书”，全靠家长怎样去写。生活是培养宝宝良好性格和品德的重要途径。从出生开始，从点点滴滴小事入手，坚持下去，日积月累，才能形成宝宝自身良好的、稳定的性格品质。宝宝需要理解，宝宝更需要爱。爱是一首无言的诗，不能总挂在嘴上，只能通过行动来表达。爱是无尽的能源，可使宝宝的潜能熊熊燃烧。既然父母都爱自己的宝宝，那就为宝宝做你应该做的事情，让你理性的爱伴随着宝宝成长吧！

15 不要过于怜悯宝宝

今天的宝宝生活在蜜罐之中，父母为宝宝努力创造着优越的生活环境，在宝宝成长的每个阶段都铺设了平坦的道路；生活中极尽呵护，宁愿自己多吃点苦，唯恐宝宝吃了苦；他们在家中不让宝宝做一点事，受一点委屈；他们不能忍受宝宝受到一点伤害和痛苦；总希望宝宝的成长一帆风顺，宝宝的天空永远阳光灿烂。这种愿望是极不现实的，这种做法对宝宝的成长也是很不利的。

要想培养宝宝的意志和勇气，首先做父母的要具有顽强的毅力和坚强的勇气。特别是当宝宝遇到困难和挫折时，不要给宝宝太多的怜悯，因为宝宝对大人的态度是十分敏感地，即使这种态度没有明白地表达出来。

我们看到的是，当宝宝在外面受“委屈”、挨批评时，妈妈总是问长问短，百般抚慰；当宝宝不慎跌倒，碰破一点皮肉时，妈妈往往大惊失色，抱起宝宝就往医院跑；当宝宝因为感冒发烧需要打针时，常常看到做妈妈的紧皱眉头，恐慌不安；当面对自己不幸伤残的宝宝时，更多的妈妈表现出整日忧心忡忡、凄然泪下。生活中这类事情太多了，这种感觉太细微了，父母们并没有意识到自己在不由自主地怜悯着宝宝。

怜悯弱者是人的一种天性。但是，对于宝宝过度地怜悯对培养宝宝的意志和勇气是有害的，即使这种怜悯是无可非议的，也是可以理解的。怜悯暗示着恩惠和同情，但并不鼓励勇气。对于长期患病或残障的宝宝，他们的父母难免有同情怜爱之心，甚至感到歉疚，经常会以过分的关心来补偿宝宝的不幸，殊不知这样只会剥夺他们面对生活的勇气。当宝宝遇到困难和不幸时，如果我们对宝宝怜悯，他们就认为自己更应该怜悯自己，更感到自己可怜、倒霉、不幸，甚至失去了生活的信心和勇气。他们不是面对困境、自强不息，而是依赖别人的同情和安慰，等待别人的关心和照顾。在这个过程中，他们失去了越来越多的勇气和克服困难的意愿，离开他人的帮助，就一事无成。这些不幸的宝宝，他们真正需要的并不是父母一味地同情和怜悯，而是他们的支持与鼓励。父母必须通过了解和沟通来帮助宝宝面对失望和挫折，正视生活中的现实，学习如何去克服，并从不幸中站起来。

其实，幼小的宝宝并没有意识到上述事件的严重性，是妈妈的表情和语言使宝宝感到无比地紧张和不安。他们接受了这种不恰当的信息，会将自己的“不幸”无限扩大，会增加更大的心理压力。如果宝宝受到委屈，妈妈仅仅对宝宝来一下拥抱和微笑；如果宝宝跌倒之后，妈妈态度泰然自若、从容处置；如果宝宝打针时，妈妈表情平静自然，语气平和温暖；如果宝宝残疾以后，妈妈仍对宝宝充满信心和希望，这样的宝宝必然变得坚强勇敢，他们不会怯懦、不再忧虑，而会从容乐观地面对遇到的任何挫折和磨难。

宝宝经受的任何挫折和磨难都是对宝宝的承受能力进行培养的好机会，是宝宝成长过程中的宝贵财富。家长如何看待宝宝成长过程中遇到的挫折，将影响宝宝一生对待挫折与伤痛的态度。妈妈应该保持冷静，帮助宝宝面对现实，鼓励宝宝战胜困难和病痛，不自怜自悯。常为宝宝难过是一个不称职的妈妈，而敢于不怜悯宝宝才是一个负责任的妈妈。教会宝宝战胜困难，不自怜自悯，具有健康的心理，比单有健康的体魄更重要。可以想象这样的宝宝成长起来后，会比在父母怜悯、无微不至的关怀下成长起来的宝宝要有能力和幸福得多，父母对他们的爱的意义也深远得多。

请不要为宝宝淋一点雨、发一次热焦虑不安；不必为宝宝打一次针，换一次药紧皱眉头；更无须为宝宝自己走一段长路、爬一下山坡心疼不已。怜悯宝宝会使宝宝变得软弱无能，表面的“硬心肠”会使你的宝宝成长地更坚强，在人生之路上迈的步子更大，走得更踏实。

16 收回你的过度关注

为了保障宝宝身心的健康成长，做父母的除了要加强自身的修养外，还要掌握有关家庭教育的科学知识，才能运用科学的方法对宝宝进行教育。“教育者必先受教育”。实践证明：家长不懂家庭教育的科学知识，就不能正确的教育子女。好家长不是天生的，只有通过长期的教育实践，才能成为合格的父母。

虽然在宝宝成长的道路上，父母扮演非常重要的角色，但这并不代表你得帮他做完所有的事。在父母对宝宝有无限的期望和等待的同时，我们希望的是肯定生命的价值，只需提供良好、具启发性的生活、学习和成长环境，使他发展健全、完善的人格，而不是时时盯着宝宝，表现出你那无微不至、无处不在的关注，一味地将宝宝塑造成你心目中的模样。天下有哪一个父母不疼宝宝的，但过分的关注和保护宝宝只会害了宝宝。

概括起来说，中国有些家庭对宝宝使用的是溺爱式的“摇篮教育策略”。宝宝在生活上像是被放在摇篮里竭力呵护，比如吃饭、穿衣服，甚至洗脸都要父母或者祖父母包办。而这正是宝宝正常成长必须学会的基本能力，如果这些不会，学习其他社会生存技能就会出现问题。又如，有的家长怕宝宝被风吹着、冻着，感冒受寒，天气稍凉就不让宝宝出门，也从不晒太阳，这种宝宝很易患“佝偻病”，更缺乏抵御风寒的能力；有的大人怕宝宝磕着、碰着，总是在大人的手里抱着，这样宝宝看起来挺老实，但是严重限制了宝宝的运动能力和智力发展；有的父母认为让宝宝在地上爬太脏，容易感染病毒细菌，宝宝在1岁以内就较少有爬的机会；有的父母认为宝宝自己在楼下玩不放心，从托儿所、幼儿园回来后，只能关在家里狭小的范围内玩耍。这类宝宝上小学后，表现体育运动能力弱，动作协调性差，智力迟钝，学习困难，就是因为在幼小阶段成人的过度呵护，缺乏运动造成的，这些不良后果是家长始料不及的。

宝宝生来具有的各种本能和反射，能被环境发展成多种多样的习惯。如果父母有意识地“减少点”对他们的关注，他们将更容易适应未来生活的变化，走得更快、更好。当然，这里讲的“收回”或“减少”，并不是说我们今后将不关注宝宝了，而是要减少那些表面的、外显的关注行为，而转向增加对宝宝的内心世界的关注，这种内在的关注将有力地支持着宝宝的成长。

“粗暴型”父母对幼儿时时处处吆三喝四，对幼儿管头管脚，从不接受宝宝目前的行为和操作水平。结果是这类幼儿在智力发展方面比较差，大脑发育较慢且怕羞、胆小怕事。而“温和型”父母在幼儿发展过程中辅以心理教育，提供教育性体验。这类幼儿智力相当发达，处理各方面问题能力较强。

做民主型的家长，尊重宝宝，让宝宝感到父母可亲可敬。宝宝再小也是一个独立的人，有自己认识事物的方式、方法，有自己的情感需要。做家长的不妨放下架子，蹲下身与宝宝讲话，使宝宝觉得和父母是平等的，是无话不谈的好朋友。为人父母者应该把重心放在能使宝宝更快乐、充实地享受人生上，用更聪明的方法创造人生的乐趣、追求人生的意义。

通过对中小学学生的调查发现，宝宝最喜欢的父母是：尊重、信任宝宝，以平等态度对待子女的父母；理解、体谅宝宝，对子女要求宽严适度的父母；关心子女生活，能有一定时间与子女一起活动的父母；说话算数，不开空头支票的父母；对宝宝的事感兴趣，耐心听取子女意见，说话简明扼要的父母；相亲相爱、和睦相处、无不良嗜好的父母。请问年轻的父母，你们做到了吗？

掌握好“爱的尺度”

家庭教育是完成幼儿心理和行为塑造的重要环节。应该说每个家长都是爱宝宝的，但是会不会爱却是需要学习的。特别是如何克服家庭教育中一些不合理的教育方式，是每一个家长都必须认真面对的问题。

现代的宝宝，父母都给他们吃最好的、穿最好的、玩最好的，这种行为更多的是溺爱并非关爱。面对现代宝宝，父母首先要了解你要给宝宝的是他所需要的，而不是他所要求的全部。家长对宝宝“爱”的尺度上要把握准确。必须是科学而理性的。这个尺度就是：关爱而非溺爱。

有的家长怕宝宝冻着，天气只要稍微凉一点便给宝宝添加衣服，导致宝宝“弱不禁风”；有的家长总怕磕着、摔着、碰着宝宝，家长总是愿意让宝宝在父母的高度保护下生活，不敢让宝宝登梯爬高，宝宝失去了很多锻炼的机会，自然而然获得的运动经验就少；有的家长听到别人的宝宝购买的什么食品、玩具或衣物，不管自己的条件如何，也要千方百计为自己的宝宝购买；有的家长看到别人的宝宝学什么，也赶紧效仿。如果你只是将“希望变得更聪明”“更高人一等”，当做教育宝宝的最终目标，那么宝宝将会承受莫大的压力和伤害。而在此过程中，父母所传递给宝宝的也只不过是追求名利的功利主义思想，在宝宝的学习过程中往往适得其反。家长自以为是在为宝宝的成长做好事，其实您是在一定程度上限制了宝宝的发展。

父母与宝宝之间要建立和谐、默契的关系，给宝宝创造一个轻松、愉快的生活环境。有的家长对宝宝的缺点、错误不加理睬，不合理的要求也给以满足，长此以往，当宝宝的愿望要求达不到就号啕大哭、地下打滚，甚至离家出走。相反，有的家长过于苛求宝宝，总拿自己的宝宝去与别人相比，总觉其不如人。这些做法都是错误的。我们对待宝宝要宽严并济、严中显爱、爱中有严，要严之有理、爱之有度。要经常和宝宝进行情感交流，不仅仅关心宝宝的生活需要，更要关注宝宝的情感需求，要给予宝宝深沉的、广博的爱，关注宝宝的成长的过程。如把宝宝的照片按日期、内容进行排列，装订成册，建立成长档案，使宝宝能经常翻阅，从中也体会到父母对自己的爱。

要根据幼儿心理发展的需要每天让幼儿完成少量的学习、劳动任务。譬如：扫地、倒垃圾、取书报，完成作业等。此外，家长还要对宝宝完成任务的情况坚持检查、评价，反复指出不良后果和肯定宝宝所取得的每一个小进步，从而养成幼儿稳定的责任感和坚强的意志力。

以父母的人格影响宝宝，即为宝宝创造培养生存能力和环境，给宝宝自由发展和全面发展的空间，又要教育宝宝懂得规矩，给予适当的严格要求，做到爱而不娇、严而有度。注意培养宝宝的民主意识和独立生存能力，父母应以自己的行为对宝宝进行道德教育。美德与情操是宝宝心中的一粒种子，父母应为宝宝提供适宜的环境，让这颗种子在宝宝的心中生根发芽。道德所包含的概念就是爱心与责任，公正与善良。道德教育对一个宝宝至关重要，因为只要我们在这方面稍一放松，不良习性就会乘虚而入。一个没有或不讲道德和良知的宝宝，将来会成为社会的罪人。

人类生活在社会大家庭中，每个人的行为都要受社会规范的约束。社会规范不是玄妙的观念，或是很空洞的一种说教，而是一种行为法则，包括我们每个人所形成的思想、感情和行为。我们做父母都希望把自己的宝宝培养成善良、有道德、有责任感的下一代。那么，首先就从自身做起吧！宝宝的善良、同情心是天性加上从小培养的。对宝宝而言，最初的约束来源于身边最亲近的人。只要身边这个人善良、公正和有责任感，他就会把这一美德传授下去，宝宝就会被感染、被教育成具有良好道德的人。家庭教育决定一个人的未来前途，如果为人父母给宝宝一个坚实的人生的支点，宝宝就一定会成长为幸福而有益于社会的人。有一哲学家讲过：播种行为，收获习惯；播种习惯，收获性格；播种性格，收获命运。让我们为宝宝未来的幸福和美好的“命运”开始辛劳的“播种”吧！

18 家长的心理也需要“成长”

在成人眼中，宝宝永远是需要大人照料管理，依从于大人生活的、长不大的“小东西”。过度溺爱，过度保护，过高期望几乎是中国现代家长的“通病”。特别是对婴幼儿，成人最常说的话就是：“你太小，什么都不懂。”“你应该这样，应该那样……”“你不要拿这个，不要动那个……”“让妈妈来给你做……”等等。父母认为宝宝自己行动时时处处都有危险，宝宝做这不行，做那也不行。家长把独生子女视为掌上明珠、心肝宝贝，不能让宝宝受一点“委屈”，对宝宝百依百顺，凡事都包办代替，久而久之，使宝宝养成不爱动脑筋、不爱动手的习惯。由于他们缺乏思考问题和解决问题的能力，缺少自我实践活动，所以智力往往得不到应有的发展，致使智力平平、能力低下。

随着宝宝的成长，许多家长对宝宝的认识仍停留在原来的水平上，他们把4岁的宝宝当2岁的宝宝去哄，把上学的宝宝当幼儿园的宝宝来带。他们的心理没有跟随宝宝长大，老觉得宝宝太小，什么都得大人代劳。刚送宝宝上幼儿园时，宝宝里面哭喊，妈妈在外面垂泪，仿佛“生离死别”一样。即使宝宝已经上幼儿园、上小学了，父母及祖父母还是把宝宝当做婴幼儿对待。5岁的宝宝让妈妈喂饭，7岁的宝宝让奶奶穿衣，10岁的宝宝仍同父母同床共眠，12岁的宝宝让父母洗澡的例子不胜枚举。上幼儿园时给宝宝穿衣、梳头、洗脸、喂饭；上小学时给宝宝收拾书包、文具盒；上中学时为宝宝陪读、陪学；上大学时对宝宝叮咛万千。他们把什么事情都考虑得十分周到，无须宝宝动脑及动手，甚至不用开口，结果宝宝的懒惰和无能就在这种氛围中悄悄“长大”了。这种家长从没考虑社会对宝宝的要求，宝宝终究是要长大的，当他们离开父母的羽翼时，将如何面对并融入这个复杂缤纷的社会呢？

“爱”要讲究合理的尺度。否则，溺爱会折断宝宝飞翔的翅膀。因为宝宝是不会跟父母生活一辈子的，如果一味把宝宝捂到怀里，宝宝从小没有学会独立生活的能力。一旦离开会无法适应社会生活，无法融入外面的世界。时时包办代替，是对宝宝积极性的最大打击。这样会使他们失去实践的机会，自认为是一个无能的人、渺小的人。宝宝能自己做的事情，就让他们自己去做，千万不要事事代劳。这是一个重要的原则。

抱怨宝宝缺乏自主性和独立性的父母，同时又在对宝宝任何独立自主的思想行为大加管理和限制，即加重了宝宝的心理负担，激发了他们的逆反与对抗，又使父母深陷其中，不能自拔。许多父母困惑于要给宝宝正确的理念和观点，却不惜与宝宝的天性为敌。然而，正是源于父母的精心设计及对宝宝的过分关注、过度保护和过高期望，限制了宝宝的心身自然发展，天性的展现和发挥，主动性和创造性匮乏。

家长在宝宝遇到问题时，不要立即告诉他怎么办，而应启发诱导宝宝开动脑筋、积极思考，想一想怎么办，与宝宝一起探讨解决问题的办法。这样不仅能使宝宝学习更多的知识，还能培养宝宝解决问题的兴趣和能力。这些都是宝宝入学后取得学习成功的重要条件。陪伴宝宝，帮助他学习成长，而不是替他学习成长！最好的奖赏莫过于你合理适度的爱。

对宝宝的教育应当有一个科学合理的教育观，尽可能利用宝宝自身的潜能，他们身上才会有奇迹发生。不要把宝宝总当“宝宝”看待，否则将有碍于宝宝独立性的发展，进而成为害怕外界环境、感情不健全的人。要创造一个适合宝宝的环境，那就是充分尊重宝宝的天性，尽量促进宝宝的自发性，给宝宝一个自由自在的生活空间。要消除成年人对宝宝的过分影响，不要束缚他们的手脚，不要事事包办代替，培养宝宝的自理能力，做一定的家务劳动，学会自我服务。要想宝宝身心健康发展、快乐成长，父母的心理也需要“一同成长”才行。

19 让宝宝离开“保护伞”

现在的家长对宝宝普遍存在“过度保护”的心理，时时担心，处处守护，走路怕摔倒，喝水怕烫着，吃饭怕噎着，用筷子怕戳着等等。家长总怕宝宝自己做事、独立行动时受到伤害，受到委曲。在宝宝游乐园常常看到这样一种场景，宝宝要坐碰碰车或转盘车，很少有宝宝单独坐在车中，大多是大人拦着宝宝；在宝宝滑梯旁、秋千边，也都是家长伸开双臂，时时守护着自己的宝宝，不停地叮嘱“小心点！小心点！”“别掉下来！别碰着！”宝宝时刻在家长的监控之下，颤颤兢兢地去玩，他们能玩得尽兴、开心，玩出勇气和自信吗?

当秋风乍起或细雨霏霏时，众多的家长带着衣物或雨伞到幼儿园或小学门口等待着接宝宝。而宝宝却像一群叽叽喳喳的小燕子，在风雨中雀跃、欢笑，他们多么希望淋浴在轻风细雨中嬉戏。他们即不愿穿衣服，更不爱打着雨伞，对大人的关注毫不“领情”。父母原是出于爱护之心，去帮助宝宝克服难题，但往往忽视了宝宝本身的能力。当宝宝面临困难或问题时，父母只需为他提供最低限度的条件，而如何解决由宝宝自己去定，其结果必须由宝宝亲身体验才行。如果天气不好，妈妈将雨衣事先放在宝宝的书包里，而不去接送宝宝，这才是应有的态度。是否该披雨衣，宝宝自然会知道。

现在的父母对于宝宝的问题实在是插手太多了。开始会走路的宝宝，会在何处磕磕碰碰谁也不知道。而在宝宝的人生旅途上，会遭受到怎样的危机与坎坷，父母更是难以预料，所以父母对宝宝淋几次雨，滑倒几次不必太在意。如果宝宝一碰上危机或困难，父母便立即伸出手援助，则宝宝必然会因在过度保护的环境中长大而丧失处理问题的能力。

几年前，报刊曾报道武汉市某机关幼儿园让宝宝洗冷水澡，引起相当多家长的注意甚至不满。其实，这一做法并不是什么新鲜的创举。日本和西欧的许多家庭和幼儿园一直坚持这样的训练。这不单是锻炼宝宝的身体耐寒能力，更为重要的是培养宝宝的毅力和勇气，增加心理上的抗挫折能力。

想让宝宝体会什么是困难和挫折，在可行的范围里，对宝宝的小小的“受委屈”不妨装成漠不关心的样子，这是断绝宝宝过分依赖、娇生惯养的必要做法。生活中我们常常会遇到磕磕碰碰的事，宝宝们在成长的过程中出现小的“意外”或“事故”也是在所难免的。小小的伤风无伤大局，碰伤的手臂也可以很快痊愈，而宝宝忍受挫折和伤害的勇气却一辈子不会重新得到。试想，包裹在厚厚的衣物中，成长在大人的“保护伞”下的宝宝，能搏击生活中的“风雨”，经受情感上的“寒流”吗？

只有通过各种锻炼和闯荡才能使宝宝成为一个有用的人。让宝宝接触从不知晓的事物，不仅可以增加体验或知识，而且借此机会还可培养宝宝的持久力或忍耐力，养成面对困难与挑战的坚毅个性。有一句名言：“指导者应站在宝宝的后面。”现代教育所需要的并不是前面的牵引教育，而是让他们能先行一步的教育。让成长中的宝宝做一些未曾尝试过的事情，家长给予最小的提示和帮助，可明显地提高宝宝的自行解决问题的能力和信心。作为家长我们常常有一种先入为主的概念，认为宝宝到了某种年龄，才能做这类事情。但是，往往宝宝在那个时期是可以做得很好的，但是我们却人为地推迟了他学会本领的时间。而且最关键的是，我们的这种做法会使宝宝失去自信，怀疑自己的能力，减弱他们的进取心。这种消极影响将会对宝宝的一生都有作用。

在独生子女教养问题上，其弊端可以概括为过度教育、过度保护和过度照顾。所谓过度，就是事无巨细，安排得好好的，管得死死的。父母总是围着宝宝转，眼睛总是盯在宝宝身上，担惊受怕，由此产生许多无谓的烦恼。对宝宝娇惯、溺爱往往又是独生子女家长的又一特点，宝宝要吃什么就买什么，穿得要华贵，用得要高档，这种一味迁就的过度保护和照顾必然会娇纵宝宝，造成宝宝任性、不懂礼貌、不尊重别人。

过分保护导致过分限制。这里的过分限制不仅指限制了宝宝的活动，也限制了宝宝的发展能力和接受挑战的机会。另一方面，过分保护会给宝宝一个错误的信息，即他们是没有能力的，没有能力自己做决定，也没有能力在任何情况下采取自我保护行为，其结果是宝宝长大后会成为一个怯懦的人。我们的宝宝需要学会忍受生活中遇到的伤痛，需要一定的空间去成长、去试验自己的能力，学习如何应付复杂的环境。宝宝在玩耍中，在独立行动中能充分享受小小冒险的乐趣，会逐渐学会避免可能出现的危险，学会照顾自己。在此忠告年轻的父母："不要为宝宝做任何他自己可以做的事。"如果我们过多地去做，就剥夺了宝宝发展自己能力的机会，也就剥夺了他们的自立和自信心。我们应该松开对宝宝的束缚和过度保护，让宝宝有更多的机会体验、去闯荡，增加他们对自己的自信心。